工业和信息化高职高专"十三五"规划教材立项项目

高等职业教育电子技术技能培养规划教材

Gaodeng Zhiye Jiaoyu Dianzi Jishu Jineng Peiyang Guihua Jiaocai

电子电路实训与仿真

许胜辉 蔡静 主编

Training and Simulation of
Electronic Circuits

人民邮电出版社

北京

图书在版编目（CIP）数据

电子电路实训与仿真 / 许胜辉，蔡静主编. -- 北京：
人民邮电出版社，2019.2（2020.9重印）
高等职业教育电子技术技能培养规划教材
ISBN 978-7-115-48101-6

Ⅰ. ①电… Ⅱ. ①许… ②蔡… Ⅲ. ①电子电路－电
路设计－高等职业教育－教材②电子电路－计算机仿真－
高等职业教育－教材 Ⅳ. ①TN702

中国版本图书馆CIP数据核字(2018)第052671号

内 容 提 要

本书是作者根据高等职业院校电子信息类专业电子电路实训教学的基本要求，结合多年理论教学与实践教学经验，为适应当前教学改革和教学体系的需求而精心编写的。全书分为4篇：第1篇介绍电子电路实训基础；第2篇介绍常用电子测量仪器的主要性能及使用方法；第3篇为电子电路实训部分；第4篇为电子电路仿真，旨在培养学生电子电路的基本技能。实训与仿真内容的难易程度覆盖了不同层次的教学要求，任课教师可根据实际情况灵活选用。

本书可作为高等职业院校电子信息类各专业的实践教学教材，还可供从事电子技术的工程技术人员参考。

◆ 主　编　许胜辉　蔡　静
　　责任编辑　王丽美
　　责任印制　马振武

◆ 人民邮电出版社出版发行　　北京市丰台区成寿寺路 11 号
　　邮编　100164　　电子邮件　315@ptpress.com.cn
　　网址　http://www.ptpress.com.cn
　　固安县铭成印刷有限公司印刷

◆ 开本：787×1092　1/16
　　印张：15.75　　　　　　　　2019 年 2 月第 1 版
　　字数：403 千字　　　　　　 2020 年 9 月河北第 3 次印刷

定价：48.00 元

读者服务热线：(010)81055256　印装质量热线：(010)81055316
反盗版热线：(010)81055315
广告经营许可证：京东市监广登字20170147号

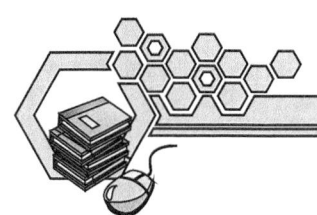

前　言

　　电子电路实训与仿真是一门实践性和应用性很强的专业基础课。本书是编者根据高职学校电子信息类专业电子电路实训教学的基本要求，在研究国内外同类教材的基础上，结合多年的理论教学与实践教学经验，为适应当前教学改革和教学体系的需求而编写的。

　　本书的编写目的就是希望通过实训学习，巩固学生对理论知识的掌握，锻炼其动手能力，激发其创新意识，培养其创新能力。本书内容强调"三基"，即基础理论、基本知识和基本技能，体现了"思想性、科学性、先进性、启发性和适应性"的原则。

　　根据电子电路实训的特点以及分层次教学的需要，全书将电子电路实训的内容分为基础性实训、基础设计性实训、综合设计性实训以及仿真 4 个层次，内容涵盖模拟电路实训与数字电路实训两大部分。基础性实训的目的在于训练学生的基本实训技能。基础设计性实训要求学生在掌握基础性实训的基础上，根据设计任务中给定的元器件与测试仪器，独立设计一些能够完成一定基本功能的、常用的单元电路。综合设计性实训则要求学生根据设计任务，自己确定设计方案，选择合适的元器件与测试仪器，拟定实训步骤，设计出一个比较复杂的电子电路系统，并给出该系统性能指标的测试结果。计算机电子仿真软件对电子技术实验进行虚拟仿真，作为传统实验室中通过仪器做实验的一种辅助手段，越来越显示出它的优越性。掌握了一款先进的电子仿真软件，从某种意义上说，就相当于拥有了一间高配置的专业电子实验室，因为它比一般的电子实验室有着更齐全的元器件和更先进的测试仪器，并可以给创新设计实验、毕业设计、大学生电子竞赛等方面带来帮助。

　　全书共分 4 篇。第 1 篇电子电路实训基础介绍了学生在做电子电路实训之前应该掌握的一些电子电路基本知识，包括电子电路实训的基本特点，以及电子电路实训中的安全操作、测量误差的处理、测量数据的处理、电子电路实训中常用物理量的测量方法、电子电路实训的调试方法与故障检测方法等；第 2 篇介绍常用电子测量仪器的主要性能及使用方法；第 3 篇为电子电路实训，内容包括模拟电路实训和数字电路实训等 19 个实训项目；第 4 篇介绍电子电路仿真，仿真内容的安排基本上与"第 3 篇　电子电路实训"内容——对应。文中插入的二维码链接的是本书的附录部分，介绍了电子元器件的基本知识、在应用中所需的参数和功能等，以及 Multisim 10 仿真软件，供读者查阅。实训项目中既有基本技能的训练，也有应用性和部分设计性技能的训练。实训附有实训目的、实训内容、实训器件及仪表、技能训练、注意事项、思考题和实训考核。实训内容的难易程度涵盖了不同层次的教学要求，各院校可根据自己的情况灵活安排教学内容。

本书由武汉职业技术学院许胜辉、蔡静主编，其中蔡静编写第4篇，许胜辉编写其他部分并统稿。本书在编写过程中，得到了武汉职业技术学院电子信息工程学院其他老师的帮助和支持，在此一并表示感谢。

鉴于编者的水平所限，书中疏漏之处在所难免，恳望广大读者指正。

编　者

2018 年 5 月于武汉职业技术学院

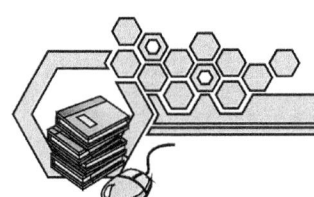

目　录

第 1 篇

电子电路实训基础

1.1 电子电路实训的基本特点

1.1.1 电子电路实训的目的和意义

目前，电子电路的发展日新月异，各种各样的新技术、新器件和新电路层出不穷，并被迅速应用于生产实践中。要认识和掌握并应用这些新技术、新器件和新电路，电子电路实训是最为有效的途径。通过电子电路实训，学生可以检验器件和电路的功能及适用范围；可以分析器件和电路的工作原理；可以检测电路和器件的性能指标；可以锻炼应用新技术的能力。从事电子技术工作的电子工程师应该掌握电子电路实训的技能。

1.1.2 电子电路实训的特点

电子电路实训具有以下特点。

（1）要正确、合理地选用电子元器件。电子元器件种类繁多，很多元器件功能相似而性能不同，不同功能的电路对于电子元器件的要求不同，如果元器件选用不当，将不会得到满意的结果，甚至会出现安全问题。

（2）理论计算结果与实际结果有较大的差异。电子元器件特别是模拟电子元器件的特性参数分散性大（普通铝电解电容器的误差可以达到 100%），因此实际电路的性能指标必然与设计要求有一定的差异，所以在实训时必须对实际电路进行调试。

（3）各种测量仪器的非线性特性（如信号源的内阻等）将会引起测量误差。选择合适的测量仪器将会减小测量误差，但不能完全消除测量误差。因此必须要对实训结果进行误差处理。

（4）实训电路中的元器件要合理布局与正确连线。由于电路中寄生参数的存在（如分布电容、寄生电感等）和外界的电磁干扰，即使电路原理图正确，元器件的随意布局和随意连接也可能引起电路性能的变化，甚至产生自激振荡，从而使电路不能正常工作。这种情况在工作频率较高时尤为突出。

1.1.3　电子电路实训的基本要求

为了保证实训顺利完成，使实训课教学达到预期效果，学生应该按时进入实训室并在规定的时间内完成实训任务，遵守实验实训的规章制度，实训结束后整理好操作台。除此之外，实训中学生还应该做到以下几点。

（1）熟练掌握各种常用电子测量仪器的主要性能和使用方法，掌握基本电路中主要参数的测试方法。

实训前要预习充分，预习的目的是进行理论准备。预习的要求是认真阅读理论教材，查阅相关资料，深入了解实训的目的和任务，掌握实训的基本原理，彻底弄清楚实训的具体内容和要解决的问题，包括需要观察哪些现象、测量哪些数据等一系列与实训有关的内容。对于综合设计性实训，学生还要根据实训内容拟好实训步骤，选择测试方案，并给出实训电路。

（2）进入实训室实际动手操作之前，需要完成每个实训的仿真实训，通过仿真实训可以进一步熟悉实训原理，了解各种测试仪器的使用方法及主要参数的测试方法。仿真实训的结果，还可以用来估算实训的测量数据，判断误差大小。

（3）合理布线以达到直观、便于检查的目的。布线原则主要有以下几点。

① 连接电源正极、负极和接地的导线用不同的颜色加以区分，一般正极线用红色，负极线用蓝色，接地线用黑色。

② 尽量用短的导线，防止自激振荡。

③ 根据实训台的结构特点来安排元器件的位置和电路的布线。一般应以集成电路或晶体管为中心，并根据输入与输出分离的原则，以适当的间距来安排其他元件。最好先画出实物布置图和布线图，以免发生差错。

接插元器件和导线时要非常细心。接插前，必须先用钳子或镊子把待插元器件和导线的插脚弄平直。接插时，应小心地用力插入，以保证插脚与插座间接触良好。实训结束时，应轻轻拔下元器件和导线，切不可用力太猛。注意接插用的元器件插脚和连接导线均不能太粗或太细，一般以直径 0.5mm 左右为宜，导线的剥线头长度约为 10mm。

布线的顺序一般是先布电源线与地线，然后按布线图，从输入到输出依次连接好各元器件和导线。在可能条件下应尽量做到接线短、接点少，但同时还要考虑到测量的方便。

（4）电路布线完毕后，不要急于通电，应先对电路进行检查。

首先检查 220V 交流电源和实训所需的元器件、仪器仪表等是否齐全并符合要求，检查各种仪器面板上的旋钮，使之处于所需的待用位置。例如，直流稳压电源应置于所需的挡级，并将其输出电压调整到所要求的数值，切勿在调整电压前随意与实训电路板接通。

对照实训电路图，对实训电路板中的元件和接线进行仔细的寻迹检查，检查各引线有无接错，特别是电源与电解电容的极性是否接反，各元件及接点有无漏焊、假焊，并注意防止碰线短路等问题。经过仔细检查，确认安装无误后，方可按前述的接线原则，将实验电路板与电源和测试仪

器接通。

（5）实训过程中，要严格按照仪器的操作规程正确使用仪器，严禁野蛮操作。严格按照科学的方法和正确的实训步骤进行实训。

（6）鼓励学生在完成所要求的实训内容后，自己设计实训并动手操作。但必须要有完整的实训方案，实训前实训方案必须得到指导老师的批准。

（7）实训中出现故障时，切记首先要关掉电源，以免出现安全问题。对于故障产生原因，应利用所学理论知识仔细分析，并尽量在老师的指导下独立给出解决问题的方案，以排除故障。出现故障后，不分析故障原因，直接拆掉电路重新连接，是不负责任的表现。

（8）实训过程中，要细心观测实训结果，认真记录，要保证实训结果的原始记录完整、正确、清楚。

（9）实训过程中，一个阶段性的实训结束，得到正确的测量结果后，应该马上关掉电源，进行下一阶段的实训。

（10）实训结束后，要认真撰写实训报告。

实训报告是实训结果的总结和反映，也是实训课的继续和提高。撰写实训报告，可使知识条理化，还可培养学生综合解决问题的能力。一个实训的价值在很大程度上取决于报告质量的好坏，因此对撰写实训报告必须予以充分的重视。

在实训报告中，首先应该注明实训环境和实训条件（日期，仪器仪表的名称、型号等），这样做的目的是保证实训的可重复性（即在相同的实训环境和实训条件下，重复该实训可以得到相同的实训结果），这是科学实训的基本要求。

其次，要认真整理实训数据，要以确切简明的形式，将实训结果完整、真实地表达出来。并对实训结果进行理论分析，得出结论，有条件的还要进行实训误差的分析。

最后对于实训中出现的问题或故障，要进行分析并给出解决问题的办法，总结实训中的收获和体会，并提出改进实训的建议。

1.2　电子电路实训的安全操作

电子电路实训的安全操作是保证人身与仪器设备安全、电子电路测试与实训顺利进行的重要一环。电子电路测试与实训过程中，必须严格遵守实训室安全规则和规章制度。电子电路测试与实训的安全包括两个方面：人身安全和实训仪器仪表的安全。

1.2.1　人身安全

由于电子电路实训的特殊性，在实训室中最常见的危及人身安全的事故是触电。由于人体的导电特性，电流在流过人体时将产生大量的热量，触电时人体在电流的作用下将产生严重的生理反应。触电后轻者身体局部产生不适，严重的将对身体造成永久伤害，甚至危及生命。要避免触电事故的发生，学生首先应该从思想上深刻认识到实训安全的重要性，认识到遵守实训操作规程的重要性，在实训时就能自觉地严格遵守实训室的各项规章制度，认真做好实训中的各项工作。其次学生应该了解电子设备的特点，以及在对这些设备进行测试时的正确操作规程和应注意的事项，按规范操作。学生在进行电子电路实训时必须遵守以下规则。

（1）实训时严禁赤脚。

（2）各种仪器设备在工作时，应保持良好接地。

（3）仪器设备及实训装置中流过强电的导线应有良好的绝缘，芯线不得外露。

（4）在进行高压测试时，应单手操作，并站在绝缘垫上，或穿上厚底胶鞋。在接通 220V 交流电时，应先通知实训合作者。

（5）如果发生触电事故，应迅速切断电源，若距离电源较远，可以使用绝缘器将电源切断，使触电者立即脱离电源并采取必要的补救措施。

1.2.2 仪器仪表安全

除了保证人身安全以外，实训中还应该注意仪器仪表安全。实训中仪器仪表的安全应该从以下几个方面得到保证。

（1）使用仪器设备前，应仔细阅读仪器说明书或仪器使用手册，掌握仪器的使用方法和注意事项；并对测量对象有所了解，明确要测量对象的大致范围，进而正确选择仪器和仪表，确定测量量程，使之确实达到预期的测量效果。

（2）实训时应遵守接线基本原则，先把设备、仪表、电路之间的连线连接好，经查（自查、互查）无误后，再连接电源线，经老师检查同意后，再接通电源（合闸）。测量完毕后，马上断开电源。拆线顺序是断开电源后先拆电源线，再拆其他线。

注意： 在接、拆线及改换电路时，一定要关掉电源。

电路和各种仪表测试连接线连接正确无误，是做好实训的前提与保证，是实训基本技能的具体体现，也是每个实训都必须做、最容易做，但最不容易做好，从而引发事故最多的一项工作。例如短路事故，会烧毁仪器、仪表、设备、器件等。

（3）实训中要正确地操作仪表面板上的开关（或旋钮），用力要适当。

（4）在实训过程中，要提高警惕，注意是否闻到焦糊味、见到冒烟或火花，有无"噼啪"声，如果遇到这种情况，或者感到设备过热及出现熔断丝熔断等异常现象时，必须立即切断电源，且在故障排除前不得再次开机。

（5）未经允许不得随意调换仪器设备，更不得擅自拆卸仪器设备。

（6）搬动仪器设备时，必须轻拿轻放。

（7）仪器设备使用完毕后，必须将仪器面板上的各个旋钮、开关置于安全的、合适的位置。例如，指针式万用表使用完毕后应将量程开关拨到交流电压最高挡，而数字式万用表使用完毕后应将功能开关旋至 OFF 挡位。

正确选择和使用仪器仪表是一个综合性的问题，也是确保仪器仪表和人身安全的关键。要完全掌握虽然不是一件容易的事，但只要认真去做即可尽量确保安全。保证人身和设备安全的关键是思想上重视和行动中措施得当。规范意识是事情成功的前提和关键，进行实训也是如此。所以要想真正做好实训并确有提高和收获，必须有科学严谨的工作态度，还要养成良好的习惯和严谨求实的工作作风。实训的每一步都要做到心中有数和有条不紊。每次实训前都要仔细检查所用仪器仪表的情况。要认真投入，善始善终，亲自动手做好每个实训。无论做什么实训，遇到事故、异常现象时都要头脑冷静、判断准确、处理果断。

1.3　电子电路实训的测量误差

电子电路实训过程中，由于测量仪器不准确、测量方法不够严格、测量条件发生变化及测量工作中的疏忽或错误等，都会造成实际的测量结果与待测的客观真值之间不可避免地存在差异。这个差异称为测量误差，简称误差。

1.3.1　测量误差的来源

实训中测量误差的来源主要有以下几个方面。

1．仪器误差

仪器仪表本身及其附件所引入的误差称为仪器误差。例如，指针式万用表的零位漂移、刻度不准确等所引起的误差就是仪器误差。

2．影响误差

由于各种环境因素与要求的条件不一致所造成的误差称为影响误差。例如，由于温度变化、湿度变化、电磁场的变化等外部环境所引起的误差属于影响误差。

3．方法误差

由于测量方法不合理而造成的误差称为方法误差。这种误差属于后面所讲到的粗大误差，可以通过完善测量方法而完全去除。

4．理论误差

用近似公式或近似值计算测算结果时所产生的误差称为理论误差。例如，将二极管、三极管等非线性元件等效为线性元件时将会产生理论误差。

5．人为误差

由于实训者本身的原因（例如，实训者的分辨能力、熟练程度不足，固有习惯不佳，缺乏责任心等）而产生的误差称为人为误差。

1.3.2　测量误差的分类及消除措施

根据测量误差的性质即产生原因，可将测量误差分为系统误差、随机误差和粗大误差三大类。

1．系统误差

系统误差是指在相同条件下多次测量同一物理量，测量误差的绝对值和符号均保持不变，或在测量条件改变时，按某种确定的规律变化的误差。

在重复性的条件下，对同一物理量进行无限多次测量所得结果的平均值 $\bar{x}$ 与该物理量的真值

A_0 之差即是系统误差 ε，即

$$\varepsilon = \overline{x} - A_0$$

系统误差产生的常见原因有：测量仪器或电路本身的缺陷（如仪器定标不准，普通运放当作理想运放时对于输入电阻、输出电阻忽略等），外界因素的影响（如测量环境中温度、湿度的变化等），测量方法的不完善（如采用了某些近似公式或某些近似方法），测量人员的因素（如测量人员感觉器官的限制等）。

在测量情况确定的情况下，不能通过多次测量求平均值的方法消除系统误差。只能根据系统误差产生的原因，采取一定的应对措施来减少或消除之（如对于测量仪器本身的缺陷，可以通过仪器校验，取得修正值，将测量结果加上修正值就可以减少系统误差）。

2. 随机误差

随机误差是指在相同的测量条件下，多次测量同一物理量时（等精度测量），测量误差的绝对值和符号均以不可预知的方式变化的测量误差，又称为偶然误差。

某次测量结果的随机误差 δ_i 可以由本次测量结果 x_i 与在重复性条件下对同一被测物理量进行无限多次测量所得结果的平均值 $\overline{x}$ 之差得到，即

$$\delta_i = x_i - \overline{x}$$

随机误差主要是由那些对测量结果影响微小，相互之间又互不相关的诸多因素共同造成的。这些因素包括测量仪器中零部件配合的不稳定、噪声干扰、电磁场的微变、电源电压的波动、测量人员读数的不稳定等。

虽然随机误差在一次测量中的大小是无规则的，但当多次测量时，其总体符合统计学规律，接近于正态分布。所以可以通过对同一物理量进行多次测量并取算数平均值的方法来削弱随机误差对测量结果的影响。

随机误差是测量值与数学期望之差，表征了测量结果的分散性。随机误差通常用于衡量测量的精密度，随机误差越小，测量结果的精密度越高。

3. 粗大误差

粗大误差是指在一定的测量条件下，测量值明显偏离被测物理量真值时的测量误差，又称为过失误差。

引起粗大误差的主要原因有：测量人员的不正当操作或疏忽（如测错、读错、记错测量结果等），测量方法不当或错误（如用普通万用表交流电压挡测量高频交流信号的有效值等），测量环境的变化（如电源电压的突然降低或增高）。

含有粗大误差的测量值称为坏值。通过分析，确认含有粗大误差的测量数据，应该删除不用。

1.3.3 测量误差的表示方法

测量误差可以用绝对误差和相对误差来表示。

1. 绝对误差

测量值与被测物理量的真值 A_0 之差称为绝对误差 Δx，用公式表示为

$$\Delta x = x - A_0$$

绝对误差 Δx 的大小和符号分别表示测量值偏离真值的程度和方向。

被测物理量的真值虽然是客观存在的，但一般无法测得（某些情况下，可以由理论给出或由计量学做出规定）。在实际工作中，可以用更高一级的标准测量仪器所测量的数值 A（称为实际值）来代替真值 A_0。则绝对误差为

$$\Delta x = x - A$$

与绝对误差大小相等、符号相反的量称为修正值 C，即

$$C = A - x$$

修正值可以通过使用更高一级的标准仪器对测量仪器校正得出，修正值可以通过表格、公式或者曲线的方式给出。

2．相对误差

绝对误差的表示方法的缺点是多数情况下不能够反映出测量的准确程度。例如，测量两个电流，其实际值分别为 $I_1=20A$，$I_2=0.2A$，若它们的绝对误差分别为 $\Delta I_1=0.2A$ 和 $\Delta I_2=0.02A$，虽然从数值上看 $\Delta I_1>\Delta I_2$，但实际上 ΔI_1 只占被测电流 I_1 的 1%，而 ΔI_2 却占被测电流 I_2 的 10%，显然 ΔI_2 对于测量结果的影响较大。

要反映测量的准确程度，可以使用相对误差。测量的绝对误差与被测物理量的真值的比（一般用百分数）称为相对误差，用 Y_{A_0} 表示

$$Y_{A_0}=\Delta x/A_0\times100\%$$

由于很难得到被测物理量的真值，因此一般用绝对误差和实际值的比来表示相对误差，称为实际值相对误差，用 Y_A 表示

$$Y_A=\Delta x/A\times100\%$$

如果被测物理量的真值与测试仪表的指示值相差不大，则可以用绝对误差和指示值的比来表示相对误差，称为示值相对误差，用 Y_x 表示

$$Y_x=\Delta x/x\times100\%$$

实际测量中经常使用示值相对误差。

另外一种相对误差是引用相对误差又称为满度相对误差，即绝对误差与测量仪表满刻度值的比，用 Y_m 表示

$$Y_m=\Delta x_m/x_m\times100\%$$

显然，测量仪表的满刻度值与其引用相对误差的乘积即该仪表的最大绝对误差。我们国家电工仪表的准确度等级就是根据引用相对误差来区分的。准确度等级分为 0.1、0.2、0.5、1.0、1.5、2.5、5.0 共 7 级，准确度等级一般用 S 表示。例如，$S=1.5$，表明该仪表的引用相对误差不超过 $\pm1.5\%$。

若某测量仪表的准确度等级为 S，其满刻度值为 x_m，则使用该仪表进行测量时，其测量的绝对误差 Δx 为

$$\Delta x=\Delta x_m=x_m\times S\%$$

其示值误差为

$$Y_x=\Delta x/x\times100\%=\Delta x_m/x\times100\%=(x_m\times S\%)/x\times100\%$$

上式总是满足 $x\leq x_m$，由 Y_m 的计算公式可以看出，在仪表准确度等级 S 确定以后，指示值 x

越接近于仪表满刻度值 x_m，其示值相对误差 Y_x 越小，测量就越准确。因此，当我们在电子学实训中使用电压表或者电流表选用量程时应使被测量的值尽量接近满刻度值，一般应尽可能使被测量的值超过仪表满刻度值的 2/3。

1.4 电子电路实训的数据处理

电子电路实训的数据处理包括正确记录实训中得到的测量数据，对测量数据进行分析、计算与整理，最后的结果还需要归纳成一定的表达式或制作成表格、曲线等形式。数据处理是建立在误差理论基础上的。

1.4.1 测量结果的数值处理

1. 有效数字

由于测量误差的存在及测量仪器分辨能力的限制，测量结果不可能完全准确，它是被测物理量真值的近似数，通常包括可靠数字和欠准确数字两部分。有误差的那位数字前面的各位数字都是可靠数字，有误差的数字为欠准确数字。例如，由电压表测得的电压数值为 15.3V，这就是一个近似数，其中 15 为可靠数字，而末位数 3 为欠准确数字。为了准确地表示测量结果，可以使用有效数字。测量结果的所有可靠数字和第一位欠准确数字称为该测量结果的有效数字。有效数字的正确表述对测量结果的科学表述极为重要。实际应用时应该注意以下几点。

（1）有效数字应该从左边第一个非零的数字开始，直至第一位欠准确数字（包括 0）为止。例如，在测量电流时，如果测得的电流为 0.0235A，则有效数字为 2、3 和 5，而 2 前面的两个 0 不是有效数字，其中 5 为欠准确数字。需要注意的是，右边的 0 应该计入有效数字，例如，测得电流为 1 000mA，则该测量数据的有效数字为 1、0、0、0 共 4 位，其中最后一个 0 为欠准确数字。

（2）在单位转换时，要注意保持有效数字位数和误差不变。例如，测得电流 1 000mA，则有效数字为 4 位，如果以安培（A）为单位，测量结果应该记为 1.000A。

（3）可以从有效数字的位数估算测量的误差，一般情况下规定误差不能大于有效数字末位单位数字的一半。例如，当测量结果记为 1.000A 时，末位有效数字为小数点后第 3 位，其单位数字为 0.001A，一半是 0.0005A，由于误差可正可负，所以当结果记成 1.000A 时，误差为 ±0.0005A。可见，应该正确记录测量的结果，少计有效数字的位数会带来附加误差，而多计有效数字的位数则会夸大测量精度。

2. 数字舍入规则

测量结果的记录位数由有效数字的位数决定。当需要的有效数字为 n 位时，对于超过 n 位的测量数据要进行舍入处理。根据数字的出现概率和舍入后引入的舍入误差，对于测量结果的处理普遍采用的原则如下。

（1）当保留 n 位有效数字，若第 $n+1$ 位数字≥6 时，则第 n 位数字进 1。

例如，45.77 取 3 位有效数字，从左面数第 4 位的数字为 7 大于 6，所以 45.77 取 3 位有效数字

记为 45.8。

（2）当保留 n 位有效数字时，若第 $n+1$ 位数字≤4，则 $n+1$ 位及其后面的数字都舍掉。

例如，12.631 取 4 位有效数字，从左面第 5 位的数字为 1 小于 4，所以 12.631 取 4 位有效数字记为 12.63。

（3）当保留 n 位有效数字，若第 $n+1$ 位数字=5 且后面数字为 0 时，则第 n 位数字为偶数时就舍掉后面的数字，第 n 位数字为奇数时加 1；若第 $n+1$ 位数字=5 且后面还有不为 0 的任何数字时，无论第 n 位数字是奇数或是偶数都加 1。

例如，对 36.55 取 3 位有效数字，从左面数第 4 位的数字为 5 且后面数字为 0，而第 3 位数字为奇数 5，所以 36.55 取 3 位有效数字记为 36.6。对 36.85 取 3 位有效数字，从左面数第 4 位的数字为 5 且后面数字为 0，而第 3 位数字为偶数 8，所以 36.85 取 3 位有效数字记为 36.8。对 36.551 取 3 位有效数字，从左面数第 4 位的数字为 5 且后面不为 0，所以 36.551 取 3 位有效数字记为 36.6。

3．有效数字的运算

在测量结果需要中间运算时，有效数字的位数对运算结果有较大的影响。正确选择运算数据有效数字的位数非常重要，它是实现高精度测量的保证。一般情况下，有效数字的取舍决定于参与运算的各个数据中精度最差的那一项。原则如下。

（1）当几个数据进行加、减运算时，以各个数据中小数点以后的位数最少（精度最差）的那个数据（无小数点，以有效数字最少者）为准，其余各数据按照数据舍入原则舍入至比该数多一位后进行运算，运算结果所保留的小数点以后的位数，应与各个数据中小数点后位数最少者相同。运算中多取的一位数称为安全数字位，其目的是避免在大量加、减运算时舍入误差累积过大。

例如，10.1、20.356 与 5.2578 三个数据相加，根据上述原则，10.1 不变，20.356 与 5.2578 分别舍入至 20.36 和 5.26，10.1+20.36+5.26=35.72，根据舍入原则，最后结果为 35.7。

（2）当几个数据进行乘、除运算时，以各个数据中有效数字位数最少的那个数据为准，其余各数据按照数据舍入原则舍入至比该数多一位后进行运算（与小数点的位置无关），运算结果的位数应根据数据舍入原则取至与运算前有效数字位数最少的那个数据相同。

（3）当数据开方或平方运算时，有效数字的取舍同乘、除运算，结果可比原数据多保留一位。

（4）运算中出现 π、e 等无理数时，由具体运算决定。

（5）当数据做对数运算时，n 位有效数字的数据使用 n 位对数表。

1.4.2　测量结果的图形处理

实训过程中，处理数据的时候，为了表示测量数据之间的关系，可以采用图形的形式，将测量数据随某个或某几个因素变化的规律用曲线的形式表示出来，以便于对测量数据进行分析。

1．坐标系的各参数的选择

在作图时，可以按照如下原则选择坐标系。

（1）表示两个数据之间的关系，坐标系可以选用直角坐标系，也可以选用极坐标系。

（2）一般情况下，将误差小的数据作为自变量，误差大的数据作为因变量。

（3）一般情况下，坐标系采用线性分度，当自变量变化范围很宽时，需要采用对数分度。

2．曲线的修匀

在实际实训时，由于误差的存在，测量数据将离散分布，全部测量数据的连线不可能是一条光滑的曲线。为了反映数据的真实物理意义，需要利用有关误差理论，将测量数据的波动去掉，将数据连线修成一条光滑曲线，称为曲线的修匀。

在对精度要求不高的测量中，通常采用"分组平均法"来修匀曲线。具体方法是将数据分为若干组，每组包括 2～4 个测量数据点，分别估计各组的几何重心或对称中心，将这些重心或中心连接起来。由于进行了数据平均，在一定程度上减少了随机误差的影响，这样得到的曲线比较符合实际情况。

1.5　电子电路实训中基本物理量的测量方法

1.5.1　电流的测量方法

直流电流的测量可以使用万用表的电流挡。测量时，万用表应串联接入被测电路中。测量挡位的选择应根据满度测量误差的要求决定，如果事先不知道被测电流的大体值，应先选用最高量程的挡位，然后逐渐减小。

交流电流的测量通常不使用万用表，而使用电磁式电流表。可以使用电流互感器（如钳形电流表）来扩大交流电流表的量程。

使用示波器也可以测量电流的波形。这时应在被测电路中串联一个小的电阻（采样电阻），测量该电阻上的电压，即可得到电流的波形。采样电阻的阻值应该适当。过小则电压降低，示波器光点偏移太小；过大则对被测电路有影响。

1.5.2　电压的测量方法

通常使用电压表来测量电压，根据电路性能的需要选择不同的电压表。

如果被测电路的阻抗高，可以选用输入阻抗高的万用表；如选用数字万用表，其输入可以达到 10MΩ 以上。

如果被测电压的频率较低（在 100Hz 以下），或是直流信号时，可以选用数字万用表。而毫伏表适用于更高频率信号的测量，其测量频率的范围为 2MHz 以下。

一般来讲，指针式电压表精度较低，数字式电压表精度较高。通常在较高精度的电压测量中，采用数字式电压表。

除了电压表以外，还可以使用示波器测量电压。使用示波器测量电压可以很方便地测出信号的直流分量和交流分量的值。其特点是可以对电压信号在某一时间的瞬时数值进行测量。

1.5.3　时间的测量方法

时间参数常使用示波器来测量。

模拟示波器屏幕上横坐标的值代表了信号的时间参数，其大小只能由人眼读出，精度不高，误差较大。

数字示波器对时间的测量有两种方法：自动测量法和游标测量法。自动测量法能自动测量信号的周期、上升时间、下降时间等时间参数；游标测量法可以测量任意两点的时间差，并直接读数。

1.5.4　频率的测量方法

频率的测量也有两种方法。

（1）由于频率是周期的倒数，因此可以通过测量时间来确定频率的大小。

（2）可以使用李萨如图形法由示波器读出。将被测频率的正弦信号和来自标准信号源的正弦信号分别加到示波器的 x 轴输入端和 y 轴输入端。当两个信号的频率、相位和振幅各不相同时，示波器上显示的波形是不规律、不稳定的。当两个信号的频率之间成整数倍关系时，出现在示波器屏幕上的图形静止而且具有一定的形状。当两个信号的频率一样而且相位差为零时，屏幕上的图形为一直线，而且与横坐标的夹角为45°。可以通过调节标准信号源的频率来测量被测信号的频率。

其余输入电阻、输出电阻、电压增益和频率特性等参数的测量方法见各具体实训。

1.6　电子电路实训的调试

电子电路的设计通常根据理论推导进行，许多复杂的客观因素（如分布参数的影响、元器件的标称值与实际值的偏差等）难以考虑到，实际电路一般达不到预期的效果，需要通过调试发现设计中的问题，采取必要的措施加以改进，以达到设计的指标要求。调试分为静态调试和动态调试。通电调试前需要进行不通电检查。

1.6.1　通电前的检查

连接完实训电路后，不能急于加电，需要先认真检查。检查的内容如下。

（1）连线是否正确。主要检查有无错线、漏线、多线。具体方法：对照电路图，从输入开始，一级一级地排查，一直检查到输出。

（2）连接的导线是否导通，面包板有无接触不良。可以用万用表欧姆挡逐一检查，如果两点之间有电阻存在，则能测出电阻值。

（3）电源正、负极之间连线是否正确，电源正极与地之间是否短路。如果电源短路，通电后，将会造成元器件的损坏。

1.6.2　通电观察

检查无误后，应先通电观察，再进行通电调试。先调节电源电压至所需要的电压值，然后给电路通电，仔细观察电路有无异常现象出现。例如，是否有冒烟、异味、打火、元器件发烫等现

象。如果有以上情况出现，应立即断掉电源，排查电路，排除故障后才能再次通电。

1.6.3　静态调试

静态调试是指在无输入信号的情况下，所进行的直流调试与调整。目的是保证电路工作在正确的直流工作状态。在模拟电路中，各级电路的静态工作点主要是通过静态调试保证的。在数字电路中，静态调试是要保证电路的各个输入端能够加入固定的并符合要求的高、低电平，测量输出端的输出电平值，以判断数字电路中逻辑关系是否正常。

通过静态调试，可以准确地判断电路的工作状态，及时发现损坏的元器件。如果工作状态不正常，要调整电路参数以符合设计要求。如果元器件损坏，需要先分析损坏原因，排除故障，再进行更换。

1.6.4　动态调试

静态调试结束后，还需要对电路做动态调试。所谓的动态调试是指加入输入信号的调试，电路在静态调试无误后，在输入端加入幅度与频率都符合设计要求的信号，用示波器根据信号流向逐级观察输出信号，测量各级电路的性能指标、逻辑关系与时序关系是否符合实验要求，如果输出不正常或者性能指标不符合设计要求，需要调整电路参数直到满足要求。

1.6.5　调试中需要注意的问题

测量方法与测量精度直接影响到测量结果的正确性，只有选择正确的测量方法，提高测量精度才能得到正确的测量结果。为了提高调试效率，保障调试效果，调试过程中必须做如下几点。

（1）保障正确接地。在电路的调试过程中，必须保证仪器的接地端连接正确。正确的接地方法是，将直流电源、信号源、示波器以及毫伏表等电子测量仪器的接地端与被测电路的地线可靠地连接在一起，使仪器和被测电路之间建立一个公共参考地，以保证测量结果的正确。另外，在模数混合电路中，数字"地"与模拟"地"应该分开连接，以避免二者之间的互相干扰。

（2）在微弱信号测量时，尽量使用屏蔽线连接，屏蔽线的屏蔽层连接至电路的公共接地端。

（3）正确使用测量仪器。在测量的过程中，测量电压所用仪器的输入阻抗必须大于被测电路的等效阻抗。测量仪器的带宽必须大于被测电路的带宽。

（4）在调试过程中，出现异常现象或故障时，要认真分析和查找故障原因，切忌一遇到故障暂时解决不了就拆掉电路重新安装，这是许多学生做实训时的通病，应该杜绝。学生在实训中不仅要学习测量数据的方法，还要锻炼查找故障、分析故障和排除故障的能力。实训中若无故障现象出现，则学生的这种能力无法得到锻炼。如果不知道故障原因，只是重新布线，故障还可能重新出现。

1.7　电子电路实训的故障检测

故障是电子电路实训中经常出现的问题。故障出现后，能否快速、准确地查出故障原因、故

障点，并及时加以排除，是实训技能和素质的体现。要快速准确地排除故障，既需要有扎实的理论基础，又需要有丰富的实践经验和熟练的操作技能，这样才能对故障现象做出准确的分析和判断，排除故障能力的提高也是不断学习、总结的过程。

1.7.1 常见的故障现象

电子电路实训中出现故障的现象很多，常见的故障现象如下。

（1）电路中输入信号正常，而无输出波形，或者输出波形异常。

（2）放大电路无输入信号而有输出信号。

（3）稳压电源无电压输出或输出电压过高而且无法调整，或者输出电压不稳定，稳压性能变差等。

（4）振荡电路不产生振荡。

（5）数字电路中逻辑功能不正确。

（6）计数器输出不正确，不能正常计数。

1.7.2 常见故障的产生原因

电子电路实训中产生故障的原因有很多，既可能是一种原因引起的简单故障，也可能是多种原因综合作用产生的比较复杂的故障，很难进行准确分类。其粗略分类如下。

（1）电路安装错误引起的故障，包括接线错误（错接、漏接、多接、断线等），元器件相互碰撞，元器件安装错误（如元器件的正负极接反，晶体管、集成电路的引脚接错等），接触不良。

（2）元器件质量引起的故障，包括元器件损坏，参数不符合要求，性能不好等。

（3）干扰引起的故障，包括接地不合理引起的自激振荡，地线阻抗过大、接地端不合理、仪器与电路共地不当等引起的干扰，直流电源滤波不良产生的 50Hz 干扰信号，由电路的分布电容耦合产生的感应干扰等。

（4）测量仪器产生的故障，包括测量仪器本身功能失效或变差，测试导线断开或接触不良，仪器的挡位选择或使用不当（如示波器、万用表使用方法不当，用交流毫伏表测量直流电压，仪器输入阻抗太低达不到电路要求），测试点选择不合理，测量方法错误（如测量电阻时，由于表笔没有拿好，使得人体触及电阻两端而引入人体电阻等）。

（5）电路本身原因产生的故障，包括设计的电路不够合理，存在严重缺陷，实际电路与设计的原理图不符等。

1.7.3 检查故障的一般方法

要分析、查找和排除一个较复杂电路系统的故障，不是一件容易的事情。关键是要透过故障现象，分析故障产生的原因。对照电路原理图，采取一定的方法，逐步找出故障。

检查故障的方法很多，查找故障的顺序可以从输入到输出，也可以从输出到输入。以下列举了一些基本的、常用的方法。

（1）直观检查法。使用肉眼观察判断仪器的选择和使用方法是否正确；布线是否合理；印制

板、面包板有无断线；电解电容的极性，二极管、三极管的管脚，集成电路的引脚有无错接、漏接、互碰等情况；电阻和电容有无烧焦和炸裂等；电源电压的选择和极性是否符合要求。通电观察元器件有无发烫、冒烟；变压器有无焦糊味；电子管、示波管灯丝能否点亮；有无高压打火等。

（2）测量分析法。有些故障很难通过直观观察判断，例如，导线内部导体已经断开但外部绝缘层完好，静态工作点设计不正确，数字电路中的逻辑错误故障等，无法用肉眼看到。此时，可以借助万用表、示波器等仪器通过测量、分析而找出故障的原因。利用万用表、示波器可以检查电路的直流状态，以判断电路的静态工作点是否正确，以及各输入输出端的高、低电平和逻辑关系是否符合要求，从而发现问题，查找故障。

（3）信号寻迹法。对于比较复杂的多级电路，可以在输入端接入一个一定幅度、适当频率的信号，用示波器由前级到后级，逐级观测各级输入、输出的波形及幅度的变化，哪一级波形出现异常，则故障就出现在哪级。需要注意的是，该方法的使用应该建立在对自己设计、安装的电路的工作原理、工作波形、性能指标比较了解的基础上。

（4）对比法。如果怀疑某一级电路出现问题，可将该级电路的参数与工作状态和相同的正常电路的参数（或用理论分析得到的电流、电压、波形等）与工作状态一一比较，分析所检测电路中的不正常情况，找出故障原因，判断故障点。

（5）替换法。某些情况下，故障比较隐蔽，不容易判断，此时可以将工作正常的插件板、部件、单元电路、元器件等代替相同疑有故障的相应的部分，观察故障是否出现。通过这种方法可以缩小故障范围，进一步查找故障。

第 2 篇

常用电子测量仪器的主要性能及使用方法

2.1 EE1641B 型函数信号发生器/计数器

EE1641B 型函数信号发生器/计数器是一种精密的测量仪器，具有连续信号、扫频信号、函数信号、脉冲信号等多种输出信号和外部测频功能。该仪器使输出信号在整个频带内均具有很高的精度，同时由于多种电流源的变换使用，使该仪器不仅具有正弦波、三角波和方波等基本波形，更具有锯齿波、脉冲波等多种非对称波形的输出。另外它还可以实现对各种波形的扫描功能。

2.1.1 主要技术指标

1. 函数信号发生器的技术指标

（1）频率范围：0.2Hz ~ 2MHz，按十进制分类共分 7 挡。

（2）输出信号阻抗：函数输出 50Ω；TTL 同步输出 600Ω。

（3）输出信号波形：函数输出（对称或非对称输出）正弦波、三角波、方波；TTL 同步输出脉冲波。

（4）输出信号幅度：函数输出电压的峰峰值 U_{p-p} 为 10（1+10%）V（负载为 50Ω），20（1±10%）V（1MΩ 负载）；TTL 输出标准 TTL 幅度。

（5）输出信号类别：单频信号、扫描信号、调制信号（受外控）。

（6）函数输出信号衰减：0dB/20dB 或 40dB。

2. 频率计数器的技术指标

（1）频率测量范围：0.2Hz ~ 20MHz。

（2）输入电压范围：50mV～2V（10Hz～20MHz），100mV～2V（0.2～10Hz）。

（3）输入阻抗：500kΩ/30pF。

（4）计数波形：正弦波、方波。

2.1.2　主要旋钮的作用

EE1641B 型函数信号发生器/计数器的面板图如图 2-1 所示。

下面主要介绍 EE1641B 型函数信号发生器/计数器旋钮的作用。

（1）OFFSET：输出信号直流电平调节旋钮。调节范围为–5～+5V（50Ω 负载），电位器处在锁定位置时为 0 电平。

（2）SYM：输出波形对称性调节旋钮。调节此旋钮可改变输出波形的对称性，产生锯齿波、脉冲波且占空比可调。

（3）APML：函数信号输出幅度调节旋钮。调节范围为 20dB。

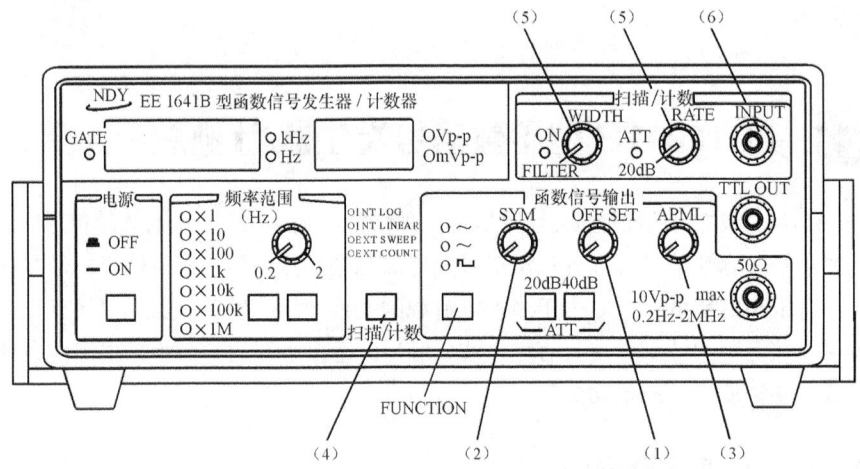

图 2-1　EE1641B 型函数信号发生器/计数器面板

（4）扫描/计数：扫描方式和外测频方式选择开关。INT LOG 为内对数扫描方式；INT LINEAR 为内线性扫描方式；EXT SWEEP 为外扫描方式；EXT COUNT 为外计数方式。

（5）WIDTH：扫描宽度调节旋钮；RATE：扫描速率调节旋钮，当"扫描/计数"按钮置内扫描方式时，分别调节 WIDTH 和 RATE 旋钮，可获得所需要的内扫频信号输出。

（6）INPUT：外扫描控制信号和外测信号输入端。当"扫描/计数"按钮置外扫描方式，外部控制信号从 INPUT 端输入时，即可得到相应的受控扫描信号。当"扫描/计数"按钮置外计数方式时，即可测得外部信号的频率。

2.1.3　函数信号发生器的使用方法

1. 如何选择输出波形类别

通过 FUNCTION 指示的 3 个按键，可选择正弦波、三角波、方波输出波形（各个按键上方

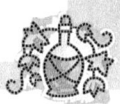

都有波形示意符号），并且"按下"才有效。

注意：输出波形必须由 50Ω 内阻端口输出。TTL OUT 端口不能输出。

2．怎样改变输出波形频率

本仪器所有内部产生的频率或外测频率都用数字（6 位 LED）显示，频率单位（Hz，kHz）用两只发光二极管分别指示，灯亮有效。GATE（闸门显示器）灯不断闪烁，说明频率计正在工作。

第一步：根据需要输出的频率，首先在频率范围（共 7 个按键）中进行频段选择。例如，选择"1k"按键，输出可能是 100Hz ~ 2kHz 范围内的某个频率点。

第二步：由频率调节旋钮（FREQUENCY）进行频率粗调。

第三步：由频率调节旋钮（FREQ FINE）进行频率细调。

3．怎样改变输出波形幅度

旋钮（APML）具有两个功能，在不拉出的状态下，用来调整输出电压幅度大小（电压细调）。当输出信号幅度太大时，则需要通过旋钮（ATT）中的 20dB 和 40dB 两个按键对输出信号进行衰减（电压粗调）。

当 20dB 和 40dB 按键都不按下时，输出信号不衰减。

当 20dB 按键单独按下时，表明输出信号衰减 20dB，即将输出信号衰减 1/10。

当 40dB 按键单独按下时，表明输出信号衰减 40dB，即将输出信号衰减 1/100。

当 20dB 和 40dB 按键同时按下时，表明输出信号衰减 60dB，即将输出信号衰减 1/1000。

由于本仪器没有电压输出幅度的显示，因此需要借助于示波器或晶体管毫伏表（指输出正弦波情况下）来测量输出电压的幅度。

注意：获得小信号输出时（如毫伏级的信号），需要进行适当的衰减。

2.2　COS5020 型双踪示波器

COS5020 型双踪示波器是一种便携式的测量仪器，可以同时观测两组输入信号，显示波形稳定，调节方便，可以精确地测量信号的幅值、周期、频率等技术指标，是一种精密电子测量仪器。

2.2.1　主要技术指标

1．垂直系统

（1）频带宽度：DC 耦合，0 ~ 20MHz；扩展×5 挡为 0 ~ 15MHz。AC 耦合，10Hz ~ 20MHz。

（2）灵敏度：5mV/div ~ 5V/div，分 10 挡，误差不超过 ± 5%。微调范围 2.5 倍以上，最低灵敏度可达 12.5V/div。

（3）输入阻抗：电阻为（1 ± 2%）MΩ，电容为（25 ± 2）pF。

（4）上升时间：17.5ns；扩展×5 挡 23ns。

（5）最大允许输入电压：400V（DC+AC）峰峰值。

2. 水平系统

（1）扫描时间：0.2μs/div～0.5s/div，分20挡，误差为±3%。扩展×10挡为20ns/div～50μs/div，误差为±10%，微调范围在2.5倍以上，最慢扫描速度为1.25s/div。

（2）频带宽度：0～1MHz。

3. 标准信号输出（CAL）

标准信号输出：频率f=1kHz、峰峰值为2V的方波。

2.2.2　组成框图

COS5020型双踪示波器的组成框图如图2-2所示。

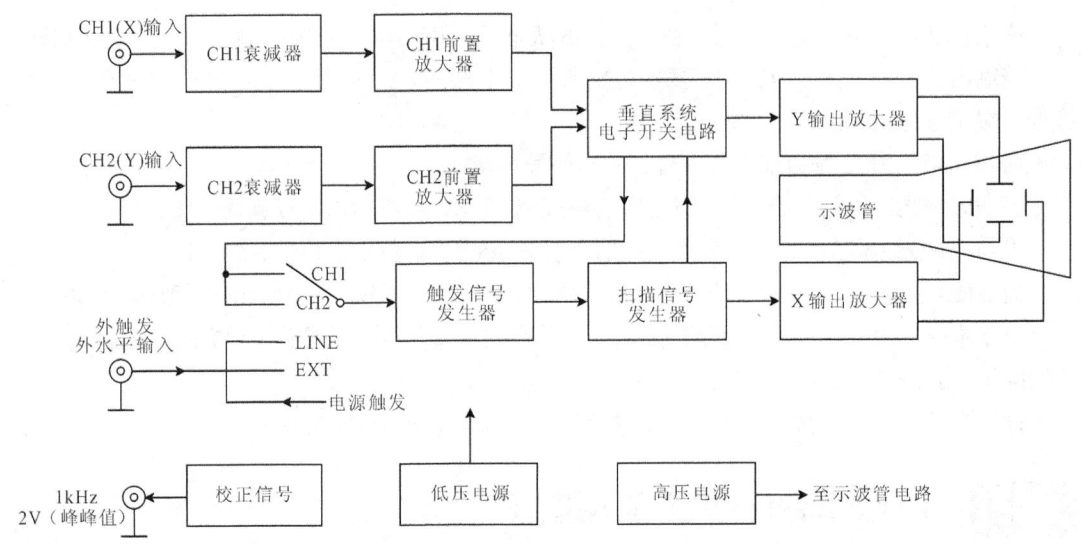

图 2-2　COS5020 型示波器的组成方框图

2.2.3　主要旋钮的作用

（1）CH1（X）：通道1垂直输入端。在X-Y方式时选CH1作为x轴输入端。

（2）CH2（Y）：通道2垂直输入端。在X-Y方式时选CH2作为y轴输入端。

（3）V/div：输入衰减器。顺时针旋至CALD（校正）的位置时，V/div校准到面板上的指示值。当拉出时（扩展×5挡）V/div增大至5倍。

（4）VERT MODE：垂直方式选择开关。置CH1或CH2时，单踪显示；置DUAL时，交替显示；置ADD时，显示CH1+CH2信号。当拉出CH2位移旋钮时，显示CH1-CH2信号。当拉出CH1位移旋钮时，为CHOP（断续）方式。

（5）SOURCE：触发源选择开关。置CH1时，选CH1信号作为内触发信号；置CH2时，选CH2信号作为内触发信号；置LINE时，选市电作为触发信号；置EXT时，选EXT TRIG信号作

为外触发信号。

（6）COUPLING：触发信号耦合方式开关。置 AC 时，交流耦合；置 DC 时，直流耦合；置 HF REJ 时，交流耦合并抑制 50kHz 以上的高频信号；置 TV 时，触发电路连接电视同步分离电路，由 T/div 的开关选择 TV 的行或场同步信号。

（7）TV V：0.1ms/div ~ 0.5s/div。TV H：0.2 ~ 50μs/div。

（8）TIME/div：扫描时间选择开关。该旋钮旋至 DALD（校正）位置时，扫描时间为面板上的指示值；当拉出时，扫描时间扩大至 10 倍。

（9）SWEEP MODE：扫描方式选择开关。置 AUTO 时为自动扫描，无触发信号时，扫描电路处于自激状态，形成连续扫描；置 NORM 时为触发扫描，当无触发信号时，扫描电路处于等待状态，无扫描线；置 SINGLE 时为单次扫描。上述 3 个键均未被按下时为单次扫描，按下 SINGLE 按钮复位，此时准备灯亮。

（10）EXT TRIG 和 EXT HOR：外触发和外水平共用输入端。当 T/div 旋钮置扫描挡时，作为外触发信号输入端；置 EXT HOR 时，作为 X 外接信号输入端，此时触发源开关应置 EXT 挡。

（11）LEVEL HOLD OFF：触发电平和释抑时间双重控制旋钮。在 LOCK（锁定）位置时，触发电平自动保持在最佳值。当波形复杂，调"电平"旋钮不能稳定时，还要调节"释抑"旋钮。

（12）X-Y：当时基开关置 EXT，垂直方式开关置 CH2，触发源开关置 CH1 时，为 X-Y 工作方式。

2.2.4　操作步骤及示例

（1）开机前，将示波器面板上有关旋钮做如下预置。

调节"INTEN"（辉度）适当，垂直位移↕和水平位移↔旋钮居中，扫描方式置 AUTO（自动），电平旋钮置 LOCK（锁定），触发源选择置 CH1 或 CH2，输入耦合 AC-GND-DC 置 GND（接地）。

（2）开启电源，指示灯亮，半分钟后，荧光屏上应出现一条水平扫描线，调节辉度旋钮使扫描线亮度适中，调节聚焦旋钮使扫描线清晰可见。

（3）将 AC-GND-DC 开关置 AC，垂直方式开关置 DUAL，就可在 CH1 或 CH2 端输入信号进行观察和测量。

（4）示例。使用示波器观察波形或测量参数。必须按照一定的操作方法，才能快速得到所需结果。下面以 COS5020 型双踪示波器为例，说明其波形观测的基本操作方法。

① 波形观察。

【例 2-1】　观察一个 1kHz 的正弦波（不要求测量周期和幅度）。

操作步骤如下所述。

a. 先按表 2-1 设定各控制键的位置，然后打开电源开关。此时，屏幕上应显示出一条水平亮线，其位置在屏幕中间。

b. 将信号接入到示波器的 CH1 通道，并将偏转因数放在适当挡位，再将耦合方式转至 AC 位置。此时，屏幕上应显示出正弦波。

c. 要显示的正弦波有一个以上的完整周期，可将时间因数放在 0.1ms/div 至 0.5ms/div 挡位。

表 2-1 示波器控制键及其位置

开关或旋钮名称	位 置
垂直工作方式（MODE）	CH1
垂直移位（POSITION）	中间
耦合方式（AC-GND-DC）	AC
X-Y 控制键	弹出
触发方式（TRIG MODE）	自动（AUTO）
触发源（SOURCE）	内（INT）
触发电平（TRIG LEVEL）	中间
水平移位（POSITION）	中间

在定性观察时，垂直微调和扫描微调的位置，可随意放置。

② 参数测量。

【例 2-2】 测量一个频率 1kHz 左右、幅度 1V 左右的正弦波的周期和幅度。

操作步骤如下所述。

a. 先按例 2-1 中的操作步骤 a 和步骤 b，让屏幕上显示出一个稳定的正弦波，然后进行以下操作。

b. 测周期时，先调垂直移位，使正弦波的平均电平线与坐标水平中心刻度线重合。将扫描微调旋钮旋至校准位置（顺时针旋到底）；时间因数可放在 0.1ms/div（或 0.2ms/div）挡位；再调水平移位，使正弦波零相位点落在左端垂直刻度线上；读出正弦波一个周期的格数 B，从而得出周期 $T=B \times 0.1$ms。

c. 测幅度时，应将垂直微调旋钮旋至校准位置（顺时针旋到底）。偏转因数放在 0.5V/div 挡位；调节垂直移位，使正弦波上峰点落在上边第 3 条水平刻度线上。读出正弦波下峰点与第 3 条水平刻度线的距离为 A 格（见图 2-3），则正弦波的峰峰值 $U_{p\text{-}p}=A \times 0.5$V（幅度为 $U_p=U_{p\text{-}p}/2$）。为使读出的 A 值更准确，可调节水平移位，让下峰点落在垂直中心刻度线上。

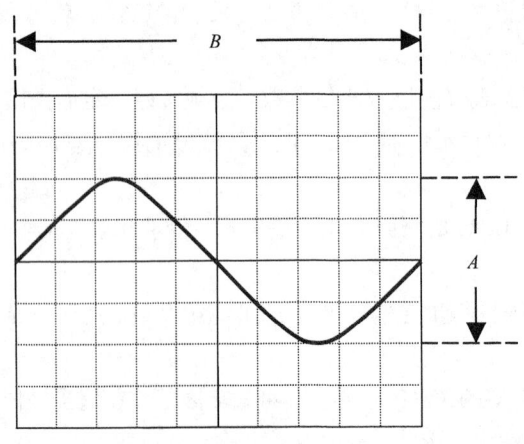

图 2-3 波形参数的测量

③ 操作时要求解决的问题。由以上两个例子可知道，要快速地观察到波形，并得到准确

的参数测量值，操作时需解决以下两个基本问题：如何让波形出现在屏幕中间区域，并且波形是稳定不动的；如何选择显示波形的幅度、周期数以及波形位置，才更有利于得到准确的读数。

现在从上面的实例来说明各控制键放置位置的缘由。对表 2-1 所列控制键预先设置的目的是开启电源开关后，可立即在屏幕上看到一条水平亮线。

  a. X-Y 控制键：弹出；垂直方式：CH1，让示波器工作在显示 CH1 通道波形的状态。

  b. 触发方式：自动；耦合方式：接地，让示波器电源开启后，有一条水平亮线显示。

  c. 垂直移位：中间；水平移位：中间，让显示的波形在屏幕的中间区域。

  d. 触发源：内；触发电平：中间，让步骤 b 中显示的正弦波稳定不动。

应当指出，示波器的亮度控制旋钮，应旋至适当的位置（即屏幕上波形的亮度适中），再调整聚焦控制旋钮。

2.3　XJ4810 型半导体管特性图示仪

半导体管特性图示仪是用来测试各种半导体管器件特性和参数的专用仪器。这些器件包括二极管、三极管、单结晶体管、可控硅和光电耦合器等。半导体管特性图示仪还能测试各种数字集成电路。

2.3.1　主要技术指标

1．y 轴偏转因数

（1）集电极电流 I_C：10μA/div ~ 0.5A/div，分 15 挡，误差小于 ±3%。

（2）二极管反向漏电流 I_R：0.2 ~ 5μA/div，分 5 挡，误差小于 ±3%。

（3）基极电流或基极源电压："⊓⊔" 1 挡。

2．x 轴偏转因数

（1）集电极电压 U_{CE}：0.05 ~ 50V/div，分 10 挡，误差小于 ±3%。

（2）基极电压 U_{BE}：0.05 ~ 1V/div，分 5 挡，误差小于 ±3%。

（3）基极电流或基极源电压：阶梯电压 "⊓⊔" 1 挡。

3．基极阶梯信号

（1）阶梯电流：0.2μA/级 ~ 50mA/级，分 17 挡，误差小于 ±7%。

（2）阶梯电压：0.05 ~ 1V/级，分 5 挡，误差小于 ±5%。

（3）每簇级数：1 ~ 10 级连续可调。

4．集电极扫描信号

（1）峰值电压：分 0 ~ 10V（5A），0 ~ 100V（0.5A），0 ~ 500V（0.1V）3 挡及 AC 挡。

（2）功耗限制电阻：0 ~ 0.5MΩ，分 11 挡，误差小于 ±10%。

2.3.2　组成框图

XJ4810 型半导体管特性图示仪的基本组成如图 2-4 所示。

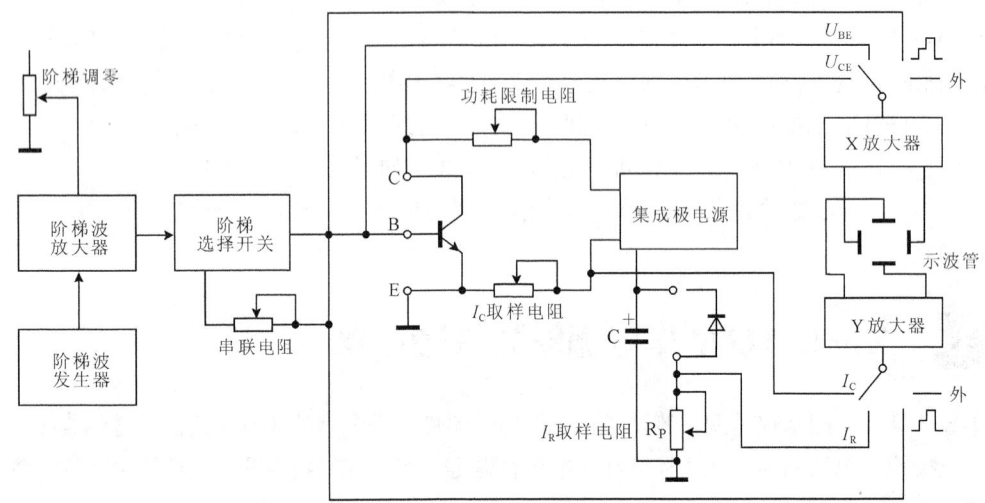

图 2-4　XJ4810 型半导体管特性图示仪基本组成框图

2.3.3　使用方法与应用举例

1．主要旋钮的作用

（1）"峰值电压"旋钮必须先调至 0 值，然后由 0 逐渐增大，每次测试完毕，应回调到零。

（2）峰值电压范围中的"AC"按键，用来显示器件（如二极管）的正反向特性曲线。

（3）电容平衡和辅助电容平衡调节旋钮，用来减小容性电流，提高测量精度。

（4）"显示"开关分 4 种方式。当 3 个按键都弹出时，根据 x 轴、y 轴作用开关的量程进行显示；按下"转换"按键时，图像在屏幕坐标Ⅰ、Ⅲ象限内互换；按下"⊥"时，X、Y 放大器输入端均接地，作输入为零的基准点；按下"校准"时，对 x、y 轴增益进行 10° 偏转校正。

（5）"零电压""零电流"按键。按下"零电压"时，被测管基极与发射极短路，可测晶体管的 U_{CES}、I_{CBS} 等特性参数。按下"零电流"时，被测管的基极处于开路状态，可测量 U_{CEO}、I_{CEO} 等特性参数。

2．应用举例

【例 2-3】　测量晶体管 3DG100 的共发射极输出特性曲线及其参数。

解：根据被测管的类型和需要测量的特性参数，将面板上各旋钮按表 2-2 预置，并插上被测管，屏幕上即可显示被测特性曲线，如图 2-5 所示。

表 2-2　　XJ4810 型图示仪测量 3DG100、3AX31、3DJ6 及 BT33F 特性参数时旋钮位置参考

型号	3DG100		3AX31		3DJ6		单结晶体管（BT33F）	
被测特性	输出特性	输入特性	输出特性	输入特性	输出特性	转移特性	基极特性	发射极特性
集电极电源　峰值电压范围/V	$0\sim10$	$0\sim10$	$0\sim10$	$0\sim10$	$0\sim10$	$0\sim10$	$0\sim50$	$0\sim50$
峰值电压	从 0 逐渐增大到 10V		从 0 逐渐增大到 10V		从 0 逐渐增大到 10V		从 0 逐渐增大到 20V	
极性	+	+	−	−	+	+	+	+
功耗电阻/Ω	250	250	250	250	1000	1000	0	100
y 轴　电流	I_C 1mA/div	基极电流或基极源电压	I_C 1mA/div	⊓	I_C 0.5mA/div	I_C 0.5mA/div	I_C 5mA/div	I_C 5mA/div
x 轴　电压	U_{CE} 1V/div	U_{BE} 0.1V/div	U_{CE} 1V/div	U_{BE} 0.1V/div	U_{CE} 1V/div	⊓	U_{CE} 2V/div	U_{CE} 2V/div
阶梯信号　电压（电流）	20μA/级	0.1mA/级	20μA/级	0.1mA/级	0.2V/级	0.2V/级	5mA/级	不起作用
极性	+	+	−	−	−	−	+	不起作用
重复/关	重复	重复	重复	重复	重复	重复	重复	不起作用
串联电阻	不起作用	不起作用	不起作用	不起作用	10kΩ	10kΩ	不起作用	不起作用
级/簇	10	10	10	10	10	10	10	不起作用

从输出特性曲线上可以测出晶体管的下列参数。

（1）测试点 Q 处的直流电流放大倍数（U_{CEQ}=5V 时）

$$\overline{\beta}=h_{FE}=\frac{I_{CQ}}{I_{BQ}}=\frac{1mA/div\times5div}{20\mu A/级\times5级}=50$$

（2）测试点 Q 处的交流电流放大倍数

$$\beta=\frac{\Delta I_C}{\Delta I_B}=\frac{1mA/div\times1div}{20\mu A/级\times1级}=50$$

一般情况下，晶体管的直流放大倍数 $\overline{\beta}$ 和交流放大倍数 β 并不完全相等，由于读数 $\overline{\beta}$ 比读数 β 容易些，所以在不太严格的情况下，可用 $\overline{\beta}$ 代替 β。

（3）饱和压降。由图 2-5 可见，该晶体管的饱和压降 U_{CES}=0.8V。

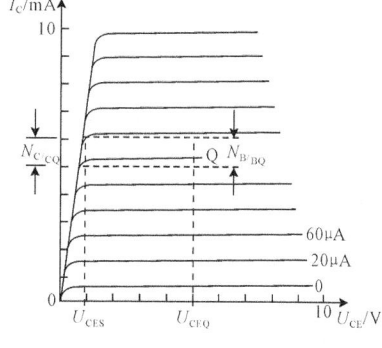

图 2-5　晶体管输出特性曲线

【例 2-4】　测量 3AX31 的穿透电流。

解：在测量输出特性参数的基础上，除 y 轴"电流/div"开关置 I_C10μA/div 外，其他旋钮按表 2-2 设置，按下"零电流"按键，这时增大峰值电压至规定值（如−6V），即可显示出图 2-6 所示的穿透特性曲线。由图 2-6 可见，该管的穿透电流 I_{CEO}=25μA。当曲线中出现回线时，可通过调节辅助电容平衡旋钮来消除。

【例 2-5】　测量 3DG100 的共发射极输入特性参数。

解：图示仪面板上各旋钮按表 2-2 设置，插上被测管，即可显示出图 2-7 所示的输入特性曲线。在输入特性曲线上求 Q 点处的输入阻抗 R_{be} 就是求 Q 点处切线的斜率。由图 2-7 所示曲线可得 Q 点处的交流输入阻抗（U_{CE}=U_{CEQ} 时）为

$$r_{BE} = \frac{\Delta U_{BE}}{\Delta I_B} = \frac{0.03V}{0.1mA/级 \times 1级} = 300\Omega$$

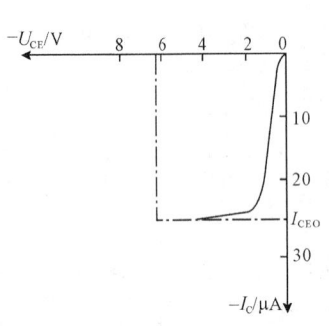

图 2-6　穿透电流 I_{CEO} 的测量

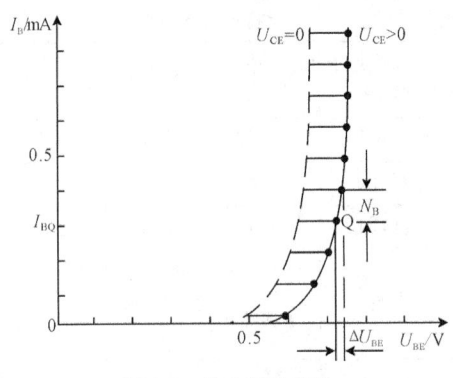

图 2-7　输入特性曲线

2.4　交流毫伏表与直流稳压电源

2.4.1　HG2170 型双通道交流毫伏表

HG2170 型双通道交流毫伏表是用来测量正弦交流电压及电平的专用仪表。它采用两个通道输入，由一只同轴双指针电表指示，可分别指示出两通道的示值，也可指示出两通道的差值。

其主要技术指标：电压测量范围为 100～300V（共 12 挡）；电平测量范围为–60～+50dB（共 12 挡）；频率范围为 5Hz～1MHz；基本误差小于 ±3%；输入阻抗为 10MΩ；当量程为 1～300mV 时，输入电容小于 45pF；当量程为 1～300V 时，输入电容小于 25pF。

2.4.2　DH1718-B 型直流稳压电源

DH1718-B 型直流稳压电源是一种有较高稳压系数，在 0～30V 范围内连续可调的直流稳压电源，分粗调、细调两种方式。粗调分 3V、6V、9V、12V、15V、18V、21V、24V、27V、30V 共 10 挡。其最大输出电流 2A。输出电压稳定度为交流输入电压变化 ±10% 时，直流输出电压变化小于 ± 0.1%，输出纹波电压不大于 3mV。两组电源结构相同，独立输出。

第 3 篇

电子电路实训

实训 1　常用电子仪器的使用（一）

一、实训目的

1. 了解函数信号发生器、直流稳压电源、交流毫伏表的组成和主要技术指标。
2. 掌握函数信号发生器的输出频率范围、幅值范围、面板各旋钮的作用及使用方法。
3. 掌握直流稳压电源、交流毫伏表的使用方法。

二、实训内容

1. 实训现场的布置

在模拟电路的实训中，经常使用的电子仪器有示波器、函数信号发生器、直流稳压电源、交流毫伏表等，它们和万用表一起，可以完成对模拟电路的静态和动态工作情况的测试。

实训中要对各种电子仪器进行综合使用，可按信号流向，遵循连线简捷、调节顺手、观察与读数方便等原则进行合理布局，各仪器与被测实验装置之间的布局与连接如图 3-1 所示。为防止外界干扰，连线时应注意各仪器的公共接地端应连接在一起，称共地。信号源和示波器连接线通常用屏蔽线或专用电缆，直流电源、毫伏表等的接线用普通导线。屏蔽线或专用电缆其外层（或接头的黑色接线夹）一般为公共接地端。

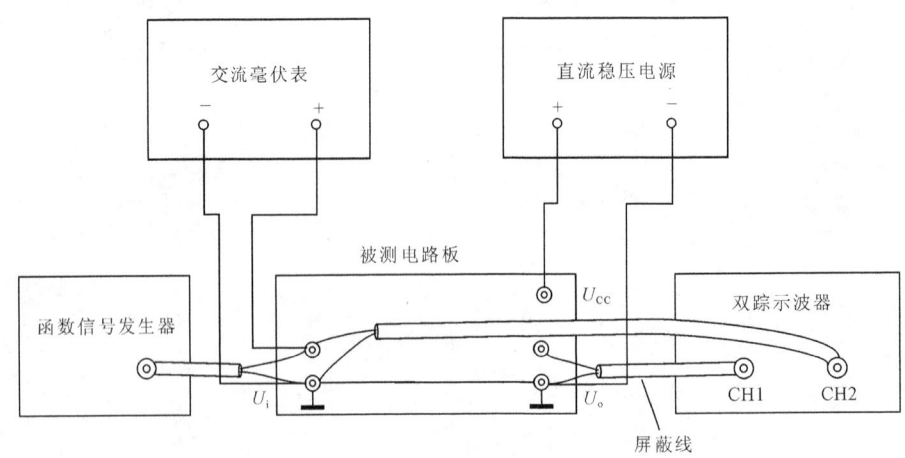

图 3-1　模拟电路中常用电子仪器布局图

2．函数信号发生器技术指标与旋钮功能

参见第 2 篇 2.1 节相关内容，熟悉函数信号发生器的主要技术指标及各旋钮功能和使用方法。

3．使用电子仪器的一般规则

（1）正确选用仪器，实训操作时应根据测试原理和方法、被测电量的情况和测试精度要求，合理地选用仪器。

（2）在规定的条件下使用仪器。各种仪器只有在规定的条件下才能正常工作，这些条件一般指环境温度、湿度、气压和放置方法等。

（3）按规定调校仪器，保证仪器的精确度。

（4）按说明书上规定的方法和步骤使用仪器。

（5）正确读取数据。

三、实训器件及仪表

- 函数信号发生器/计数器 EE1641B　　　　　　　1 台
- HG2170 交流毫伏表　　　　　　　　　　　　　1 块
- 直流稳压电源　　　　　　　　　　　　　　　　1 台
- 万用表　　　　　　　　　　　　　　　　　　　1 块

四、技 能 训 练

1．函数信号发生器的使用

（1）熟悉函数信号发生器面板上各旋钮的功能及使用方法。

（2）函数信号发生器输出幅度指示检查。

函数发生器的输出幅度衰减开关 20dB、40dB 键均不按下（即输出信号不经衰减），将输出波

形选择按钮"正弦波"按下，输出信号直流电平预置调节电位器 OFFSET 置中心位置（即直流电平为零），调节输出信号幅度旋钮 APML 和频率范围旋钮，使函数发生器输出信号的频率 f=1kHz，幅度峰峰值指示分别为 1V、2V、3V、4V、5V 时，用万用表的交流电压挡分别测量出相应的电压值（有效值），最后将结果记入自拟的表格。

（3）函数发生器"输出衰减"的检查。将函数发生器的输出信号频率保持 1kHz 不变，输出幅值调至 5V 峰峰值，用万用表直接测量此时输出电压的有效值，并转换成峰峰值进行比较，然后分别按下函数发生器输出幅度衰减开关 20dB 和 40dB 键，再用万用表测量并换算成峰峰值，最后将结果记入自拟表格。

注意：测量过程中，为防止表头过载，应将万用表的量程旋钮置于大量程挡，接入后，再逐渐减小量程，且为了读数准确，一般要求表头指针指示在满量程的 1/3 以上。

（4）函数发生器输出信号直流电平预置调节旋钮 OFFSET 的检查。将信号发生器输出电压保持在 f=1kHz、峰峰值为 5V 不变，送入示波器 CH1 通道，将示波器 y 轴耦合方式开关置 DC 挡，并调节 OFFSET 旋钮，观察正弦波偏离零电平参考基准线的位置，读出直流电平值。

2．交流毫伏表的使用

毫伏表的使用比较简单，需要注意的是量程的含义及选择原则。量程即指满刻度值。如我们测量某一电压时，指针摆到了满刻度（刻度盘最后端），而量程旋钮指向"300V"，则此时电压为 300V。知道了量程的含义，我们在测量电压时就要尽可能选择合适的量程使指针不超过满偏刻度，以免烧坏仪表。

具体读数时还要注意的是毫伏表显示表盘上有两个刻度，如果选择的量程为"3"系列的，如"3V""300V"，则读"3"系列的刻度；如果选择的量程为"1"系列的，如"1V""100V"，则读"1"系列的刻度。

3．直流稳压电源的使用

（1）操作顺序。"先调准，后接入"，即先调准所需的输出电压值，然后关闭电源开关再连接稳压电源与实训电路，否则易因误将过高电压接入电路，造成器件损坏。

（2）电压调整。"粗调"和"细调"要配合使用，先粗调后细调。例如，"粗调"置 15V 挡，通过"细调"可得到 9～15V 任一直流电压（由表头读出）。

五、注意事项

1．使用仪器前，必须先阅读仪器使用说明书，严格遵守操作规程。
2．拨动面板各旋钮时，用力要适当，不可过猛，以免造成机械损坏。
3．改变电路接线前应先关闭电源开关，再连接稳压电源与实训线路之间的连线。
4．实训完成后，万用表和毫伏表应置交流电压量程最大挡，以免表内电池被损耗。

六、思考题

1．为什么信号发生器的输出电压幅度在接入被测电路后可能会发生变化？其变化程度与什

么有关?

2. 用交流毫伏表和万用表的交流电压挡测 f=1kHz 正弦信号的幅值,其结果相同吗? 如果频率逐渐增加,结果又如何?

七、实训考核

实训考核内容如表 3-1 所示。

表 3-1 实训考核表(常用电子仪器的使用一)

姓名		班级		考号		监考		总分	
额定工时	45min	起止时间		日 时 分至 日 时 分			实用工时		
序号	考核内容		考核要点		分值	评分标准			得分
1	实训内容与步骤1		1. 电路连接是否正确 2. 自拟表格中的数据是否正确		20	1. 电路连接有问题扣 5～10 分 2. 表格数据有问题扣 2～5 分			
2	实训内容与步骤2、3		1. 电路连接是否正确 2. 交流毫伏表设置是否正确 3. 直流稳压电源设置是否正确		20	1. 电路连接有问题扣 5～10 分 2. 交流毫伏表设置有问题扣 2～5 分 3. 直流稳压电源设置有问题扣 2～5 分,方法有问题扣 2～5 分			
3	实训报告要求		1. 实训报告书写是否规范,字体是否工整 2. 回答思考题是否全面		20	1. 实训报告书写不规范,字迹不工整扣 5～10 分 2. 回答思考题不全面扣 2～5 分			
4	安全文明操作		符合有关规定		15	1. 发生触电事故,取消考试资格 2. 损坏仪表,取消考试资格 3. 动作不文明,现场凌乱,扣 2～10 分			
5	学习态度		1. 有无迟到、早退现象 2. 是否认真完成各项任务,积极参与实训讨论 3. 是否尊重老师和其他同学,是否能够很好地交流合作		15	1. 有迟到、早退现象扣 5 分 2. 未认真完整各项任务,不积极参与实训讨论,扣 5 分 3. 不尊重老师和其他同学,不能很好地交流合作,扣 5 分			
6	操作时间		是否在规定时间内完成		10	每超时 10min 扣 5 分 (不足 10min 以 10min 计)			

实训 2 常用电子仪器的使用(二)

一、实训目的

1. 了解示波器面板旋钮的用途及使用方法。
2. 掌握用示波器观察和测量信号波形的幅值、频率和相位的基本方法。
3. 进一步熟悉函数信号发生器及交流毫伏表的使用。

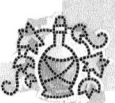

二、实训内容

（1）COS5020 型双踪示波器的主要技术指标、框图和面板各旋钮的功能以及使用方法。

（2）示波器的检查。

① 开机前，将示波器面板上有关旋钮做如下预置：INTEN（辉度）适当，垂直位移和水平位移旋钮居中，扫描方式置 AUTO（自动），电平旋钮置 LOCK（锁定），触发源选择置 CH1 或 CH2，输入耦合 AC-GND-DC 置 GND（接地）。

② 开启电源。指示灯亮，半分钟后，荧光屏上应出现一条水平扫描线，调节辉度旋钮使扫描线亮度适中，调节聚焦旋钮使扫描线清晰可见。

③ 将 AC-GND-DC 开关置 AC，垂直方式开关置 DUAL，触发耦合方式开关置 AC，就可在 CH1 或 CH2 端输入信号进行观察和测量。

三、实训器件及仪表

- 电阻　　10kΩ　　　　　　　　　　　　　　　1 个
- 电容　　0.01μF　　　　　　　　　　　　　　1 个
- 函数信号发生器 EE1641B　　　　　　　　　　1 台
- 毫伏表 HG2170　　　　　　　　　　　　　　1 块
- 示波器 COS5020　　　　　　　　　　　　　　1 台

四、技能训练

1．COS5020 型双踪示波器的使用

（1）示波器的检查与校准。接通电源，检查示波器的亮度、聚焦、位移各旋钮的作用是否正常；将示波器内部的校正信号送入 y 轴输入端（CH1 或 CH2），调节有关旋钮，使屏幕上显示出稳定波形，检查 y 轴灵敏度及 x 轴扫描时间是否正确。

（2）测量交流电压。具体步骤如下。

① 将示波器面板上有关旋钮调节到表 3-2 所示位置。

表 3-2　　　　　　　　　　　　　旋钮调节的位置

开关或旋钮名称	位置	开关或旋钮名称	位置
输入耦合开关	AC	辉度、聚焦旋钮	中间
显示方式开关（MODE 选择）	CH1、CH2 或 DUAL	触发耦合	AC
		触发方式	自动
触发	内	触发极性	+

② 将函数信号发生器输出正弦电压的频率调到 1kHz，幅值调到 10V（峰峰值），输出衰减为 0dB。用示波器测量信号发生器输出电压的峰峰值。此时，调节 y 轴灵敏度选择开关 V/div，使屏幕

29

上显示的波形幅度适中，则灵敏度选择开关指示的标称值乘以被测信号在 y 轴方向所占格数就是被测信号的峰峰值（为保证测量精度，在屏幕上应显示足够高的波形）。

③ 分别按下函数发生器输出幅度衰减开关 20dB、40dB，记下相应的 y 轴灵敏度、选择开关 V/div 所在挡位和屏幕上波形峰峰值所占格数，计算出信号发生器输出电压的有效值。

（3）测量直流电压。具体步骤如下。

① 选择零电平参考基准线。将 y 轴输入耦合方式开关置"⊥"位置。一般有两种方法选择零电平参考基准线：方法一，调节 y 轴位移旋钮，使扫描线对准屏幕上某一条水平线，则该水平线为零电平参考基准线；方法二，将 CH1 和 CH2 两条扫描线调至重合，其中一条用作零电平参考基准线。

② 将耦合方式开关置 DC 位置，灵敏度微调旋钮置"校准"位置。

③ 接入被测直流电压，调节灵敏度旋钮，使扫描线处于适当高度位置。

④ 若读取扫描线在 y 轴方向偏移零电平参考基准线的格数，则被测直流电压 U_x=偏移格数·灵敏度选择开关指示的标称值。

（4）测量交流电压的周期。对于周期性的被测信号，只要测定一个完整周期 T，则频率 f=1/T。

① 将扫描时间微调旋钮顺时针旋到"校准"位置（可听到开关关闭声）；将扫描扩展"拉×10"开关推入（即不扩展）。若波形不稳定，则可调节"触发电平"旋钮，使之稳定。

② 调节扫描时间粗调旋钮，使波形的周期显示尽可能大。

③ 若读取波形一个周期所占格数及扫描速度，则被测信号的周期为 T=所占格数×扫描速度。频率 f=1/T。

（5）测量相位。用示波器可以测量两个相同频率信号之间的相位关系。实训中采用 1kHz、4V（有效值）的正弦信号，经 RC 移相网络，获得同频不同相的两组信号。

用双踪示波器直接测量。测量相位的电路如图 3-2 所示。将上述两组信号分别接到双踪示波器的 CH1 和 CH2 的 y 轴输入端，显示方式开关（MODE）置 DUAL 处，调节 CH1 和 CH2 两个通道的位移旋钮、灵敏度选择开关 V/div 及微调旋钮，使其在角上显示 CH1 和 CH2 通道两个高度相同的正弦波，如图 3-3 所示。从图 3-3 上读出 L_1 和 L_2 的格数，则它们之间的相位差为

$$\varphi = \frac{360^\circ}{L_2} \times L_1$$

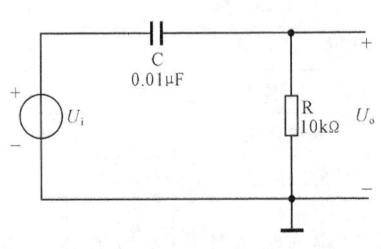

图 3-2　测量相位电路图

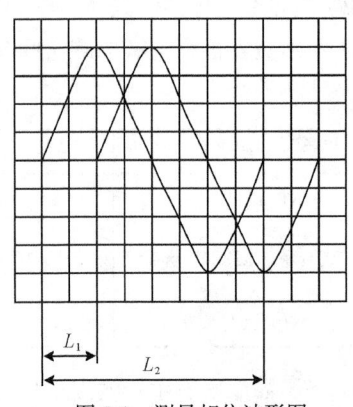

图 3-3　测量相位波形图

例如，图 3-3 中 CH1 信号一个周期所占刻度 $L_2=8$ 格，两个波形相应点之间在 x 轴方向的距离 $L_1=2$ 格，则两个波形的相位差为

$$\varphi = \frac{360°}{8} \times 2 = 90°$$

2．仪器综合训练

用示波器观测函数信号发生器输出不同频率的正弦脉冲信号。用交流毫伏表测正弦信号的幅值，与用示波器测量的结果相比较，进一步熟悉各仪器的使用。

注意： 各仪器连接线不要接反；毫伏表量程旋钮置于大量程挡，接入后逐渐调小量程。为了读数准确，一般要求表头指针指示在满量程 1/3 以上。

五、注意事项

1. 使用仪器前，必须先阅读仪器使用说明，严格遵守操作规程。
2. 拨动面板各旋钮时，用力要适当，不可用力过猛，以免造成机械损坏。

六、思考题

1. 用示波器观察信号波形时，要达到下列要求，应调节哪些旋钮？
（1）波形清晰。
（2）波形稳定。
（3）改变示波器屏幕上所视波形的周期数。
（4）改变示波器屏幕上所视波形的幅度。

2. 现有一正弦信号，其峰峰值为 3V，$f=1\text{kHz}$。若想在示波器上显示 5 个完整周期的正弦信号，高度为 6cm，试问：示波器时基旋钮（s/cm），y 轴灵敏度旋钮（V/cm）各应置何挡位？

七、实训考核表

实训考核表内容如表 3-3 所示。

表 3-3　　　　　　　　　　　　实训考核表（常用电子仪器的使用二）

姓名		班级		考号			监考		总分	
额定工时	45min	起止时间	日　　时　　分至　　日　　时　　分					实用工时		
序号	考核内容		考核要点		分值		评分标准			得分
1	实训内容与步骤 1		1. 电路连接是否正确 2. 信号源设置是否正确 3. 示波器设置是否正确		20		1. 电路连接有问题扣 5～10 分 2. 信号源设置有问题扣 2～5 分			

序号	考核内容	考核要点	分值	评分标准	得分
2	实训内容与步骤2	1. 电路连接是否正确 2. 观测波形是否正确	20	1. 电路连接有问题扣 5 ~ 10 分 2. 交流毫伏表设置有问题扣 2 ~ 5 分 3. 示波器设置有问题扣 2 ~ 5 分，方法有问题扣 2 ~ 5 分	
3	实训报告要求和思考题	1. 实训报告书写是否规范，字体是否工整 2. 回答思考题是否全面	20	1. 实训报告书写不规范，字迹不工整扣 5 ~ 10 分； 2. 回答思考题不全面扣 2 ~ 5 分	
4	安全文明操作	符合有关规定	15	1. 发生触电事故，取消考试资格 2. 损坏仪表，取消考试资格 3. 动作不文明，现场凌乱，扣 2 ~ 10 分	
5	学习态度	1. 有无迟到、早退现象 2. 是否认真完成各项任务，积极参与实训讨论 3. 是否尊重老师和其他同学，是否能够很好地交流合作	15	1. 有迟到、早退现象扣 5 分 2. 未认真完整各项任务，不积极参与实训讨论，扣 5 分 3. 不尊重老师和其他同学，不能很好地交流合作，扣 5 分	
6	操作时间	是否在规定时间内完成	10	每超时 10min 扣 5 分 （不足 10min 以 10min 计）	

实训 3　晶体管参数测试及应用

一、实训目的

1. 熟悉晶体管元器件的外形，掌握用万用表简单测试晶体管的方法。

2. 安装简易电路，了解晶体管的工作特性。

3. 运用半导体管特性图示仪测量二极管、三极管的参数，学会根据电路功能合理选择晶体管。

二极管

三极管

二、实训内容

1. 晶体管的主要参数

（1）二极管的主要参数。具体介绍如下，详细内容可用手机扫描"二极管"二维码查阅。

① 最大整流电流 I_{FM}：二极管在长期稳定工作时，允许流过的最大正向平均电流，在实际应用时，工作电流必须小于 I_{FM}。

② 最大反向工作电压 U_{RM}：在实际应用时，允许加在二极管上的最大反向电压。U_{RM} 应小于反向击穿电压。

③ 反向电流 I_R：二极管反向击穿以前的反向电流 I_R 越小，二极管的单向导电性能越好。

（2）三极管的主要参数。具体介绍如下，详细内容可用手机扫描"三极管"二维码查阅。

① 直流电流放大倍数 $\overline{\beta}$（h_{FE}）：集电极直流电流 I_{CQ} 与基极直流电流 I_{BQ} 之比，即 $\overline{\beta} = I_{CQ}/I_{BQ}$。

② 交流电流放大倍数 β（h_{FE}）：三极管在有信号输入时，集电极电流的变化量 ΔI_C 与基极电流的变化量 ΔI_B 之比，即 $\beta = \Delta I_C/\Delta I_B$。

③ 反向击穿电压 $U_{(BR)CEO}$：基极 B 开路，集电极 C 与发射极 E 之间的反向击穿电压。

④ 集电极最大允许电流 I_{CM}：β 值下降到额定值的 1/3 时所允许的最大集电极电流。

⑤ 集电极最大允许功耗 P_{CM}：集电极上允许损耗功率的最大值。

其他晶体管参数可查阅电子元器件手册。

2．二极管的基本应用

（1）普通二极管的应用。普通二极管具有单向导电特性，是整流、检波、限幅和钳位等应用中的主要器件。实际应用时，应根据功能要求选择合适的二极管。图 3-4 所示为几种常见二极管的应用电路，由于功能不同，对二极管的性能参数要求亦不相同，因此，所选二极管的型号也就不同。

① 整流与极性变换。如图 3-4（a）所示，输入的交流电压 U_i 先经 4 只二极管桥式整流，再经电容 C 滤除纹波，则负载 R_L 两端输出的就是直流电压 U_o。要求二极管的反向峰值电压 $U_{RM} > \sqrt{2}U_i$（有效值），整流电流 I_F 大于负载 R_L 的额定电流的最大值 I_{max}。该电路也可用于电子电话机的电源性保护，即无论输入电压 U_i 的极性如何，负载 R_L（电话机）上的电压总是正电压。

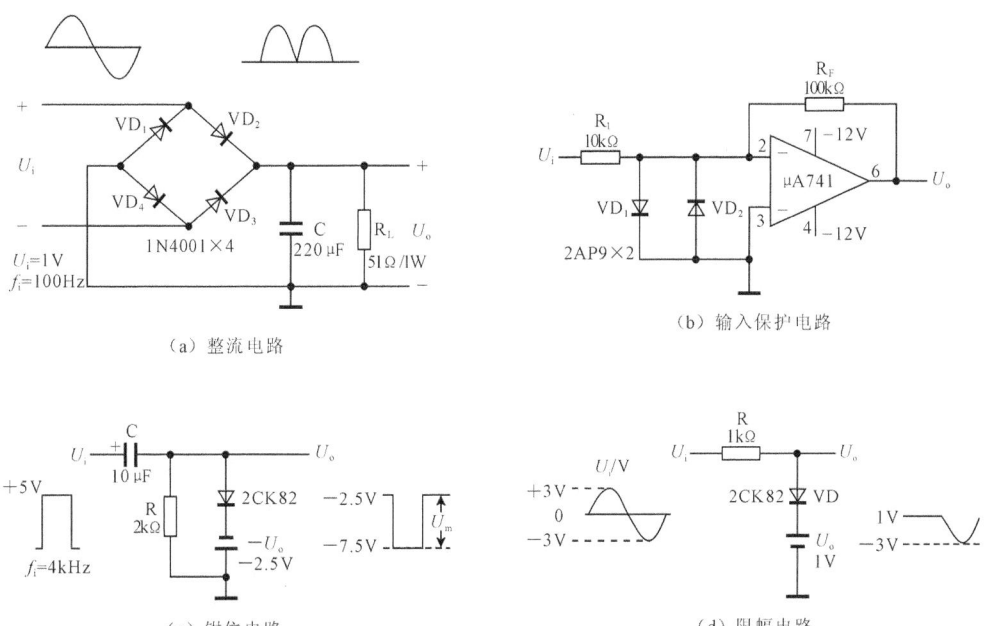

图 3-4　几种常见二极管的应用电路

② 限幅钳位。在图 3-4（b）所示电路中，两只反向并联的二极管 VD_1、VD_2 起限幅保护作用，用于限制运算放大器反相端输入电压的峰峰值，使之不超过二极管的正向导通电压 U_F。若选用锗二极管，则其正向导通电压 $U_F \geqslant 0.2V$。

图 3-4（c）与图 3-4（d）所示为波形变换电路。其中图 3-4（d）中的二极管起限幅作用，将输入信号中高于直流电平 U_o 的部分去掉。图 3-4（c）中的二极管起钳位作用，将输入脉冲信号的顶部钳位于直流电平 $-U_o$。

由于脉冲信号要求元器件的响应速度快，所以，应选用开关二极管的型号为 2CK×× 类。

（2）发光二极管（LED）的应用。发光二极管与普通二极管相比都具有单向导电特性，但发光二极管在正向导通时会发光，光的亮度随导通电流增大而增强，光的颜色与发光波长 λ 有关，如表 3-4 所示。常见颜色有红、绿、黄等。红外发光二极管发出的红外光为不可见光。

表 3-4 　　　　　　　　　　　发光二极管光的颜色与波长的关系

颜色	红外	红	黄	绿
λ/nm	900	655	583	565
U_F（10mA）/V	1.3 ~ 1.5	1.6 ~ 1.8	2.0 ~ 2.2	2.2 ~ 2.4

发光二极管的导通电流不能太大（小于 20mA），否则会损坏二极管。使用时应在发光二极管电路中串接限流电阻 R_o，其阻值由下式计算：

$$R_o = \frac{U_{CC} - U_F}{I_F}$$

式中，U_F 为正向导通电压（2V 左右）；I_F 为导通电流，一般为 5 ~ 10mA。

① 逻辑电平显示电路。如图 3-5（a）、图 3-5（b）、图 3-5（c）所示电路均采用发光二极管来显示输出电平的高低。其中，图 3-5（a）所示为晶体管控制电路，在晶体管输出为低电平时，发光二极管亮；图 3-5（b）所示为逻辑门驱动电路，当其输出为高电平时，发光二极管亮；图 3-5（c）所示同样为逻辑门驱动电路，当其输出为低电平时，发光二极管亮。

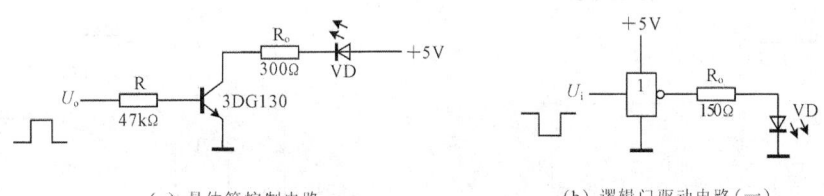

（a）晶体管控制电路　　　　　　　　　　　　（b）逻辑门驱动电路（一）

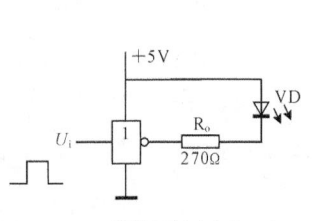

（c）逻辑门驱动电路（二）　　　　　　　　（d）电源指示电路

图 3-5　几种常见发光二极管应用电路

② 指示电路。图 3-5（d）所示为测量仪器的电源指示电路，稳压电源工作时，发光二极管亮。

③ 稳压二极管。当稳压二极管的 PN 结的反向电压大到一定数值后，PN 结被击穿，反向电流急剧增加，而反向电压基本不变，从而实现稳压功能。要注意的是，不同型号的稳压二极管具有不同的稳压范围，同一型号的稳压二极管的稳压值也不完全相同。使用时，一定要测量稳压管的实际稳压值。图 3-6 中列举了两种稳压二极管应用电路实例。

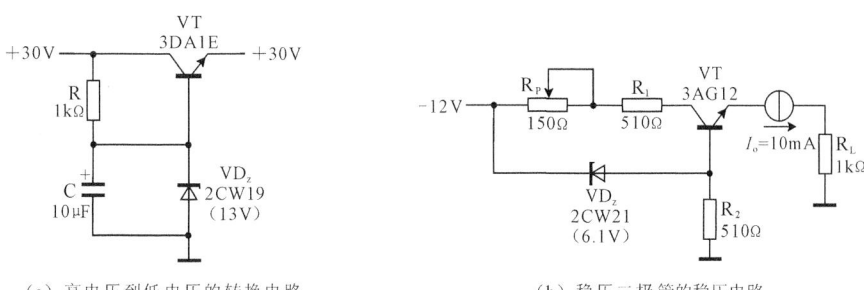

（a）高电压到低电压的转换电路　　　　　（b）稳压二极管的稳压电路

图 3-6　稳压二极管应用电路

3．三极管的基本应用

三极管具有电流放大作用，构成放大器时，三极管工作在放大区，以 NPN 管为例，其极间电压为 $U_{BE} > 0$（正向偏置），$U_{BC} < 0$（反向偏置），$I_C = \beta I_B$。构成开关电路时，三极管工作在饱和区和截止区。在饱和区时，$I_B > \dfrac{I_C}{\beta}$；在截止区时，$U_{BE} < 0$（反向偏置），$U_{BC} < 0$（反向偏置）。图 3-7 中列举了三极管的几种应用电路，可以看到，不同功能的电路对三极管的型号及性能参数的要求也有所不同。

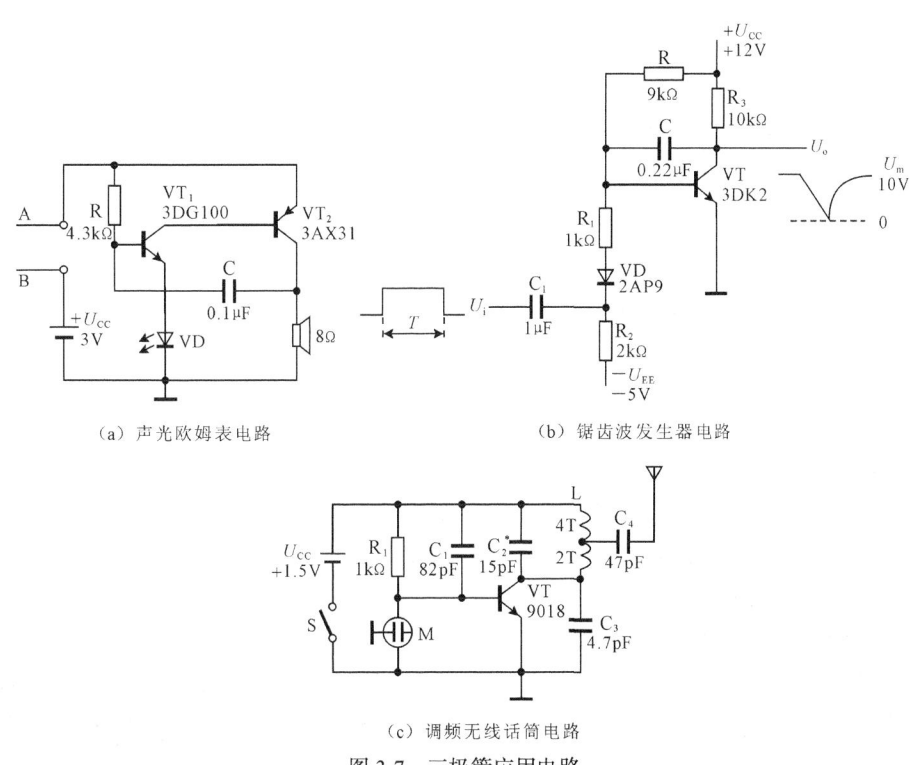

（a）声光欧姆表电路　　　　　　　（b）锯齿波发生器电路

（c）调频无线话筒电路

图 3-7　三极管应用电路

（1）三极管低频电路。图 3-7（a）所示为一简易声光欧姆表电路，可用来检测线路是否通断。将测试棒 A、B 分别接被测电路中的两点，如果这两点接通，则三极管 VT_1、VT_2 导通。发光二极管 VD 亮，电容 C 构成的电压正反馈电路产生振荡，8Ω 扬声器发声。如果这两点不通，则三极管 VT_1、VT_2 不工作，发光二极管不亮，扬声器无声。

（2）三极管开关电路。三极管构成的开关电路如图 3-7（b）所示，由于三极管工作在开关状态，对信号的响应速度要快，因此，选用了开关三极管 3DK2。图 3-7（b）所示为锯齿波发生器电路，它可将方波变成锯齿波。当输入方波 U_i 为低电平时，二极管 VD 导通。如果参数选择合适，使三极管的 $U_{BE} < 0$，$U_{BC} < 0$ 时则 VT 截止。电容 C 经 R_3、R_1，二极管 VD、R_2 充电，U_o 很快上升至 U_m。当方波上跳至高电平时，二极管 VD 截止，三极管 VT 导通，电容 C 经 R、VT 放电。由于电容 C 跨接在集电极和基极之间，因此实现了电压负反馈，若 C 的放电电流基本恒定，则输出 U_o 为线性下降的锯齿波，其中输入方波的高电平持续时间 T 应大于 $3RC$。

（3）三极管高频电路。图 3-7（c）所示为一调频无线话筒电路，发射率为 88～108MHz 范围内的任一频率。三极管 VT 和 L、C_2、C_3 组成高频振荡器，主振频率由 L、C_2、C_3 所决定。M 为驻极体话筒，将声音转化成音频信号后加到三极管的基极。由于三极管 VT 的结电容 C_{BC} 会随声音的强弱而变化，因此，主振频率亦随之变化，从而实现调频发射。可用调频收音机接收其频率，接收距离约 40m。VT 应选用高频三极管，其特征频率 f_T 应比工作频率 f_0 高 5～10 倍。高频三极管 9018 的特征频率 $f_T=600MHz$。

三、实训器件及仪表

- 二极管　1N4001，2AP9，2CK82，2CW7　　　　　各 2 只
- 三极管　3DG100，3DR2，9011，9012　　　　　各 2 只
- 万用表　　　　　　　　　　　　　　　　　　　1 块
- 半导体管特性图示仪 XJ4810　　　　　　　　　1 台

四、技能训练

1. 二极管的识别与简易测试

（1）普通二极管。普通二极管一般为玻璃封装和塑料封装两种，如图 3-8 所示，它们的外壳上均印有型号和标记。标记箭头所指为阴极。有的二极管上只有一个色点，有色点的一端为阳极。

若遇到型号标记不清，我们可以借助万用表的欧姆挡加以简单判别。一般情况下，万用表正端（＋）红表笔接表内电池的负极，而负端（－）黑表笔接表内电池的正极。根据 PN 结正向导通电阻值小、反向截止电阻值大的原理来简单确定二极管的好坏和极性。具体做法是，万用表欧姆挡置 R×100 或 R×1k 处，将红、黑两表笔接触二极管两端，表头有一指示值。若两次指示的阻值相差很大，说明该二极管单向导电性好，且阻值大（几百千欧以上）的那次红表笔所接为二极管的阳极；若两次指示的阻值相差很小，说明该二极管已失去单向导电性；若两次指示的阻值均很大，则说明该二极管已开路。

（2）发光二极管。发光二极管和普通二极管一样具有单向导电性，需正向导通才能发光。发光二极管发光颜色有多种，如红、绿、黄等，形状有圆形和长方形等。发光二极管在出厂时，一根引线做得比另一根引线长，通常，较长的一根引线表示阳极（＋），另一根为阴极（－），如图 3-9所示。若辨别不出引线的长短，则可以用辨别普通二极管管脚的方法来辨别其阳极和阴极。发光二极管正向工作电压一般在 1.5～3V，允许通过的电流为 2～20mA，电流的大小决定发光的亮度。电压、电流的大小依器件型号不同而稍有差异。若与 TTL 组件相连接使用时，一般需串接一个470Ω 的降压电阻，以防止器件的损坏。

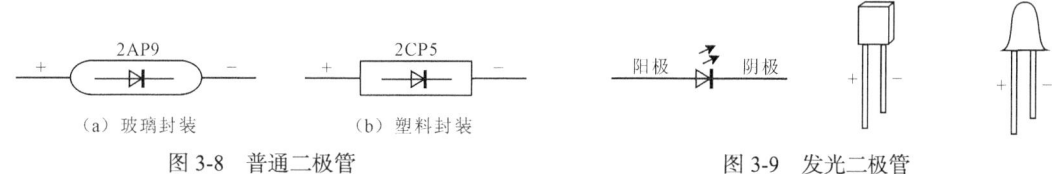

（a）玻璃封装　　　　　　　（b）塑料封装

图 3-8　普通二极管　　　　　　　　　　　　图 3-9　发光二极管

（3）稳压二极管。稳压二极管外形与普通二极管类似，如图 3-10 所示。稳压二极管在电路中是反向连接的，它能使稳压二极管所接电路两端的电压稳定在一个规定的范围内，一般将该电压值称为稳压值。

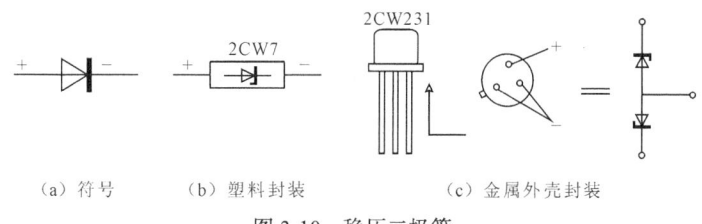

（a）符号　　　　（b）塑料封装　　　　　　（c）金属外壳封装

图 3-10　稳压二极管

2．三极管的识别与简单测试

三极管主要有 NPN 型和 PNP 型两大类。一般，我们可以根据命名法从三极管壳上的符号识别出它的型号和类型。例如，三极管管壳上印的是 3DG6，表明它是 NPN 型高频小功率硅三极管。同时，我们还可以从管壳上色点的颜色来判断出三极管的电流放大系数——β 值的大致范围。以3DG6 为例，若色点为黄色，表示 β 值为 30～60；若色点为绿色，则表示 β 值为 50～110；若色点为蓝色，表示 β 值为 90～160；若色点为白色，表示 β 值为 140～200。但是也有的厂家并非按此规定，使用时要特别注意。

当我们从管壳上知道它们的类型和型号以及 β 值后，还应进一步辨别 3 个电极的极性。

小功率三极管有金属外壳封装和塑料外壳封装两种。下面分别介绍这两种三极管管脚的极性判断方法。

金属外壳封装的，如果管壳上带有定位销，那么将管底朝上，从定位销起，按顺时针方向，3根电极依次为 E、B、C。如果管壳上无定位销，且 3 根电极在半圆内，我们将有 3 根电极的半圆置于上方，按顺时针方向，3 根电极依次为 E、B、C，如图 3-11（a）所示。

塑料外壳封装的，面对平面，将 3 根电极置于下方，从左到右，3 根电极依次为 E、B、C，如图 3-11（b）所示。

大功率三极管按外形一般分为 F 型和 G 型两种，如图 3-12 所示。F 型管从外形上只能看到两

根电极。将管底朝上，两根电极置于左侧，则朝上的为 E，朝下的为 B，底座为 C。G 型管的 3
个电极一般在管壳的顶部，将管底朝下，两根电极置于右方，从最下面的电极开始，按顺时针方
向，依次为 E、B、C。

三极管的管脚必须正确确认，否则接入电路不但不能正常工作，还可能烧坏管子。

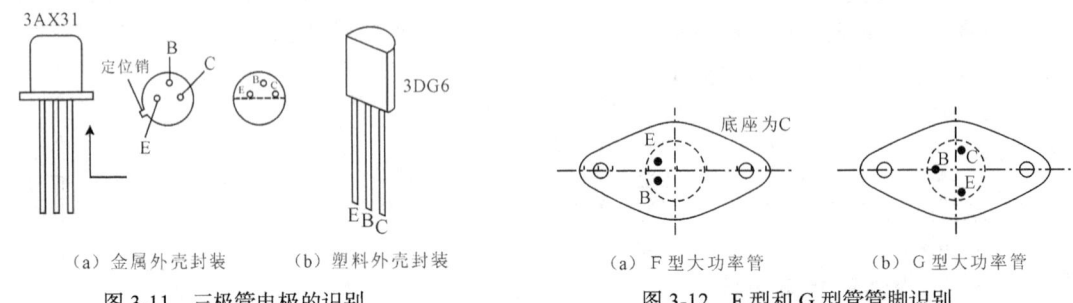

图 3-11　三极管电极的识别　　　　　　　　　图 3-12　F 型和 G 型管管脚识别

当一个三极管没有任何标记时，我们可以用万用表来初步确定该三极管的好坏及其类型（NPN
型还是 PNP 型），以及辨别出 E、B、C 3 个电极。

（1）先判断 B 极和三极管类型。将万用表欧姆挡置 R×100 或 R×1k 处，先假设三极管的某极
为 B 极，并将黑表笔接在假设的 B 极上，再将红表笔先后接到其余两个电极上，如果两次测得的
电阻值都很大（或者都很小），为几千欧至几十千欧（或为几百欧至几千欧），而对换表笔后测得
的两个电阻值都很小（或都很大），则可确定假设的 B 极是正确的。如果两次测得的电阻值是一
大一小，则可肯定原假设的 B 极是错误的，这时就必须重新假设另一电极为 B 极，再重复上述的
测试。最多重复两次就可找出真正的 B 极。

当 B 极确定以后，将黑表笔接 B 极，红表笔分别接其他两极。此时，若测得的电阻值都很小，
则该三极管为 NPN 型管；反之，则为 PNP 型管。

（2）判断 C 极和 E 极。以 NPN 型管为例，如图 3-13 所示。把黑表笔接到假设的 C 极上，
红表笔接到假设的 E 极上，并且用手捏住 B 极和 C 极（不能使 B 极、C 极直接接触），通过
人体，相当于在 B 极、C 极之间接入偏置电阻。读出表头所示 C 极、E 极间的电阻值，然后
将红、黑两表笔反接重测。若第一次电阻值比第二次小，说明原假设成立，黑表笔所接为三
极管 C 极，红表笔所接为三极管 E 极。因为 C 极、E 极间电阻值小，说明了通过万用表的电
流大，偏置正常。

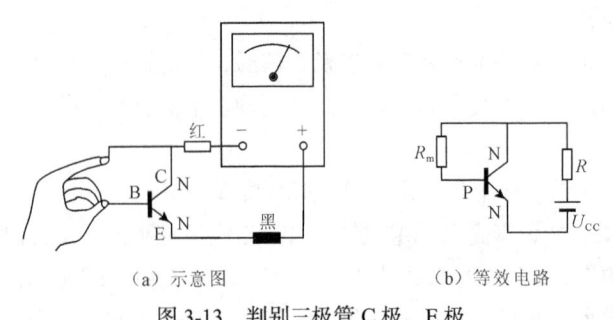

图 3-13　判别三极管 C 极、E 极

教师演示用 XJ4810 型半导体管特性图示仪测量晶体三极管。

五、注意事项

1. 必须正确使用万用表，包括挡位与读数。置欧姆挡时，万用表黑表笔为表内电路正极，为电流流出的一端。

2. 测试完后，万用表挡位应置于交流电压挡，量程为最大，以免表内电池损耗。

六、思考题

1. 半导体器件的型号是怎样命名的？（可用手机扫描"电感器""二极管""三极管"二维码查阅相关资料）

2. 在查阅器件手册，了解半导体器件性能指标之后，应如何正确选用半导体器件？

七、实训考核

实训考核内容如表 3-5 所示。

表 3-5　　　　　　　　　　实训考核表（晶体管参数测试及应用）

姓名		班级		考号		监考		总分	
额定工时	45min	起止时间	日　　时　　分至　日　　时　　分				实用工时		
序号	考核内容	考核要点		分值	评分标准			得分	
1	实训内容与步骤	1. 用万用表判别二极管电极及其质量的方法是否正确 2. 用万用表判别三极管电极及其类型的方法是否正确 3. 万用表挡是否设置正确		20	1. 用万用表判别二极管的电极及其质量时，万用表挡设置有问题扣 2～5 分，方法有问题扣 2～5 分 2. 用万用表判别三极管的电极及其质量时，万用表挡设置有问题扣 2～5 分，方法有问题扣 2～5 分				
2	实训内容与步骤	1. 实训电路原理图设计是否正确 2. 设计数据记录表格，并把项目实训数据记录在表中，是否完成正确 3. 在同一坐标系中画出 $U\text{-}I$ 关系曲线（伏安特性曲线）是否正确		20	1. 实训电路原理图设计不正确，扣 5～10 分 2. 设计数据记录表格，并把项目实训数据记录在表中，有问题扣 2～5 分 3. 画出 $U\text{-}I$ 关系曲线（伏安特性曲线），有问题扣 2～5 分				

序号	考核内容	考核要点	分值	评分标准	得分
3	实训报告要求	1. 实训报告书写是否规范，字体是否工整 2. 回答思考题是否全面	20	1. 实训报告书写不规范，字迹不工整，扣 5～10 分 2. 回答思考题不全面，扣 2～5 分	
4	安全文明操作	符合有关规定	15	1. 发生触电事故，取消考试资格 2. 损坏仪表，取消考试资格 3. 动作不文明，现场凌乱，扣 2～10 分	
5	学习态度	1. 有无迟到或早退现象 2. 是否认真完成各项任务，积极参与实训讨论 3. 是否尊重老师和其他同学，是否能够很好地交流合作	15	1. 有迟到、早退现象扣 5 分 2. 未认真完成各项任务，不积极参与实训讨论，扣 5 分 3. 不尊重老师和其他同学，不能很好地交流合作，扣 5 分	
6	操作时间	是否在规定时间内完成	10	每超时 10min 扣 5 分（不足 10min 以 10min 计）	

实训4 单级晶体管阻容耦合放大器的性能测试

一、实训目的

1. 掌握单级共射放大电路静态工作点的测量与调整方法。
2. 观察饱和失真和截止失真现象，并记录波形。
3. 掌握放大器的性能指标（电压增益 A_V，输入电阻 R_i 和输出电阻 R_o）的测试方法。
4. 理解通频带概念，掌握其测量方法。

二、实训内容

1. 电路基本工作原理

图 3-14 所示的电路为单级阻容耦合共射放大器，它采用分压式电流负反馈偏置电路，其特点是利用分压式电阻维持 U_B 的基本恒定和射极电阻 R_E 的电流负反馈作用。放大器的静态工作点 Q 主要由 R_{B1}、R_{B2}、R_E、R_C 的阻值及电源电压 $+U_{CC}$ 所决定。

在满足 $I_1 \gg I_{BQ}$（I_1 为 R_{B1} 流向 R_{B2} 的电流）时，一般取

$$I_1 = (5 \sim 10) I_{BQ}（硅管）$$

$$I_1 = (10 \sim 20) I_{BQ}（锗管）$$

这是工作点稳定的必要条件。同时直流负反馈越强，电路的稳定性越好。所以要求 $U_{BQ} \gg U_{BE}$，即 $U_{BQ} = (5 \sim 10) U_{BE}$，一般取

$$U_{BQ} = 3 \sim 5V（硅管）$$

$$U_{BQ}=1\sim3V（锗管）$$

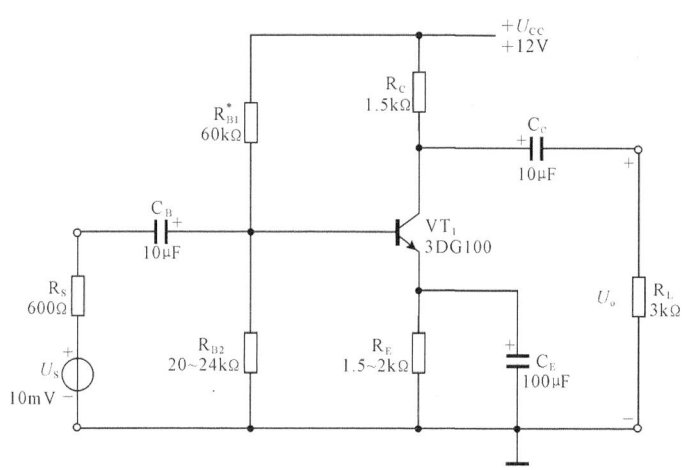

图 3-14　单级阻容耦合共射放大器

2．静态工作点的设置与测试

电路的静态工作点由下列关系式确定：

$$R_E\approx\frac{U_{BQ}-U_{BE}}{I_{CQ}}=\frac{U_{EQ}}{I_{CQ}}$$

对于小信号放大器，一般取 $I_{CQ}=0.5\sim2mA$，$U_{EQ}=（0.2\sim0.5）U_{CC}$，则有

$$R_{B2}=\frac{U_{BQ}}{I_1}=\frac{U_{BQ}}{(5-10)I_{CQ}}\beta$$

$$R_{B1}\approx\frac{U_{CC}-U_{BQ}}{U_{BQ}}R_{B2}$$

$$U_{CEQ}\approx U_{CC}-I_{CQ}(R_C+R_E)$$

静态工作点是指输入交流信号为零时的三极管集电极电流 I_{CQ} 和管压降 U_{CEQ}。直接测量 I_{CQ}时，需断开集电极回路，这样做比较麻烦，所以常采用电压测量法来换算电流，即先测出 U_E（发射极对地电压），再利用公式 $I_{CQ}\approx I_{EQ}=U_E/R_E$，算出 I_{CQ}。此方法虽简单，但测量精度稍差，故应选用内阻较大的电压表。静态工作点应选在输出特性曲线交流负载线的中点。若工作点选得太高，则易引起饱和失真；若选得太低，则又易引起截止失真。

测量静态工作点的方法是不加输入信号，而将放大器输入端（耦合电容 C_B 左端）接地，用万用表分别测量晶体管的 B、E、C 极对地的电压 U_{BQ}、U_{EQ} 及 U_{CQ}。如果出现 $U_{CQ}\approx U_{CC}$，则说明晶体管工作在截止状态；如果出现 $U_{CEQ}<0.5V$，则说明晶体管已经饱和。调整方法是改变放大器上偏置电阻 R_{B1} 的阻值大小，即调节电位器的阻值，同时用万用表分别测量晶体管的各极的电位 U_{BQ}、U_{CQ}、U_{EQ}。如果 U_{CEQ} 为正几伏，则说明晶体管工作在放大状态，但并不能说明放大器的静态工作点设置在合适的位置，所以还要进行动态波形观测。给放大器送入规定的输入信号，如 $U_i=10mV$、$f_i=1kHz$ 的正弦波。若放大器的输出 U_o 的波形顶部被压缩，这种现象称为截止失真，如图 3-15 所示，则说明静态工作点 Q 偏低，应增大基极偏流 I_{BQ}。

如果输出波形的底部被削波，这种现象称为饱和失真，如图 3-16 所示，则说明静态工作点 Q

偏高，应减小 I_{BQ}。

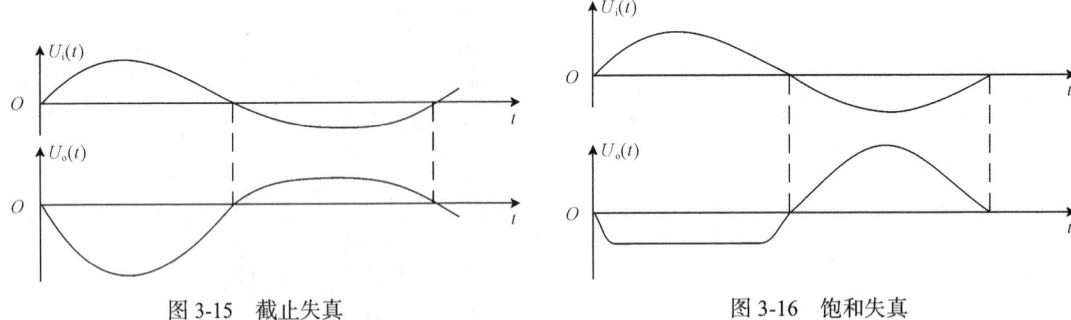

图 3-15　截止失真　　　　　　　　　　　图 3-16　饱和失真

如果增大输入信号，如 U_i=50mV，输出波形无明显失真，或者逐渐增大输入信号时，输出波形的顶部和底部差不多同时开始畸变，则说明静态工作点设置得比较合适。此时应移去信号源，分别测量放大器的静态工作点 U_{BQ}、U_{EQ}、U_{CEQ} 及 I_{CQ}。

3．动态指标（A_V、R_i、R_o）的测试方法

（1）电压增益（电压放大倍数）A_V

$$A_V = \frac{V_o}{V_i} = \frac{-\beta R'_L}{r_{BE}}$$

式中，$R'_L = R_{C1}/R_L$；r_{BE} 为晶体管输入电阻，即

$$r_{BE} = r_B + (1+\beta)\frac{26mV}{I_{CQ}} \approx 300\Omega + \beta\frac{26mV}{I_{CQ}}$$

实验中，需用示波器监视放大电路输出电压的波形是否失真，在波形不失真的条件下，如果测出 U_i（有效值）或 U_{im}（峰峰值）与 U_o（有效值）或 U_{om}（峰峰值），则

$$A_V = \frac{U_o}{U_i} = \frac{U_{om}}{U_{im}}$$

（2）输入电阻阻值 R_i

输入电阻阻值 R_i 的大小表示放大电路从信号源或前级放大电路获取电流的多少。输入电阻越大，前级电流输入越小，对前级的影响就越小。

若 $R_i \gg R_s$（信号源内阻），则放大器从信号源获取较大电压。

若 $R_i \ll R_s$，则放大器从信号源获取较大电流。

若 $R_i = R_s$，则放大器从信号源获取最大功率。

从理论上说，R_i 可以用下式表示：

$$R_i = r_{BE} // R_{B1} // R_{B2} \approx r_{BE}$$

而 R_i 的实际测量采用图 3-17 所示的测试电路进行。

用串联电阻法测量放大器的输入电阻阻值 R_i，即在信号源输出与放大器输入端之间，串联

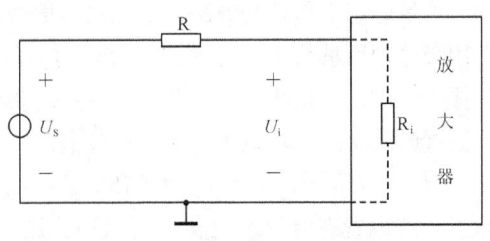

图 3-17　输入电阻的测试电路

一个已知电阻 R。电阻 R 的阻值不宜取得过大，因为取值过大易引起干扰；但也不宜取得太小，因为取值过小易引起较大的测量误差。最好 R 与 R_i 取为同一数量级。在输出波形不失真的情况下，

用示波器分别测量出 U_i 与 U_s 的值，则

$$R_i = \frac{U_i}{U_s - U_i} R$$

式中，U_s 为信号源的输出电压值。

（3）输出电阻阻值 R_o

输出电阻阻值 R_o 的大小表示电路带负载能力的大小。输出电阻越小，带负载能力越强。当 $R_o \leqslant R_L$ 时，放大器可等效成一个恒压源。

从理论上说输出电阻阻值 R_o 可以表示为

$$R_o = r_o // R_C \approx R_C$$

式中，r_o 为晶体管的输出电阻。

在实际的实验中，输出电阻阻值 R_o 采用图 3-18 所示的测试电路进行测量。

由图 3-18 可知

$$U_{oL} = \frac{U_o}{R_o + R_L} \cdot R_L$$

式中，U_o 为负载开路时的输出电压；U_{oL} 为接入负载电阻 R_L 上的电压，所以

$$R_o = \frac{U_o - U_{oL}}{U_{oL}} \cdot R_L$$

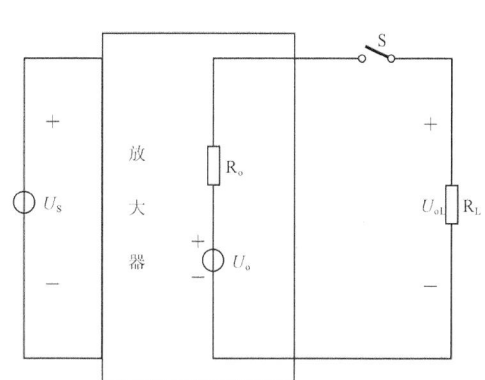

图 3-18　输出电阻测试电路

在输出波形不失真的情况下，用万用表分别测量放大器的开路电压 U_o 和负载电阻上的电压 U_{oL}，即可求得输出电阻阻值 R_o。

同样，为了测量值尽可能精确，最好将 R_L 与 R_o 取为同一数量级。

（4）频率特性和通频带 BW

放大器的频率特性包括幅频特性 $A(\omega)$ 和相频特性 $\varphi(\omega)$。$A(\omega)$ 表示放大器增益的幅度与输入信号频率的关系；$\varphi(\omega)$ 表示放大器增益的相位与输入信号频率的关系；$\varphi(\omega)$ 是放大器的输出信号与输入信号间的相位差。通常在放大倍数下降到中频电压增益的 0.707 倍时，所对应的频率称为该放大电路的上截止频率和下截止频率，分别用 f_H 和 f_L 表示。

放大器的频率特性如图 3-19 所示，影响放大器频率特性的主要因素是电路中的各种电容元件。f_H 主要受晶体管的结电容及电路的分布电容的限制；f_L 主要受耦合电容 C_B、C_C 及射极旁路电容 C_E 的影响。

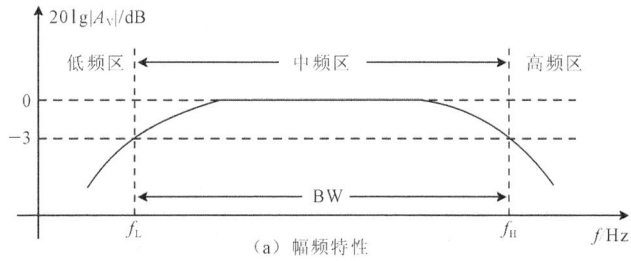

图 3-19　放大器的频率特性

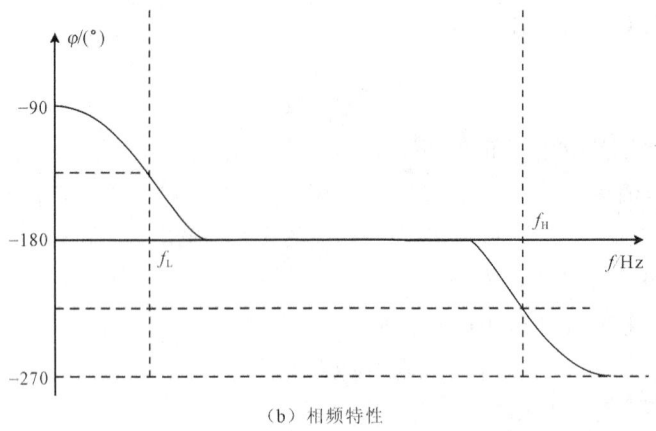

（b）相频特性

图 3-19 放大器的频率特性（续）

放大电路的通频带为

$$BW = f_H - f_L$$

三、实训器件及仪表

- 直流稳压电源　　　　　1 台
- 双踪示波器　　　　　　1 台
- 交流毫伏表　　　　　　1 块
- 万用表　　　　　　　　1 块
- 实训用电路板　　　　　1 块

四、技能训练

1. 熟悉单级阻容耦合共射放大器电路板，接通预先调整好的直流电源+12V，注意电源极性不能接错。仪表间的连线如图 3-20 所示。

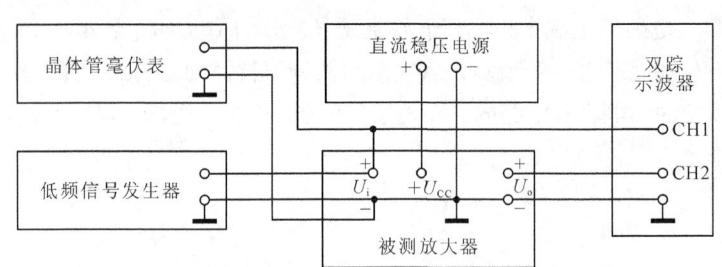

图 3-20 测试放大器性能指标接线图

2. 测试电路在线性放大状态时的静态工作点。从信号发生器输出 f=1kHz、U_i=10mV（有效值）的正弦电压，将其接到放大电路的输入端，再将放大电路的输出电压接到双踪示波器 y 轴的输入端，并调整电位器 R_P，使示波器上显示的 U_o 波形达到最大不失真，然后关闭信号发生器，即 U_i=0，测试此时的静态工作点，即 U_{BQ}、U_{EQ}、U_{CEQ} 及 I_{CQ}。

注意：在放大电路中，I_{CQ} 一般采用间接法测量，即用万用表测得集电极负载电阻 R_C 上的压降，然后除以其阻值得到电流。

3. 测试电压增益 A_V。

（1）从信号发生器送入 $f=1\text{kHz}$、$U_i=30\text{mV}$ 的正弦电压，用万用表测量输出电压 U_o，计算电压增益 $A_V=U_o/U_i$。

（2）用示波器观察 U_i 和电压 U_o 的幅值和相位。把 U_i 和 U_o 分别接到双踪示波器的 CH1 和 CH2 通道上，在荧光屏上观察它们的幅值大小和相位。

4. 了解因静态工作点设置不当，给放大电路带来的非线性失真现象。调节电位器 R_P，使其阻值减小或增大，观察输出波形的失真情况，分别测量出相应的静态工作点。

5. 测量单级共射放大电路的通频带，具体步骤如下。

（1）当输入信号 $f=1\text{kHz}$，$U_i=30\text{mV}$ 时，在示波器上测出放大器中频区的输出电压 U_{OPP}（或计算出电压增益）。

（2）提高输入信号的频率（保持 $U_i=30\text{mV}$ 不变），此时输出电压将会减小，当其下降到中频区输入电压的 0.707（−3dB）倍时，信号发生器所示的频率即为放大电路的上截止频率 f_H。

（3）同理，降低输入信号的频率（保持 $U_i=30\text{mV}$ 不变），输出电压同样会减小，当其下降到中频区输出电压的 0.707（−3dB）倍时，信号发生器所指示的频率即为放大电路的下截止频率 f_L。

（4）求出通频带 $\text{BW}=f_H-f_L$。

6. 输入电阻阻值 R_i 的测量。按图 3-17 所示接入电路。取 $R=1\text{k}\Omega$，用万用表分别测出 U_s 和 U_i，则

$$R_i = \frac{U_i}{U_s - U_i}R$$

此外，还可以用一个可变电阻箱来代替 R，调节电阻箱的数值，使 $U_i=U_s/2$，则此时电阻箱所示即为 R_i 的值。这种测试方法通常被称为半压法。

7. 输出电阻阻值 R_o 的测量。按图 3-18 所示接入电路，用万用表分别测出 $R_L=\infty$ 时的开路电压 U_o 及 $R_L=3\text{k}\Omega$ 时的输出电压 U_{oL}，则

$$R_o = \frac{U_o - U_{oL}}{U_{oL}} \cdot R_L$$

五、注意事项

1. 首先分别调整好稳压电源并组装好电路，经检查无误后，再接入电路，打开电源开关。

2. 测试静态工作点时，应使 $U_i=0$。

3. 由于信号发生器有内阻，而放大电路的输入电阻 R_i 不是无穷大，所以，测量放大电路输入信号 U_i 时，应在放大电路与信号发生器连接后再进行测量，以免造成误差。

六、思考题

1. 在测量放大器静态工作点时，如果测得 $U_{CEQ} < 0.5\text{V}$，说明三极管处于什么工作状态？如

果 $U_{CEQ} \approx U_{CC}$，三极管又处于什么工作状态？

2. 当电路出现饱和或截止失真时，应怎样调整参数？

3. 在图 3-17 所示电路中，加大输入信号 U_i 时，试问输出波形可能出现哪几种失真，它们分别是由什么原因引起的？影响放大器频率特性 f_L 的因素有哪些？可以采取哪些措施降低 f_L？

七、实训考核

实训考核的内容如表 3-6 所示。

表 3-6　　　　　　　　　实训考核表（单级晶体管阻容耦合放大器的测试）

姓名		班级		考号		监考		总分	
额定工时	45min	起止时间	日　时　分至　日　时　分				实用工时		
序号	考核内容		考核要点		分值	评分标准			得分
1	实训内容及步骤		1. 电路连接是否正确 2. 静态工作点的数据是否正确		20	1. 电路连接不正确扣 5～10 分； 2. 静态工作点数据不正确扣 5～10 分			
2	实训内容及步骤		1. 测量电压增益和输出电阻是否正确 2. 测量放大电路通频带的数据是否正确 3. 测量放大电路的输入电阻是否正确		30	1. 测量电压增益和输出电阻不正确，扣 5～10 分 2. 通频带的数据不正确，扣 5～10 分 3. 测量放大电路的输入电阻不正确，扣 5～10 分			
3	实训报告要求和思考题		1. 实训报告书写是否规范，字体是否工整 2. 实训思考题回答是否全面		20	1. 实训报告书写不规范，字迹不工整扣 5～10 分 2. 实训思考题回答不全面，扣 5～10 分			
4	安全文明操作		是否符合有关规定		10	1. 发生触电事故，取消考试资格 2. 损坏仪表，取消考试资格 3. 动作不文明，现场凌乱，扣 2～10 分			
5	学习态度		1. 有无迟到、早退现象 2. 是否认真完成各项任务，积极参与实训、讨论 3. 是否尊重老师和其他同学，是否能够很好地交流合作		10	1. 有迟到、早退现象扣 5 分 2. 未认真完成各项任务，不积极参与实训、讨论，扣 5 分 3. 不尊重老师和其他同学，不能很好地交流合作，扣 5 分			
6	操作时间		是否在规定时间内完成		10	每超时 10min 扣 5 分 （不足 10min 以 10min 计）			

实训5　负反馈放大器的性能测试

一、实训目的

1. 进一步熟悉放大电路的技术指标（电压增益 A_V、输入电阻 R_i 和输出电阻 R_o）的测试方法。
2. 了解多级放大电路的级间影响以及理解负反馈对放大器性能的影响。
3. 了解负反馈放大器性能的一般测试方法。
4. 了解负反馈对非线性失真的改善效果。

二、实训内容

1. 负反馈放大器的工作原理

负反馈放大器电路如图 3-21 所示。本实训通过测试两级基本阻容耦合放大器和电压串联负反馈放大器，对其性能参数进行比较，来研究负反馈放大器的基本特征。

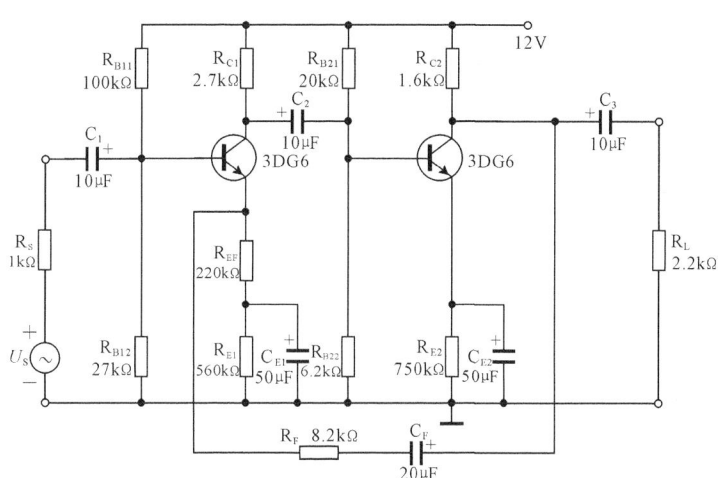

图 3-21　负反馈放大电路

负反馈放大器通常由多级放大器（或单级放大器）加上负反馈网络组成。引入负反馈的目的是使放大器的工作稳定，放大器引入负反馈后，虽然会使放大器的电压增益降低，但可以使放大器的其他性能得到改善，通过负反馈可以改善电路的频率特性，提高电路的稳定性，改变电路的输入、输出电阻，改善非线性失真等。

2. 负反馈对放大器性能的影响

（1）降低电压增益。引入负反馈后，放大器的电压增益将下降，其表达式为

$$A_{VF} = \frac{A_V}{1 + A_V F}$$

式中，F 为反馈网络的传输系数；A_V 为无反馈时的电压增益。

（2）提高增益的稳定性。引入负反馈后，当输入信号一定时，电压负反馈能使输出电压基本维持恒定。从数学表达式来看，当反馈很深，即 $|1+A_VF| \gg 1$ 时，上式将简化为

$$A_{VF} = \frac{U_o}{U_i} = \frac{A_V}{1+A_VF} \approx \frac{1}{F}$$

即引入深度负反馈后，放大电路增益只决定于反馈网络，而与基本放大电路无关。

（3）减少非线性失真。在多级放大电路的最后几级（包括功率输出级及驱动级）其输入信号的幅度较大。在动态过程中，放大器可能工作在传输特性的非线性部分，因而使输出波形产生非线性失真。引入负反馈后，可使这种非线性失真减少。应当注意的是，负反馈减少非线性失真所指的是反馈环内的失真。如果输入波形本来就是失真的，这时即使引入负反馈，也是起不了作用的。

（4）扩展通频带。频率响应是放大电路的重要特性之一，而频带宽度是它的重要技术指标。在某种场合下，往往要求有较宽的频带。引入负反馈是展宽频带的有效措施之一。

负反馈放大器的上截止频率 f_{HF} 与下截止频率 f_{LF} 的表达式分别为

$$f_{HF} = |1+A_VF|f_H$$

$$f_{LF} = \frac{1}{|1+A_VF|}f_L$$

由上式可见，引入负反馈后通频带加宽。

（5）对输入电阻和输出电阻的影响。一般并联负反馈能降低输入电阻，串联负反馈能提高输入电阻。电压负反馈使输出电阻降低，电流负反馈使输出电阻升高。

三、实训器件及仪表

- 双踪示波器   1 台
- 函数信号发生器   1 台
- 交流毫伏表   1 台
- 直流稳压电源   1 台
- 万用表   1 块
- 实训用电路板   1 块

四、技能训练

1. 静态工作点的设置与测试

如图 3-21 所示电路为两级阻容耦合共射放大电路。第一级共射放大电路采用的是分压式电流负反馈偏置电路，特别是利用分压式电阻维持 U_B 基本恒定和射极电阻 R_{EF} 的电流负反馈作用。第一级的静态工作点 Q 主要由 R_{B11}、R_{B12}、R_{EF}、R_{E1} 的阻值及电源电压 $+U_{CC}$ 所决定。第二级也是分压偏置式共射放大电路。

由于级间耦合方式是阻容耦合，电容对直流有隔离作用，所以两级的静态工作点是彼此独立、

互不影响的。实训操作时可一级一级地分别调整各级的最佳工作点。对于交流信号，各级之间有着密切联系：前级的输出电压是后级的输入信号，而后级的输入阻抗是前级的负载。

（1）调节直流稳压电源的输出为+12V，连接到图 3-21 所示的电路中。

（2）在第一级静态工作点的测量过程中，静态工作点应选在输出特性曲线交流负载线的中点。若工作点选得太高，易引起饱和失真；而选得太低，又易引起截止失真。测量方法是不加输入信号，将放大器输入端（耦合电容 C_1 左端）接地。用万用表分别测量晶体管的 B、E、C 极对地的电压 U_{BQ}、U_{EQ} 及 U_{CQ}。如果出现 $U_{CQ} \approx U_{CC}$，则说明晶体管工作在截止状态；如果出现 $U_{CEQ} < 0.5V$，则说明晶体管已经饱和。调整方法是改变放大器上偏置电阻阻值 R_{B11} 的大小，即调节电位器的阻值，同时用万用表分别测量晶体管的各极的电位 U_{BQ}、U_{CQ}、U_{EQ}，如果 U_{CEQ} 为正几伏，则说明晶体管工作在放大状态，但并不能说明放大器的静态工作点设置在合适的位置，所以还要进行动态波形观测。给放大器送入规定的输入信号，如 U_i=10mV、f_i=1kHz 的正弦波。若放大器的输出 U_o 和波形的顶部被压缩（这种现象称为截止失真），则说明静态工作点 Q 偏高，应减小 I_{BQ}。如果增大输入信号，如 U_i=50mV，输出波形无明显失真，或者逐渐增大输入信号时，输出波形的顶部和底部差不多同时开始畸变，则说明静态工作点设置得比较合适。此时移去信号源，分别测量放大器的静态工作点 U_{BQ}、U_{CQ}、U_{CEQ} 及 I_{CQ}。直接测量 I_{CQ} 时，需断开集电极回路，比较麻烦，所以通常采用电压测量法来换算电流，即先测出 U_E（发射极对地电压），再利用公式 $I_{CQ} \approx I_{EQ} = U_E/R_E$，算出 I_{CQ}。此法虽简单，但测量精度稍差，故应选用内阻较大的电压表来测量。

（3）第二级静态工作点的测量类似第一级静态工作点的测量。具体测量方法是，先进行静态测量，再进行动态波形测量，最后移去信号源，分别测量放大器的静态工作点 U_{BQ}、U_{EQ}、U_{CEQ} 及 I_{CQ}。

2．测量基本放大器的电压增益、输入电阻和输出电阻

（1）在输入端接入函数信号发生器，把反馈网络断开，输入 U_i=10mV、f=1kHz 的正弦信号，从输出端分别测量 U_o（不接负载 R_L）和 U_{oL}（接负载 R_L 时），计算出 A_V 和 R_o 值，数据填入表 3-7 中。

（2）将 R_s 接入电路，调节信号源输出的电压幅值，同时保持 U_i=10mV 不变，测出此时的 U_s 的大小，计算出 R_i 值，将相关数据填入表 3-7 中。

注意：测量所有参数时，均要保证在输出信号不失真的前提下进行工作，否则测量无意义，若输出信号波形失真，可适当减小输入信号幅值。

3．测量电压串联负反馈放大电路中的电压增益、输入电阻和输出电阻

在电路板上，将反馈网络接通，保持输入信号 U_i=10mV、f=1kHz 不变，按基本放大器各性能参数的测量方法进行测试，将相关数据填入表 3-7 中。

4．测量基本放大电路与负反馈放大电路的频率特性

（1）基本放大电路。断开反馈网络，输入端加入 U_i=10mV、f=1kHz 的正弦信号，接上负载电阻，当输出波形不失真时测出输出电压 U_{oL} 的大小，然后调节函数信号发生器输出信号频率（保持 U_i 不变），频率升高或降低，使输出电压为 $0.707U_{oL}$ 对应的频率分别为 f_H、f_L。将数据记录于表 3-7 中，计算出通频带 $BW = f_H - f_L$。

（2）负反馈放大电路。将反馈网络接入电路，重复基本放大电路的测量内容，测出上截止频率 f_{HF} 和下截止频率 f_{LF}，将数据记录到表 3-7，计算出通频带 $BW_F = f_{HF} - f_{LF}$。

表 3-7   测量参数

基本放大器	U_i	U_o	U_{oL}	U_s	A_{Vo}	R_o	R_i	F_L	f_H
电压串联负反馈放大器	U_i	U_{oF}	U_{oL}	U_s	A_{VF}	R_{oF}	R_{iF}	F_{LF}	f_{HF}

5．观察负反馈对放大器稳定性的影响

（1）调整直流稳压电源，使其输出为+15V，接入电路中，保持 U_i=10mV、f=1kHz 和负载电阻不变，分别测量出基本放大器和负反馈放大器的输出电压 U_o 和 U_{oF}。

计算相应的 A_V、A_{VF}，将相关数据记录到自拟表格中。

（2）把直流稳压电源供电改为+6V，重复上述内容，测出相应的 U'_o 和 U'_{oF}，计算出对应的 A'_V 和 A'_{VF} 记录到自拟表格中，根据结果分析其稳定性。

6．观察负反馈对放大器非线性失真的改善效果

放大器输入信号频率不变，当电路处于无反馈状态时，加大输入信号电压，使放大器输出波形出现明显的非线性失真，并画出此时的波形图；再将放大器改接为负反馈工作状态，画出此时的输出信号波形，再适当增大输入信号，使输出电压幅度保持不变，观察非线性失真的改善程度。

五、注意事项

1．先调整好稳压电源，并组装好电路，经检查无误后，再接入电路，打开电源开关。

2．测试静态工作点，应使 U_i=0。

3．电路组装好后进行调试时，如发现输出电压有高频自激现象，可采用滞后补偿，即在三极管的基极和集电极之间加一个消振电容，容量约为 200pF。

4．如电路工作不正常，应先检查各级静态工作点是否合适，如合适，则将交流输入信号一级一级地送到放大电路中去，逐级追踪查找故障所在。

5．在用双踪示波器测绘多个波形时，为正确描绘它们之间的相位关系，示波器应选择外触发工作方式，并以电压幅值较大、频率较低的电压作为外触发电压送至示波器的外触发输入端。

六、思考题

1．在测量放大器的输入、输出阻抗时，为什么信号频率选择 1kHz 而不选 100kHz 或更高频率？

2．在实训过程中，若出现自激振荡现象，应如何排除？并分析其原因。

3．放大电路工作点不稳定的主要因素是什么？

4．在实训过程中，若增大或减小反馈电阻，则会出现什么结果？

七、实训考核

实训考核内容如表 3-8 所示。

表 3-8　　　　　　　　　　　实训考核表（负反馈放大器的性能测试）

姓名		班级		考号		监考		总分	
额定工时	45min	起止时间		日　　时　　分至　　日　　时　　分			实用工时		
序号	考核内容	考核要点		分值	评分标准			得分	
1	实训内容与步骤	1. 测试方法是否正确 2. 测试数据是否正确		20	1. 测试方法不正确扣 5～10 分 2. 测试数据不正确扣 5～10 分				
2	实训内容与步骤	1. 测试数据是否正确 2. 测试数据是否正确		20	1. 填入表 3-7 中的数据有问题，扣 5～10 分 2. 填入表 3-7 中的数据有问题，扣 5～10 分				
		记入表 3-7 中的数据是否有问题		10	记入表 3-7 中的数据有问题扣 5～10 分				
3	实训报告要求和思考题	1. 实训报告书写是否规范，字体是否工整 2. 实训思考题回答是否全面		15	1. 实训报告书写不规范，字迹不工整扣 5～10 分 2. 实训思考题回答不全面，扣 5～10 分				
4	安全文明操作	符合有关规定		10	1. 发生触电事故，取消考试资格 2. 损坏仪表，取消考试资格 3. 动作不文明，现场凌乱，扣 2～10 分				
5	学习态度	1. 有无迟到、早退现象 2. 是否认真完成各项任务，积极参与实训讨论 3. 是否尊重老师和其他同学，是否能够很好地交流合作		15	1. 有迟到、早退现象扣 5 分 2. 未认真完成各项任务，不积极参与实训讨论，扣 5 分 3. 不尊重老师和其他同学，不能很好地交流合作，扣 5 分				
6	操作时间	是否在规定时间内完成		10	每超时 10min 扣 5 分（不足 10min 以 10min 计）				

实训 6　集成运算放大器的性能测试

一、实训目的

1. 了解集成运算放大器参数的主要性能参数。
2. 掌握集成运算放大器的主要直流参数与交流参数的测试方法。
3. 进一步熟悉示波器，掌握用示波器的 X-Y 显示观察传输特性的方法。

二、实训内容

集成运算放大器（简称运放）是一种高增益多级直接耦合放大器，其内部结构如图 3-22 所示。

各部分的作用介绍如下。

（1）差动输入级：使集成运算放大器具有尽可能高的输入电阻及共模抑制比。

（2）中间放大级：由多级直接耦合放大器组成，以获得足够高的电压增益。

（3）输出级：可使集成运算放大器具有一定幅度的输出电压、输出电流和尽可能小的输出电阻。在输出过载时有自动保护作用，防止集成块损坏。输出级一般为互补对称推挽电路。

（4）偏置电路：为各级电路提供合适的静态工作点。为使工作点稳定，一般采用恒流源偏置电路。

实训前必须先了解所用运算放大器各引脚的排列顺序及作用，目前集成运算放大器有双列直插式和圆管封装式两种，本实训采用双列直插式的 μA741 型集成运算放大器，其外引线排列如图 3-23 所示。

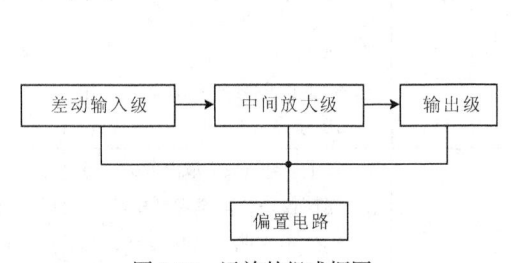

图 3-22　运放的组成框图

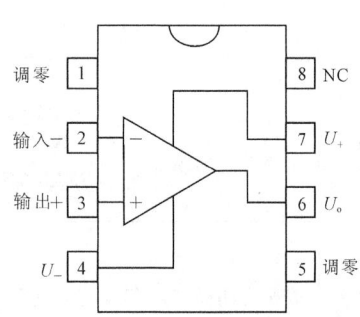

图 3-23　μA741 集成运算放大器

μA741 型集成运算放大器的性能参数的典型值如表 3-9 所示。

表 3-9　　　　　　　　　　　　　　μA741 型集成运算放大器的性能参数

电源电压 $+U_{CC}$ $-U_{EE}$	$+3 \sim +18V$，典型值 $+15V$ $-3 \sim +18V$，典型值 $-15V$	工作频率	10kHz
输入失调电压 U_{IO}	2mV	增益-带宽积 $A_V \cdot BW$	1MHz
输入失调电流 I_{IO}	20nA	转换速率 S_R	0.5V/μs
开环电压增益 A_{VO}	106dB	共模抑制比 K_{CMR}	90dB
输入电阻 R_i	1MΩ	功率消耗	50mW
输出电阻 R_o	75Ω	输入电压范围	±13V

三、实训器件及仪表

- 直流稳压电源　　　　　　　　　　　　1 台
- 函数信号发生器　　　　　　　　　　　1 台
- 双踪示波器　　　　　　　　　　　　　1 台
- 万用表　　　　　　　　　　　　　　　1 块
- 实训用运算放大器电路板　　　　　　　1 块

四、技能训练

1. 测试开环直流电压增益 A_{VO}

开环直流电压增益是指运算放大器没有反馈时的直流差模电压放大倍数，即运放输出电压 U_o 与差模输入电压 U_i 之比。其测试电路如图 3-24 所示。R_F 为反馈电阻，通过隔直电容和电阻 R 构成闭环工作状态，同时与 R_1、R_2 构成直流反馈，减少了输出端的电压漂移。测量时，交流信号源的输出频率应尽量选低（小于 100Hz），U_i 幅度不能太大，一般只取几十毫伏。

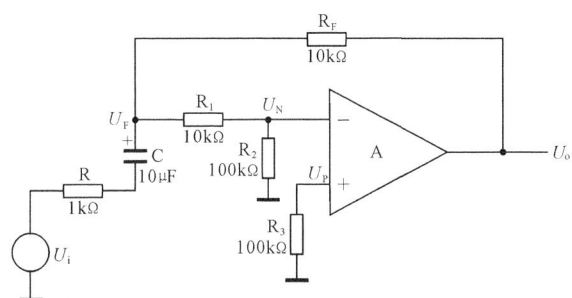

图 3-24　测试开环直流电压增益

由图 3-24 可知

$$U_N = \frac{R_2}{R_1 + R_2} U_F$$

$$A_{VO} = \left| \frac{U_o}{U_P - U_N} \right| \approx \left| \frac{U_o}{U_N} \right| = \frac{R_1 + R_2}{R_2} \left| \frac{U_o}{U_F} \right|$$

2. 测试输入失调电压 U_{IO}

当集成运算放大器的两输入端加相同的电压或直接接地时，为使输出直流电压为零，应在两输入端间加有补偿直流电压 U_{IO}，该 U_{IO} 称为输入失调电压。根据定义，测试电路如图 3-25 所示。

闭合开关 S，令此时测出的输出电压为 U_{o1}。

因为闭合电压增益为

$A_{VF} = U_{o1}/U_{IO} = (R_F + R_1)/R_1$

所以，输入失调电压为

$U_{IO} = R_1/(R_1 + R_F)U_{o1} = (1/101)U_{o1}$

输入失调电压 U_{IO} 主要是由输入级差运算放大器晶体管的特性不一致造成的。U_{IO} 一般为 $\pm (1 \sim 20)$ mV，其值越小越好。

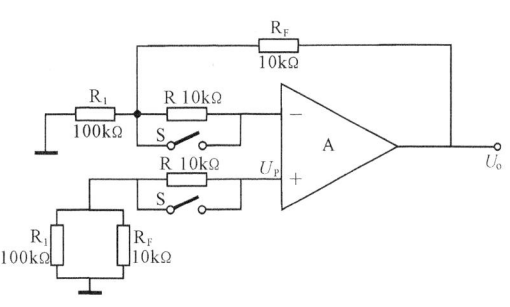

图 3-25　U_{IO}、I_{IO} 的测试电路

3. 测试输入失调电流 I_{IO}

当集成运算放大器的输出电压为零时，将两输入端偏置电流的差称为输入失调电流，即

$I_{IO}=I_{B+}-I_{B-}$，其中 I_{B+} 为同相输入端基极电流，I_{B-} 为反相输入端基极电流。

显然，I_{IO} 的存在将使输出端零点偏离，且信号源阻抗越高，输入失调电流影响越严重。测试电路如图 3-25 所示，只要断开开关 S 即可。用万用表测出该电路的输出电压，令它为 U_{o2}，则

$$I_{IO} = \frac{U_{o2}-U_{o1}}{\left(1+\dfrac{R_F}{R_1}\right)R} = \frac{U_{o2}-U_{o1}}{R} \cdot \frac{R_1}{R_1+R_F}$$

输入失调电流 I_{IO} 主要是由输入级差运算放大器的两个晶体管 β 值不一致造成的。U_{IO} 一般为 1nA ~ 10μA，其值越小越好。

4．测试共模抑制比 K_{CMR}

运算放大器的 K_{CMR} 等于放大器的差模电压增益 A_{VD} 和共模电压增益 A_{VC} 之比，即

$$K_{CMR} = 20\lg\frac{A_{VD}}{A_{VC}}(dB)$$

测试共模抑制比 K_{CMR} 的电路如图 3-26 所示。运算放大器工作在闭环状态，对差模信号的电压增益为 $A_{VD}=R_F R_1$，对共模信号的电压增益为 $A_{VC}=U_o/U_i$，故有

$$K_{CMR} = 20\lg\left(\frac{R_F}{R_1} \cdot \frac{U_i}{U_o}\right)(dB)$$

所以只要测出 U_o 和 U_i，即可求出共模抑制比 K_{CMR}。

为确保测量精度，必须使 $R_1=R_1'$，$R_F=R_F'$，否则会造成较大的测量误差。运算放大器的共模抑制比 K_{CMR} 越高，对电阻精度的要求也就越高。经计算，如

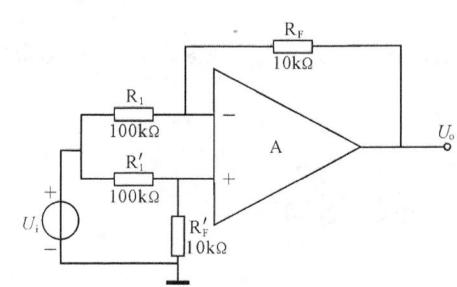

图 3-26　测试共模抑制比的电路图

果运算放大器的 $K_{CMR}=80dB$，允许误差为 5%，则电阻相对误差 $\dfrac{\Delta R_1}{R_1}\times 100\% \leqslant 0.1\%$。$K_{CMR}$ 越大，表示运算放大器对共模信号（温度漂移、零点漂移等）的抑制能力越强。

以上开环电压增益 A_{VO}、输入失调电压 U_{IO}、输入失调电流 I_{IO}、共模抑制比 K_{CMR} 是运算放大器的直流参数。

5．测试增益-带宽积

运算放大器的重要交流参数是频率响应。由于运算放大器可以工作在直流状态，即零频率工作状态，因此其带宽（BW）等于截止频率 f_c，在截止频率处的输出电压增益，比直流时的输出电压增益低 3dB。运算放大器的增益-带宽积为常数，即

$$A_V \cdot BW = C$$

该常数 C 决定于特定的运算放大器，在开环时因增益太高，带宽很窄，所以很少使用。闭环时，增益 $A=-R_F/R_1$（理想时），它的大小与带宽成反比。

测试增益-带宽积的电路如图 3-27 所示，输入 $U_i=100mV$ 的正弦信号。逐步增加 U_i 的频率，测出当 U_o/U_i 的值下降 3dB 时，输入信号 U_i 的频率。

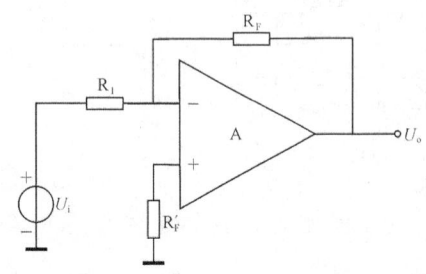

图 3-27　测试增益-带宽积电路

改变 R_F 的值，如 $R_F=100\text{k}\Omega$、$1\text{M}\Omega$ 等（其中 $R'_F=R_1 /\!/ R_F$），分别重复测试上述内容，分别填入表 3-10 中，即可证明

$$A \cdot \text{BW}=C$$

表 3-10　　　　　　　　　　　　　　　增益-带宽积测量值

序号	R_F	R_1	A_V	BW	$A_V \cdot \text{BW}$
1	10kΩ	10kΩ			
2	100kΩ	10kΩ			
3	1MΩ	10kΩ			

6. 测试转换速率

运算放大器在大幅度阶跃信号作用下，输出信号所能达到的最大变化率称为转换速率，用 S_R 表示，其单位为 V/μs。转换速率的测试电路如图 3-28 所示，其中取 $R_1=R_F=10\text{k}\Omega$。

其中信号源输出为 10kHz 的方波，电压 U 的峰峰值为 5V。示波器观测到的输入信号 U_i 和输出信号 U_o 的波形如图 3-29 所示。转换速率 $\Delta U/\Delta t$ 可由示波器测量，其中 Δt 为输出电压 U_o 从最小值上升到最大值所需的时间。转换速率越高，说明运算放大器对输入信号的瞬时变化响应越好。影响运算放大器转换速率的主要因素是运算放大器的高频特性的相位补偿电容。

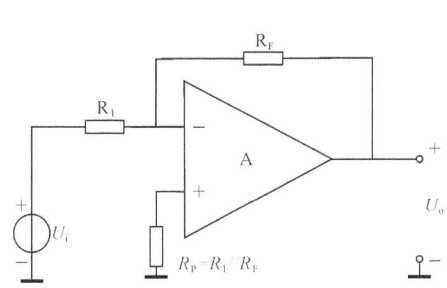

图 3-28　测试转换速率的电路图

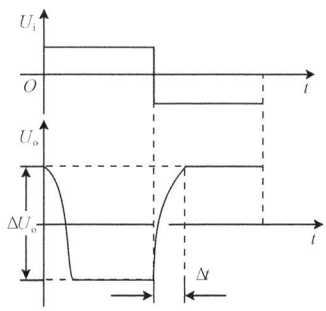

图 3-29　转换速率输入输出波形图

以上所提到的增益-带宽积、转换速率是运算放大器的交流参数。

五、注意事项

1. 所有测试须在 U_o 波形无振荡时进行。

2. μA741 型集成运算放大器的输入和输出不能短接。

3. 在测试运算放大器好坏时，注意不要用小电阻挡（如"R×1"挡），以免测试电流过大；也不要用大电阻挡（如"R×10k"挡），以免电压过高损坏运算放大器。测试结果如表 3-11 所示。

如果用万用表测得的阻值与表 3-11 中的阻值相差太多，说明运算放大器的差动输入级或者推挽输出管有损坏。

表 3-11　　　　　　　　　　　　　　　测试结果

黑表笔（＋）所接引脚	红表笔（－）所接引脚	电阻值
⑦脚	③脚	∞
③脚	⑦脚	44kΩ

续表

黑表笔（+）所接引脚	红表笔（-）所接引脚	电阻值
⑦脚	②脚	∞
②脚	⑦脚	46kΩ
⑦脚	⑥脚	∞
⑥脚	⑦脚	10kΩ
⑥脚	④脚	1000 kΩ
④脚	⑥脚	10kΩ

六、思考题

1. 用万用表测量 μA741 型集成运算放大器时，如何判别其是否损坏？

2. 在测量 A_{VO} 和 K_{CMR} 时，输出端是否需要用示波器监视？

3. 在测量开环直流电压增益 A_{VO} 时，为什么选择输入的信号频率很低？

七、实训考核

实训考核内容如表 3-12 所示。

表 3-12　　　　　　　　实训考核表（集成运算放大器的性能测试）

姓名		班级		考号		监考		总分	
额定工时	45min	起止时间	日　时　分至　日　时　分				实用工时		
序号	考核内容		考核要点		分值	评分标准			得分
1	实训内容与步骤1		1. 用万用表检测运算放大器 2. 测量参数 A_{VO}、U_{IO}		20	1. 检测运算放大器方法不正确扣 5～10 分 2. 测量参数方法不正确扣 5～10 分			
2	实训内容与步骤2		测量参数 I_{IO}、K_{CMR}、$A_V \cdot BW$		20	方法不正确扣 5～10 分			
3	实训报告要求和思考题		1. 实训报告书写是否规范，字体是否工整 2. 实训思考题回答是否全面		20	1. 实训报告书写不规范，字迹不工整扣 5～10 分 2. 实训思考题回答不全面，扣 5～10 分			
4	安全文明操作		符合有关规定		15	1. 发生触电事故，取消考试资格 2. 损坏仪表，取消考试资格 3. 动作不文明，现场凌乱，扣 2～10 分			

序号	考核内容	考核要点	分值	评分标准	得分
5	学习态度	1. 有无迟到、早退现象 2. 是否认真完成各项任务，积极参与实训讨论 3. 是否尊重老师和其他同学，是否能够很好地交流合作	15	1. 有迟到、早退现象扣 5 分 2. 未认真完成各项任务，不积极参与实训、讨论，扣 5 分 3. 不尊重老师和其他同学，不能很好地交流合作，扣 5 分	
6	操作时间	是否在规定时间内完成	10	每超时 10min 扣 5 分 （不足 10min 以 10min 计）	

实训 7 基本运算放大电路的性能测试

一、实训目的

1. 掌握集成运算放大器的正确使用方法。

2. 掌握用集成运算放大器构成各种基本运算电路的方法。

3. 熟练组装调试基本运算电路，掌握其工作原理。

4. 进一步学习正确使用示波器直流、交流输入方式观察波形的方法。重点掌握积分器输入、输出波形的测量和描绘方法。

二、实训内容

本实训采用 LM324 集成运算放大器和外接电阻、电容等构成基本运算电路。运算放大器是具有高增益、高输入阻抗的直接耦合放大器。它在外加反馈网络后，可实现各种不同的电路功能。如果反馈网络为线性电路，运算放大器可实现加、减、微分、积分等运算；如果反馈网络为非线性电路，则可实现对数、乘法、除法等运算；除此之外还可组成各种波形发生器，如正弦波、三角波、脉冲波发生器等。

1. 反相放大器

反相放大器的电路如图 3-30 所示。

其闭环电压增益为

$$A_{VF} = -\frac{R_F}{R_1}$$

输入电阻：$R_i = R_1$；

输出电阻：$R_o \approx 0$；

平衡电阻：$R' = R_F // R_1$。

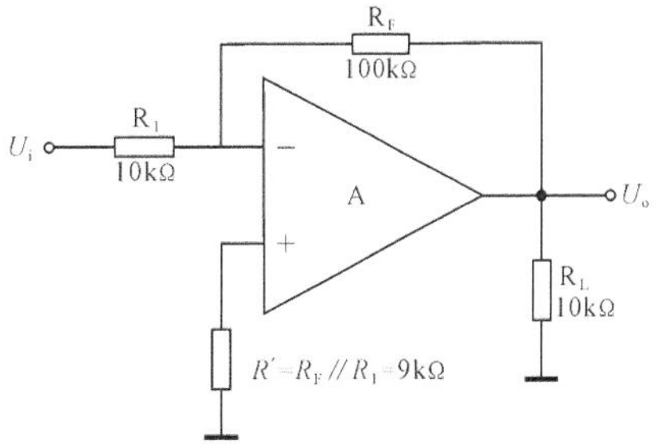

图 3-30 反相放大器

由上式可知，选择不同的电阻比值，就改变了运算放大器的闭环电压增益 A_{VF}。

在选择电路参数时应考虑以下问题。

（1）根据增益，确定 R_F 与 R_1 的比值，即

$$A_{VF} = -R_F/R_1$$

（2）具体确定 R_F 与 R_1 的值。若 R_F 太大，则 R_1 也大，这样容易引起较大的失调温漂；若 R_F 也小，则 R_1 也小，输入电阻 R_i 也小，就不能满足高输入阻抗的要求。一般取 R_F 为几十千欧到几百欧之间。

若对放大器的输入电阻已有要求，则可根据 $R_i=R_1$，先定 R_1，再求 R_F。

（3）为减小偏置电流和温漂的影响，一般取 $R'=R_F//R_1$。若 $R_F=R_1$，则为倒相器，可作为信号的极性转换电路。

2．同相放大器

同相放大器也是最基本的电路，如图 3-31 所示。

其闭环电压增益

$$A_{VF} = 1 + \frac{R_F}{R_1}$$

输入电阻：$R_i = r_{ic}$；

输出电阻：$R_0 \approx 0$；

平衡电阻：$R_P = R_1//R_F$。

其中，r_{ic} 为运算放大器本身相同端对地的共模输入电阻，一般为 $10^8\Omega$。若 $R_F \approx 0$、$R_1 = \infty$（开路），则为电压跟随器。与晶体管电压跟随器（射极输出器）相比，集成运放的电压跟随器的输入阻抗更高，它几乎不从信号源吸取电流；而且它的输出阻抗更小，可当作电压源，是较理想的阻抗变换器。

3．加法器

（1）反相加法器。反相加法器电路如图 3-32 所示。当运算放大器开环增益足够大时，其输入端为虚地，U_{i1} 和 U_{i2} 均可通过 R_1、R_2 转换成电流，实现代数相加运算，其输出电压为

$$U_o = -\left(\frac{R_F}{R_1}U_{i1} + \frac{R_F}{R_2}U_{i2} \right)$$

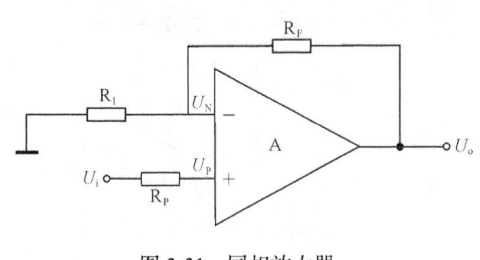

图 3-31　同相放大器

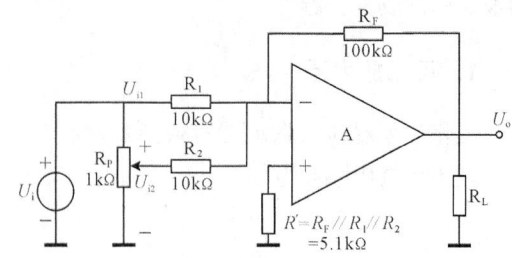

图 3-32　反相加法器

令 $R_1=R_2=R$，则

$$U_o = -\frac{R_F}{R}(U_{i1} + U_{i2})$$

为保证运算精度，除尽量选用高精度的集成运算放大器外，还应采用精度高、稳定性好的电

阻。R_F 与 R 的取值范围可参照反相比例运算电路的选取原则。

（2）同相加法器。同相加法器如图 3-33 所示。根据虚短、虚断和 N 点的 KCL 得

$$U_P = U_N = U_o \cdot \frac{R}{R_F + R}$$

$$\frac{U_{S1} - U_N}{R_1} = \frac{U_{S2} - U_N}{R_2} = 0$$

由上面的关系式可以得到

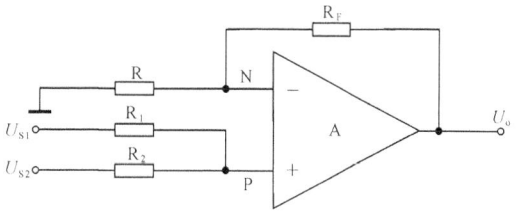

图 3-33　同相加法器

$$U_o = \left(\frac{R_F}{R} + 1 \right)(R_1 // R_2)\left(\frac{U_{S1}}{R_1} + \frac{U_{S2}}{R_2} \right)$$

4．减法器

减法器如图 3-34 所示。当 $R_1 = R_2$，$R' = R_F$ 时，输出电压为 $U_o = \frac{R_F}{R_1}(U_{i2} - U_{i1})$，在电阻值严格匹配的情况下，本电路具有较高的共模抑制能力。

5．微分器

微分器电路如图 3-35 所示。输出电压为 $U_o = -R_F C \dfrac{dU_i}{dt}$，式中，$R_F C$ 为微分时间常数。

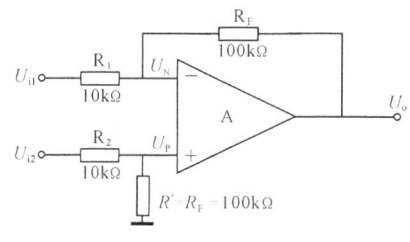

图 3-34　减法器

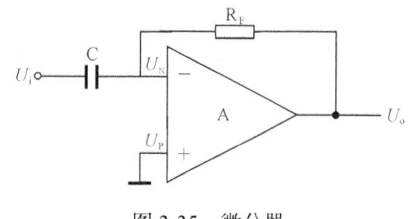

图 3-35　微分器

实际的微分器电路如图 3-36 所示。

若输入电压为一对称三角波，则输出电压为一对称方波，其波形关系如图 3-37 所示。

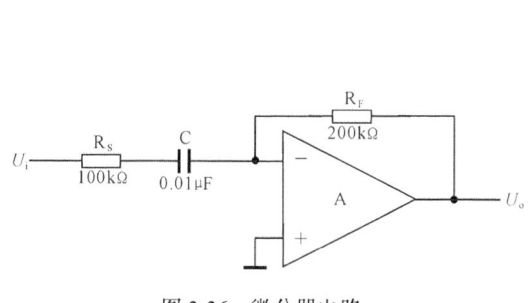

图 3-36　微分器电路

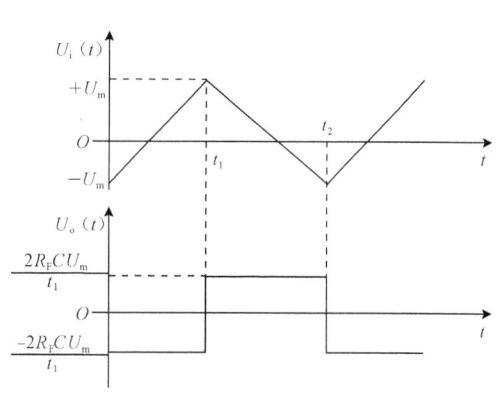

图 3-37　三角波-方波变换波形

6. 积分器

积分器如图 3-38 所示，当运算放大器开环在电压增益足够大时，可认为 $i_R=i_C$，其中 $i_R=\dfrac{U_i}{R_i}$，$i_C=-C\dfrac{\mathrm{d}U_o(t)}{\mathrm{d}t}$，设电容初始电压为零，则

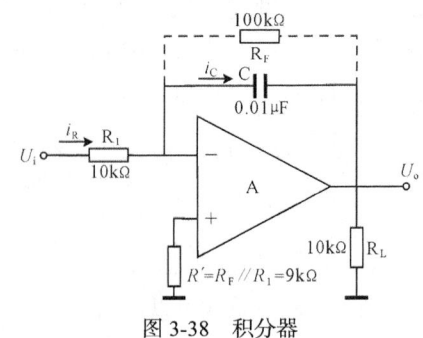

图 3-38　积分器

$$U_o(t)=-\frac{1}{R_iC}\int_0^t U_i(t)\mathrm{d}t$$

实际电路中，通常在积分电容两端并联反馈电阻 R_F，用作直流负反馈，目的是减小集成运算放大器输出端的直流漂移。但是 R_F 的加入将对电容 C 产生分流作用，从而导致误差的产生。通常取 $R_F>10R$，$C<1\mu F$。

三、实训器件及仪表

- 直流稳压电源　　　　　　　　1 台
- 函数信号发生器　　　　　　　1 台
- 双踪示波器　　　　　　　　　1 台
- 万用表　　　　　　　　　　　1 块
- 实训用电路板　　　　　　　　1 块

四、技能训练

1. 反相放大器

（1）调整好直流稳压电源，使其输出为 ±15V。关闭电源接入电路中。

（2）在该放大器输入端加入 f=1kHz 的正弦电压，并自定义其有效值，用万用表测量放大器的输出电压值，改变 U_i 的大小，再测 U_o，研究 U_i 和 U_o 的反相比例关系，并将结果填入自拟表格中。

LM324 集成运放引脚如图 3-39 所示。

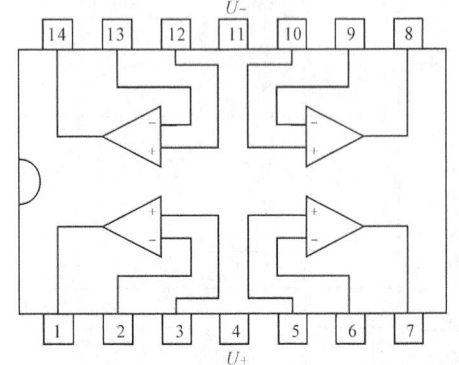

图 3-39　LM324 集成运放引脚图

2. 同相放大器

同相放大器也是最基本的电路，如图 3-31 所示。在该放大器的输入端加入 f=1kHz 的正弦电压，并自定义其有效值，用示波器测量放大器的输出电压值；改变 U_i 的大小，再测 U_o，研究 U_i 和 U_o 的同相比例关系，并将结果填入自拟的表格。

3. 反相加法器

图 3-40 所示电路可分别实现加法和减法运算。当

开关 S 置 A 点时为加法运算，开关 S 置 B 点时为减法运算。

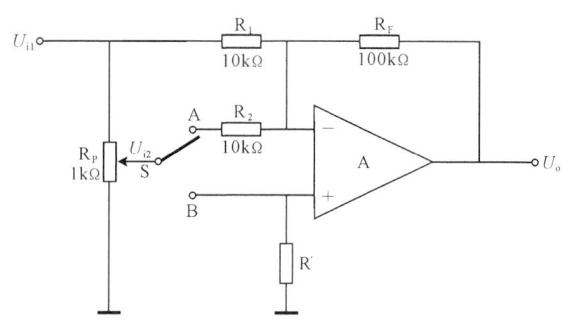

图 3-40　反相加法和减法器电路图

将开关 S 置于 A 点，接入 f=1kHz 的正弦波，调节电位器 R_P，用万用表测量 U_{i1} 和 U_{i2} 电压的大小，然后再测 U_o 大小。调节 R_P，改变 U_{i2} 的值，分别记录 U_{i1}、U_{i2} 和 U_o 的数值，填入自拟表格中（此时 $R'=R_F//R_1//R_2$）。

4．减法器

将图 3-40 所示电路中的开关 S 置于 B 点，$R'=R_F$，输出信号同上，分别测量 U_{i1}、U_{i2} 和 U_o 的数值。调节电位器 R_P，改变 U_{i2} 的大小，再测 U_o，填入自拟表格中。研究减法运算关系。

5．微分器

微分器的基本电路如图 3-36 所示。输出电压为

$$U_o = -R_F C \frac{\mathrm{d}U_i}{\mathrm{d}t}$$

式中，$R_F C$ 为微分时间常数。

若输入电压为一对称三角波，则输出电压为一对称方波。画出两个周期的输入、输出波形。

6．积分器

在反相比例运算电路的基础上，在 R_F 的两端并联一个容量为 0.01μF 的电容，构成图 3-38 所示积分电路。输入端加入 f=500Hz、幅值为 1V 的正方波，用示波器同时观察 U_i 和 U_o 的波形，记录在坐标纸上，标出幅值和周期。

五、注意事项

1. 必须熟悉电路板，并对其电阻值逐一测量，做好记录。

2. LM324 型集成运算放大器的各个管脚不要接错，尤其是正、负电源不要接反，否则极易损坏芯片。

3. 使用运算放大器时，不能超过其性能参数（如电源电压范围、最大输入电压范围等）的极限值。

4. 研究积分运算关系时，用示波器观察 U_i 和 U_o 的波形，应当采用直流输入方式，并用 U_o

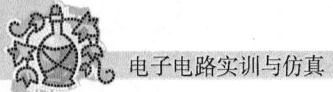

作为内同步或外触发电压接到示波器外触发接线端。

六、思考题

1. 若输入信号与放大器的同相端连接，当信号正向增大时，运算放大器的输出是正还是负？
2. 当输入信号与放大器的反相端相连时，结果又如何？

七、实训考核

实训考核内容如表 3-13 所示。

表 3-13 实训考核表（基本运算放大电路的性能测试）

姓名			班级		考号		监考		总分	
额定工时	45min	起止时间		日　时　分至　日　时　分				实用工时		
序号	考核内容		考核要点		分值		评分标准			得分
1	实训内容与步骤 1、2		1. 反相放大器测试是否正确 2. 同相放大器测试方法是否正确		20		1. 测试不正确扣 5～10 分 2. 同相放大器测试方法有问题，扣 5～10 分			
2	实训内容与步骤 3、4		1. 加法器测试方法是否正确 2. 减法器测试方法是否正确		20		1. 加法器测试方法不正确，扣 5～10 分 2. 减法器测试方法不正确，扣 5～10 分			
3	实训内容与步骤 5、6		1. 微分器测试方法是否正确 2. 积分器测试方法是否正确		10		1. 微分器测试方法不正确，扣 2～5 分 2. 积分器测试方法不正确，扣 2～5 分			
4	实训报告要求和思考题		1. 实训报告书写是否规范，字体是否工整 2. 实训思考题回答是否全面		10		1. 实训报告书写不规范，字迹不工整扣 2～5 分 2. 实训思考题回答不全面，扣 2～5 分			
5	安全文明操作		符合有关规定		15		1. 发生触电事故，取消考试资格 2. 损坏仪表，取消考试资格 3. 动作不文明，现场凌乱，扣 2～10 分			
6	学习态度		1. 有无迟到、早退现象 2. 是否认真完成各项任务，积极参与实训讨论 3. 是否尊重老师和其他同学，是否能够很好地交流合作		15		1. 有迟到、早退现象扣 5 分 2. 未认真完成各项任务，不积极参与实训、讨论，扣 5 分 3. 不尊重老师和其他同学，不能很好地交流合作，扣 5 分			
7	操作时间		是否在规定时间内完成		10		每超时 10min 扣 5 分 （不足 10min 以 10min 计）			

实训8 整流与滤波电路的性能测试

一、实训目的

1. 掌握单相半波、桥式和倍压整流电路的工作原理。
2. 熟悉常用整流和滤波电路的特点及测量方法。

二、实训内容

直流稳压电源一般由电源变压器、整流滤波电路和稳压电路组成。

电感器

1. 电源变压器

电源变压器（可手机扫描"电感器"二维码查阅相关内容）的作用是将电网 220V 的交流电压 U_1 变换成整流滤波电路所需要的交流电压 U_2，变压器次级与初级的功率比

$$P_2/P_1=\eta$$

式中，η 为变压器的效率，一般小型变压器的效率如表 3-14 所示。

表 3-14 小型变压器的效率

次级功率 P_2/（V·A）	< 10	10 ~ 30	30 ~ 80	80 ~ 200
效率 η	0.6	0.7	0.8	0.85

2. 整流滤波电路

整流是把交流电变成脉动直流电的过程，整流的基本器件是二极管，利用二极管的单向导电性即可把交流电转换成直流电。半波整流和桥式整流电容滤波电路分别如图 3-41 和图 3-42 所示。

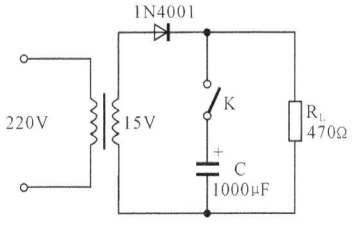

图 3-41 半波整流电容滤波电路

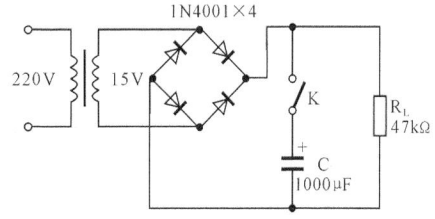

图 3-42 桥式整流电容滤波电路

经过半波整流后，负载上得到的直流电压为

$$U_o=0.45U_2$$

其中，U_2 为次级电压的有效值。

如图 3-42 所示电路，由 4 只整流二极管组成单相桥式整流电路，将交流电压 U_2 变成脉动直流电压，再经滤波电容 C 滤除纹波，输出直流电压 U_o，U_o 与交流电压 U_2 的比值关系为

$$U_{\mathrm{o}} = (1.1 \sim 1.2)\, U_2$$

每只整流二极管承受的最大反向电压

$$U_{\mathrm{RM}} = \sqrt{2} U_2$$

通过每只二极管的平均电流为

$$I_{\mathrm{D}} = \frac{1}{2} I_{\mathrm{R}} = \frac{0.45 U_2}{R}$$

式中，R 为整流滤波电路的负载电阻阻值，它为电容 C 提供放电回路，放电时间常数 RC 应满足 $RC > (3 \sim 5)\, T'/2$。

式中，T' 为 50Hz 交流电压的周期，即 20ms。

经电容滤波后，输出电压的纹波减小，直流分量得到提高。

电路的最大纹波电压是指输出电压中含有 50Hz 或 100Hz 的交流成分，一般用有效值或峰峰值来表示。

倍压整流电路是利用二极管的整流和导引作用，将较低的直流电压分别存在多个电容里，然后把它们串联起来（按相同极性），得到较高的输出直流电压。

三、实训器件及仪表

- 双踪示波器　　　　　　　　　　1 台
- 交流毫伏表　　　　　　　　　　1 块
- 万用表　　　　　　　　　　　　1 块
- 实训用电路板　　　　　　　　　1 块

四、技能训练

1. 半波整流滤波电路

按实训电路图 3-41 接线，经检查无误后接通 220V 交流电源。

（1）开关 K 断开，测量半波整流电路在负载为纯电阻（$R_{\mathrm{L}}=470\Omega$）时的输入、输出电压和纹波电压。

用万用表和示波器分别测量变压器次级输出的交流电压和负载两端的直流电压，用示波器或毫伏表测量负载两端的纹波电压，并将测量结果记录于自拟的实训测试数据表格中。

注意：用示波器观测纹波电压时只测其峰峰值，实训电路中的负载电阻用滑动电阻器或其他大功率电阻。

（2）改变负载电阻阻值 R_{L}（增大或减小），重复第（1）步的操作。

（3）开关 K 闭合，接上滤波电容（$C=1000\mu\mathrm{F}/25\mathrm{V}$），重复第（1）步的操作，并记录实训测试数据，比较两次测量的结果。

（4）改变滤波电容大小（如 $C=47\mu\mathrm{F}/25\mathrm{V}$），重复实验内容第（1）、（2）步，观察实训测试结果的变化情况。

2. 桥式整流和滤波电路

按实训电路图 3-42 接线，测试内容同半波整流滤波电路中的实训内容。将测试结果记录于自拟的数据表格中。

3. 倍压整流电路

按实训电路图 3-43 接线，经检查无误后接通 220V 交流电源。

测量负载为纯电阻（R_L=47kΩ）时的输入、输出电压和纹波电压。然后改变负载电阻阻值 R_L（增大或减小），重复测量上述内容。测量方法同半波整流滤波电路中参数的测量，并将测量结果记录于自拟的数据表格中。

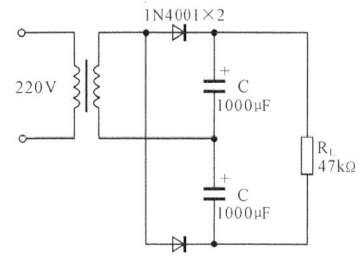

图 3-43 倍压整流电路

五、注意事项

1. 电路必须检查无误后再接通 220V 交流电压，注意安全。
2. 用示波器观测纹波电压时，要正确操作和读数。

六、思考题

1. 用示波器和毫伏表测量纹波电压时，它们的读数是否相同，为什么？
2. 在整流滤波电路中，对整流二极管的反向峰值电压以及滤波电容的选取有何要求？
3. 在整流电路中，若整流二极管的极性接反或虚焊，电路将会发生什么现象？

七、实训考核

实训考核内容如表 3-15 所示。

表 3-15 实训考核表（整流与滤波电路的性能测试）

姓名		班级		考号		监考		总分	
额定工时	45min	起止时间	日 时 分至 日 时 分				实用工时		
序号	考核内容		考核要点	分值		评分标准		得分	
1	实训内容与步骤 1		1. 电路连接是否正确 2. 自拟表格中的数据是否正确	20		1. 电路连接有问题扣 5～10 分 2. 自拟表格中的数据有问题，扣 2～5 分			
2	实训内容与步骤 2		1. 电路连接是否正确 2. 自拟表格中的数据是否正确	20		1. 电路连接有问题，扣 5～10 分 2. 自拟表格中的数据有问题，扣 5～10 分			

续表

序号	考核内容	考核要点	分值	评分标准	得分
3	实训报告要求和思考题	1. 实训报告书写是否规范，字体是否工整 2. 实训思考题回答是否全面	20	1. 实训报告书写不规范，字迹不工整扣 2 ~ 5 分 2. 实训思考题回答不全面，扣 2 ~ 5 分	
4	安全文明操作	符合有关规定	15	1. 发生触电事故，取消考试资格 2. 损坏仪表，取消考试资格 3. 动作不文明，现场凌乱，扣 2 ~ 10 分	
5	学习态度	1. 有无迟到、早退现象 2. 是否认真完成各项任务，积极参与实训讨论 3. 是否尊重老师和其他同学，是否能够很好地交流合作	15	1. 有迟到、早退现象扣 5 分 2. 未认真完成各项任务，不积极参与实训、讨论，扣 5 分 3. 不尊重老师和其他同学，不能很好地交流合作，扣 5 分	
6	操作时间	是否在规定时间内完成	10	每超时 10min 扣 5 分 （不足 10min 以 10min 计）	

实训 9 集成稳压器的性能测试

一、实训目的

1. 了解集成三端稳压器的特性和使用方法。
2. 了解集成稳压器 CW7815 的主要技术参数。
3. 掌握集成稳压器主要性能指标的测试方法。

二、实训内容

1. 集成稳压器组成

直流稳压电源几乎是所有电子设备不可缺少的器件。它由变压器、整流器、滤波器和稳压器 4 部分组成。电源变压器的作用是将电网 220V 的交流电压 U_1 变换成整流滤波电路所需的交流电压 U_2。整流器用于将交流电压 U_2 变成脉动的直流电压。滤波器用于滤去整流输出电压中的纹波，输出直流电压 U_1。稳压器只是直流稳压电源的一部分，使直流稳压电源输出电压 U_o 稳定，如图 3-44 所示。

集成稳压器具有性能指标高、使用和组装方便等特点。我国生产的集成稳压器型号有 CW7800 和 CW7900 等系列。这些系列型号的后两位数字代表固定稳压输出值。CW7800 系列是正输出稳压器，如 7812 表示稳压输出为+12V；CW7900 系列是负输出稳压器，如 7912 表示稳压输出-12V。CW7800 系列的集成稳压器广泛应用于各种整机或电路板电源上，其稳定输出电压为+5 ~ +24V，

有 7 个挡次，加装散热器后输出的额定电流可达 1.5A。稳压器内部具有过流、过热和安全工作区保护电路，一般不会因过载而损坏。如果外部接少量元件还可以构成可调式稳压器和恒流源。CW7800 系列集成稳压器的外形图及引线排列如图 3-45 所示。

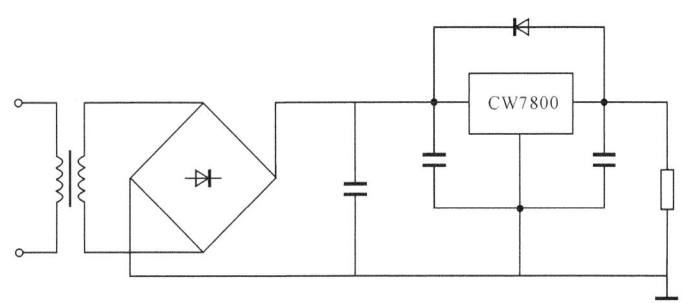

图 3-44　三端集成稳压器的基本应用电路

　　三端集成稳压器由启动电路、基准电压电路、取样比较放大电路、调整电路和保护电路等部分组成。CW7800 系列集成稳压器典型应用电路如图 3-46 所示。图 3-46 中，C_1 用于抑制过压和纹波；C_2 用于改善负载瞬态响应。为保证稳压器能正常工作，一般输入直流电压应比输出直流电压高 2 ~ 3V，不宜高出太多，高出太多使稳压器功耗过大，易损坏稳压器。

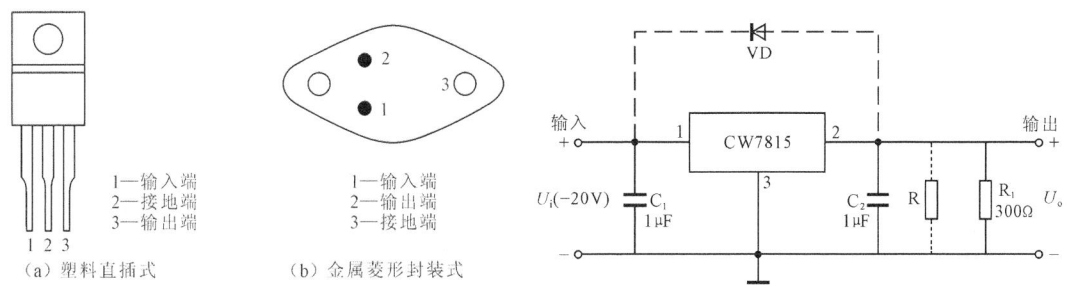

图 3-45　CW7800 系列集成稳压器外形及引线排列　　　图 3-46　CW7800 系列稳压器典型应用电路

　　另外，为避免因输入端短路或输入滤波电容开路所造成的输出瞬间过压，可在输入和输出端之间加保护二极管 VD 或在输出端加泄放电阻 R，如图 3-46 中虚线所示。

2. 集成稳压器主要性能指标与测试方法

　　（1）最大输出电流。最大输出电流指稳压电源正常工作时能输出的最大电流，用 I_{omax} 表示。一般情况下的工作电流 $I_o < I_{omax}$。稳压电路内部应有保护电路，以防止 $I_o > I_{omax}$ 时损坏稳压器。

　　（2）稳压系数 S_V。直流稳压电源可用图 3-47 所示框图表示。当输出电流不变（且负载为确定值）时，输入电压变化将引起输出电压变化，则输出电压相对变化量与输入电压相对变化量之比定义为稳定系数，用 S_V 表示，$S_V = \dfrac{(\Delta U_o)/U_o}{(\Delta U_i)/U_i}$。

　　测量时，如选用多位直流数字电压表，可以直接测出当输入电压 U_i 升高或降低 10%时，其相应的输出电压 U_o 为 U_{o1}、U_{o2}，求出 ΔU_{o1}、ΔU_{o2}，并将其中数值较大的 ΔU_o 代入 S_V 表达式中。显然，S_V 越小，稳压效果越好。

　　若没有多位直流数字电压表，一般采用差值法测量。差值法原理如图 3-48 所示。

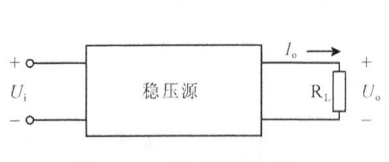

图 3-47　稳压电源框图

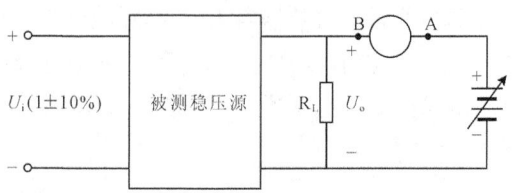

图 3-48　差值法测量 ΔU_o

在图 3-48 中，一组标准电池（或高性能的直流稳压电源），其电压近似等于被测稳压电源的输出电压。将其串入普通电压表后，与被测稳压器并联。这样，普通电压表的 A、B 两端电位差很小，故可选用低量程（即高灵敏度挡）进行测量。当输入电压 U_i 时，电压表指示值为 U_{AB}；当 U_i 升高或降低 10% 时，电压表指示值分别为 U_{AB1}、U_{AB2}。由于标准电池电压不变，所以稳压器输出电压变化量分别为 $\Delta U_{o1}=\left|U_{AB}-U_{AB1}\right|$，$\Delta U_{o2}=\left|U_{AB}-U_{AB2}\right|$，并应以变化量高的一次记作 ΔU_o。

（3）输出电阻阻值 R_o。输入电压不变，当负载变化使输出电流增加或减小时，会引起输出电压发生很小的变化，则输出电压变化量与输出电流变化量之比定义为稳压电源的输出电阻，用 R_o 表示，即

$$R_o=\left|\frac{\Delta U_o}{\Delta I_L}\right|_{\Delta U_i=0}$$

式中，$\Delta I_L=I_{Lmax}-I_{Lmin}$（$I_{Lmax}$ 为稳压器额定输出电流，$I_{Lmin}=0$）。

测量时，令 $U_i=$ 常数，用直接测量法（或差值法）分别测出 I_{Lmax} 时的 U_{o1} 和 $I_{Lmin}=0$ 时的 U_{o2}，求出 ΔU_o，即可算出 R_o。

（4）纹波电压。纹波电压是指输出电压交流分量的有效值，一般为毫伏数量级。测量时，保持输出电压 U_o 和输出电流 I_L 为额定值，用交流电压表直接测量即可。

三、实训器件及仪表

- 直流稳压电源　　　　　　　　　1 台
- 示波器　　　　　　　　　　　　1 台
- 万用表　　　　　　　　　　　　1 块
- 实训用电路板　　　　　　　　　1 块

四、技能训练

1. 用差值法测试图 3-46 稳压器的稳压系数 S_V。
2. 测试输出电阻阻值 R_o。
3. 测试纹波电压值。
4. 测量输出电压的调节范围（U_{omax}、U_{omin}）。

当选定稳压器的型号后，其输出电压基本固定，若想扩大输出电压范围，可改变公共端电压实现输出电压的改变。图 3-49 所示为用固定三端稳压器组成的扩大输出电压的三端稳压器，其中

U_i=28V。R_2 上的偏压是由表态电流 I_o 和 R_1 上提供的偏流共同决定的，在 R_2 上产生一个可调的变化电压，并加在公共端，则输出电压为

$$U_o = U_o'(1+\frac{R_2}{R_1})+I_oR_2$$

式中，U_o' 为集成稳压器的固定输出电压；I_o 为集成稳压器的静态电流（CW7815 的 I_o=8mA）。

$$R_1 = \frac{U_o}{5I_o}$$

$$R_2 = \frac{U_o - U_o'}{6I_o}$$

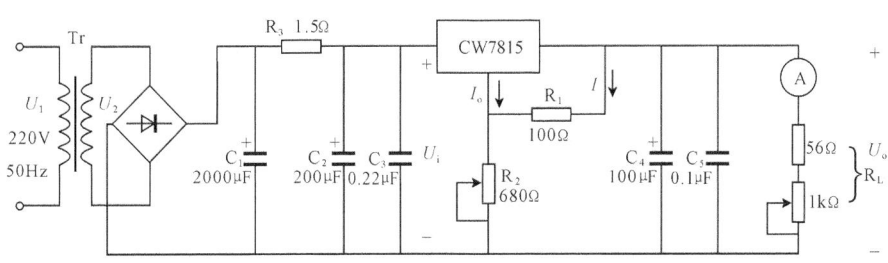

图 3-49　扩大输出电压的三端稳压器

五、注意事项

1. 输入、输出不能反接，若反接电压超过 7V，将会损坏稳压器。
2. 输入端不能短路，故应在输入、输出端接一个保护二极管。
3. 防止接地故障。由于三端稳压器的外壳为公共端，当安装在设备底板或外机箱上时，应接上可靠的公共连接线。

六、思考题

1. 集成稳压器的输入、输出端接电容 C_1 及 C_2 有何作用？
2. 适当增大负载电阻 R_L 的值（如增加 2Ω），测量 S_V 是否发生变化？为什么？
3. 分别列举出两种输出电压固定和输出电压可调三端稳压器的应用电路，并说明电路中接入元件的作用。

七、实训考核

实训考核内容如表 3-16 所示。

表 3-16 实训考核表（集成稳压器的性能测试）

姓名			班级		考号		监考		总分	
额定工时	45min	起止时间	日 时 分至 日 时 分					实用工时		
序号	考核内容		考核要点		分值	评分标准			得分	
1	实训内容与步骤1		1. 电路连接是否正确 2. 测试的数据是否正确		20	1. 电路连接有问题，扣 5~10 分 2. 测试的数据有问题，扣 2~5 分				
2	实训内容与步骤2		测试的数据是否正确		20	测试的数据有问题，扣 10~20 分				
3	实训报告要求和思考题		1. 实训报告是否书写规范，字体是否工整 2. 实训思考题回答是否全面		20	1. 实训报告书写不规范，字迹不工整扣 2~5 分 2. 实训思考题回答不全面，扣 2~5 分				
4	安全文明操作		符合有关规定		15	1. 发生触电事故，取消考试资格 2. 损坏仪表，取消考试资格 3. 动作不文明，现场凌乱，扣 2~10 分				
5	学习态度		1. 有无迟到、早退现象 2. 是否认真完成各项任务，积极参与实训讨论 3. 是否尊重老师和其他同学，是否能够很好地交流合作		15	1. 有迟到、早退现象扣 5 分 2. 未认真完成各项任务，不积极参与实训、讨论，扣 5 分 3. 不尊重老师和其他同学，不能很好地交流合作，扣 5 分				
6	操作时间		是否在规定时间内完成		10	每超时 10min 扣 5 分 （不足 10min 以 10min 计）				

实训10 音响放大电路的性能测试

一、实训目的

1. 了解集成功率放大器内部电路的工作原理。
2. 测量集成功率放大器的各项性能指标。
3. 了解音响放大器及电子线路系统的装调技术。

二、实训内容

1. 音响放大器的基本组成

音响放大器的基本组成框图如图 3-50 所示。

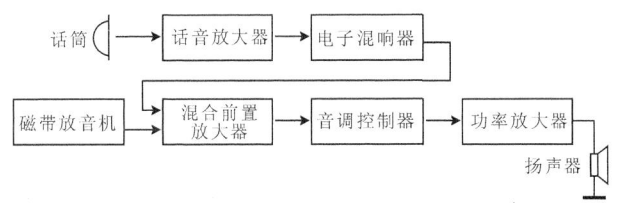

图 3-50 音响放大器组成图

（1）话音放大器。由于话筒的输出信号一般只有 5mV 左右，而输出阻抗达到 20kΩ（也有低输出阻抗的话筒如 20Ω、200Ω 等），所以话音放大器的作用是不失真地放大声音信号（最高频率达到 10kHz）。其输入阻抗应远大于话筒的输出阻抗。

（2）电子混响器。电子混响器是用电路模拟声音的多次反射，产生混响效果，使声音听起来具有一定的深度感和空间立体感。

（3）混合前置放大器。混合前置放大器的作用是将磁带放音机输出的音乐信号与电子混响后的声音信号混合放大。图 3-51 所示混合前置放大器是一个高输入阻抗、高共模抑制比、低漂移的小信号放大电路，可以采用双运算放大器，它是两个同相放大电路的简单串联组合电路，也称同相串联差分放大电路。差分输入信号从两个放大器的同相端输入，可以有效地消除两输入端的共模分量，获得很高的共模抑制比和极高的输入电阻，如图 3-51 所示。

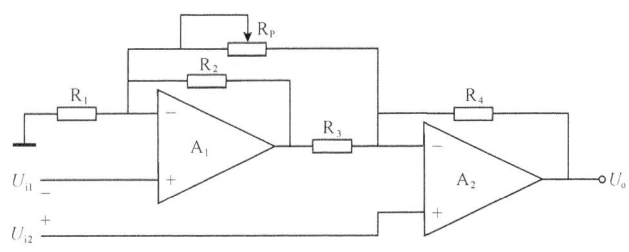

图 3-51 混合前置放大器

（4）音调控制器。音调控制器主要是控制调节音响放大器的幅频特性，理想的控制曲线如图 3-52 所示。

图 3-52 中 f_o（等于 1kHz）表示中音频率，要求增益 $A_V=0$dB；f_{L1} 表示低音频转折（或截止）频率，一般为几十赫兹；f_{L2}（等于 10 f_{L1}）表示低音频区的中音频转折率；一般为几万赫兹。音调控制器的电路可由低通滤波器与高通滤波器构成。

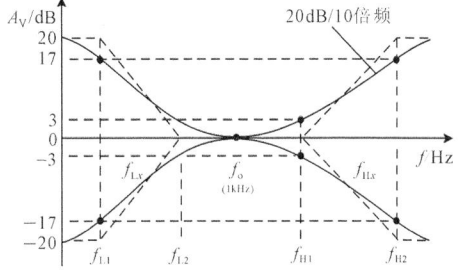

图 3-52 音调控制曲线

（5）功率放大器。功率放大器的主要作用是向负载提供功率，要求输出功率尽可能大，转换效率尽可能高以及非线性失真尽可能小。功率放大器的电路形式很多，有双电源供电的 OCL 互补对称功放电路、单电源供电的 OTL 互补对称功放电路、BTL 桥式推挽功放电路和变压器耦合功放电路等。这些电路都各有特点，可根据要求和具备的实验条件综合考虑，做出选择。下面介绍几种常用的功放电路。

① OTL 互补对称功率放大器。图 3-53 所示为 OTL 互补对称功率放大器的电路。设电路工作在接近乙类的甲乙类，通常在 $U_i=0$ 时，只要适当调节 R_P，就可使 I_{RC}、U_{B2} 和 U_{B3} 达到所需数值，

给 VT$_2$、VT$_3$ 提供一个合适的偏置，从而使 A 点电位 $U_A= U_{C2}=U_{CC}/2$。

当 $U_i=U_{im}\sin\omega t$ 时，在信号的负半周经 VT$_1$ 放大反相后加到 VT$_2$、VT$_3$ 基极，使 VT$_3$ 截止、VT$_2$ 导电，有电流通过 R$_L$，同时电容 C$_2$ 被充电，形成输出电压 U_o 的正半周波形；在信号的正半周，经 VT$_1$ 管放大反相后，使 VT$_2$ 截止、VT$_3$ 导电，则已充电的电容 C$_2$ 起着电源的作用，通过 VT$_3$ 和 R$_L$ 放电，形成输出电压 U_o 的负半周波形。当 U_i 周而复始变化时，VT$_2$、VT$_3$ 交替工作，负载 R$_L$ 上就可得到完整的正弦波。

图 3-53 所示电路在理想情况下，输出电压最大峰值 $U_{omax}=U_{CC}/2$。但实际上达不到此数值，因为当

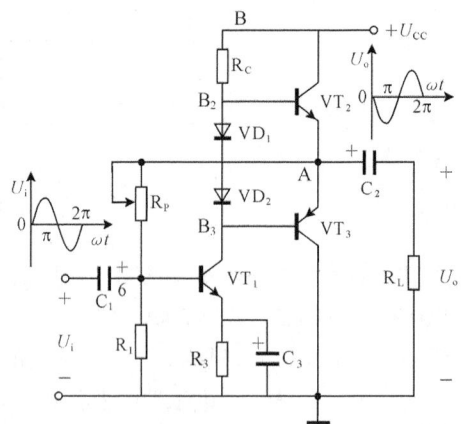

图 3-53　OTL 互补对称功率放大器原理电路

U_i 为负半周时，VT$_2$ 导电，由于 R$_C$ 的电压和 VT$_2$ 的电压 U_{BE2} 的存在，当 A 点电位向 U_{CC} 接近时，VT$_2$ 管的基流将受限制。所以当最大输出电位向 U_{CC} 接近时，VT$_2$ 管的基极电流将受限制，使最大输出电压幅值 U_{omax} 远小于 $U_{CC}/2$，而只能达到 $U_{omax}=U_{CC}/2-R_CI_{RC}-U_{BE2}$。

图 3-54 为带自举电路的 OTL 电路。当 $U_i=0$ 时，$U_A=U_{CC}/2$，$U_B=U_{CC}-I_{R2}R_2$，电容 C$_4$ 两端电压 $U_{C4}=U_B-U_A=U_{CC}/2-I_{R2}R_2$。当 R_2C_4 足够大时，可认为 U_{C4} 基本为常数，不随 U_i 改变。这样，当 U_i 为负半周时，VT$_2$ 导通，U_A 由 $U_{CC}/2$ 向更正的方向变化，由于 B 点电位 $U_B=U_{C4}+U_A$，随着 A 点电位升高，B 点电位也自动升高。因而，即使输出电压 U_o 幅度升得很高，也有足够的电流流过 VT$_2$ 基极，使 VT$_2$ 充分导电。这种工作方式称为"自举"，意思是电路本身把 U_B 提高了。

② 集成 OTL 功率放大器。集成功率放大器 LA4100 的外接电路如图 3-55 所示。图中外接电容 C$_1$、C$_2$、C$_7$ 为耦合电容，C$_5$ 为纹波旁路电容，C$_6$、C$_3$ 用于消除振荡，C$_4$ 为自举电容。

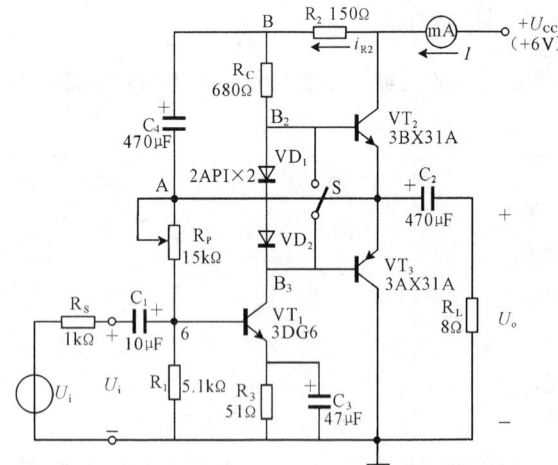

图 3-54　带自举电路的 OTL 功率放大器实验电路

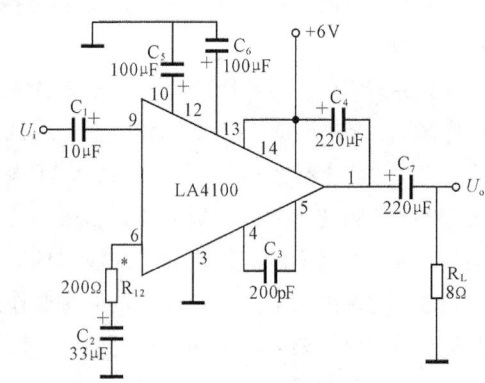

图 3-55　集成功率放大器 LA4100 外接电路

2. 音响放大器的几项性能指标及测试方法

音响放大器整体电路如图 3-56 所示。

（1）额定功率。额定功率音响放大器输出失真度小于某一数值（如<5%）时的最大功率称为

额定功率。其表达式为

$$P_o = U_o^2 / R_L$$

式中，R_L 为额定负载阻抗；U_o（有效值）为 R_L 两端的最大不失真电压。U_o 常用来选定电源电压 U_{CC}（$U_{CC} \geqslant 2\sqrt{2}U_o$）。

测量 P_o 的条件如下：信号发生器的输出信号（音响放大器的输入信号）的频率 $f_i = 1\text{kHz}$，电压 $U_i = 5\text{mV}$，将音调控制器的两个电位器 R_{P31}、R_{P32} 置于中间位置，音量控制电位器置于最大值，并用示波器观测 U_i 及 U_o 的波形，用失真度测量仪监测 U_o 的波形失真。

测量 P_o 的步骤如下：功率放大器的输出端接额定负载电阻 R_L（代替扬声器），逐渐增大输入电压 U_i，直到 U_o 的波形刚好不出现削波失真，此时对应的输出电压为最大输出电压，由上式即可计算出额定功率 P_o。

（2）音调控制特性。输入信号 U_i（=100mV）从音调控制级输入端的耦合电容加入，输出信号 U_o 从输出端的耦合电容引出。先测量 1kHz 处的电压增益 A_{VO}（A_{VO}=0dB），再分别测量低频特性和高频特性。测量低频特性的方法：将 R_{P31} 的滑臂分别置于最左端和最右端时，频率在 20Hz ~ 1kHz 变化，记下对应的电压增益。同样，测量高频特性是将 R_{P32} 的滑臂分别置于最左端和最右端，频率在 1 ~ 50kHz 变化，记下对应的电压增益。最后绘制音调控制特性曲线，并标注与 f_{L1}、f_{Lx}、f_{L2}、f_o（1kHz）、f_{H1}、f_{Hx}、f_{H2} 等频率对应的电压增益。

（3）频率响应。放大器的电压增益相对于中音频 f_o(1kHz) 的电压增益下降 3dB 时，对应低音频截止频率 f_L 和高音频截止频率 f_H，称 f_L ~ f_H 为放大器的频率响应。测量条件同上，调节 R_{P3} 使输出电压约为最大输出电压的 50%。测量步骤是，音响放大器的输入端接 U_i（等于 5mA），R_{P31} 和 R_{P32} 置于最左端，使信号发生器的输出频率 f_i 在 20Hz ~ 50kHz 变化（保持 U_i=500mV 不变），测出负载电阻 R_L 上对应的输出电压 U_o。用半对数坐标纸绘出频率响应曲线，并在曲线上标注 f_L 与 f_H 值。

（4）输入阻抗。从音响放大器输入端（话音放大器输入端）接进去的阻抗称为输入阻抗 R_i。如果接高阻话筒，则 R_i 应远大于 20kΩ；接电唱机，R_i 应远大于 500kΩ。R_i 的测量方法与放大器的输入阻抗测量方法相同。

（5）输入灵敏度。音响放大器输出额定功率时所需的输入电压（有效值）称为输入灵敏度 U_s。测量条件与额定功率的测量条件相同。测量方法是，使 U_i 从零开始逐渐增大，直到 U_o 达到额定功率值时所对应的电压值，此时对应的 U_i 值即为输入灵敏度。

（6）噪声电压。音响放大器的输入为零时，输出负载 R_L 上的电压称为噪声电压 U_N。测量条件与额定功率的测量条件相同。测量方法是，使音响放大器的输入端对地短路，音量电位器为最大值，然后用示波器观测输出负载 R_L 两端的电压波形，用交流毫伏表测量其有效值。

（7）整机效率。

$$\eta = P_o / P_c \times 100\%$$

式中，P_o 为输出的额定功率；P_c 为输出额定功率时所消耗的电源功率。

3．音响放大器实训电路

音响放大器实训电路如图 3-56 所示。电源电压+U_{CC}=9V，$P_o \geqslant$1W（失真度 r<3%）；负载阻抗 R_L=8Ω；截止频率 f_L=40Hz，f_H=10kHz；音调控制特性 1kHz 处增益为 0dB，100Hz 和 10kHz 处有 ± 12dB 的调节范围，A_{VL}=A_{VH1}>20dB；话放级输入灵敏度 5mV；输入阻抗 R_i>>20Ω。

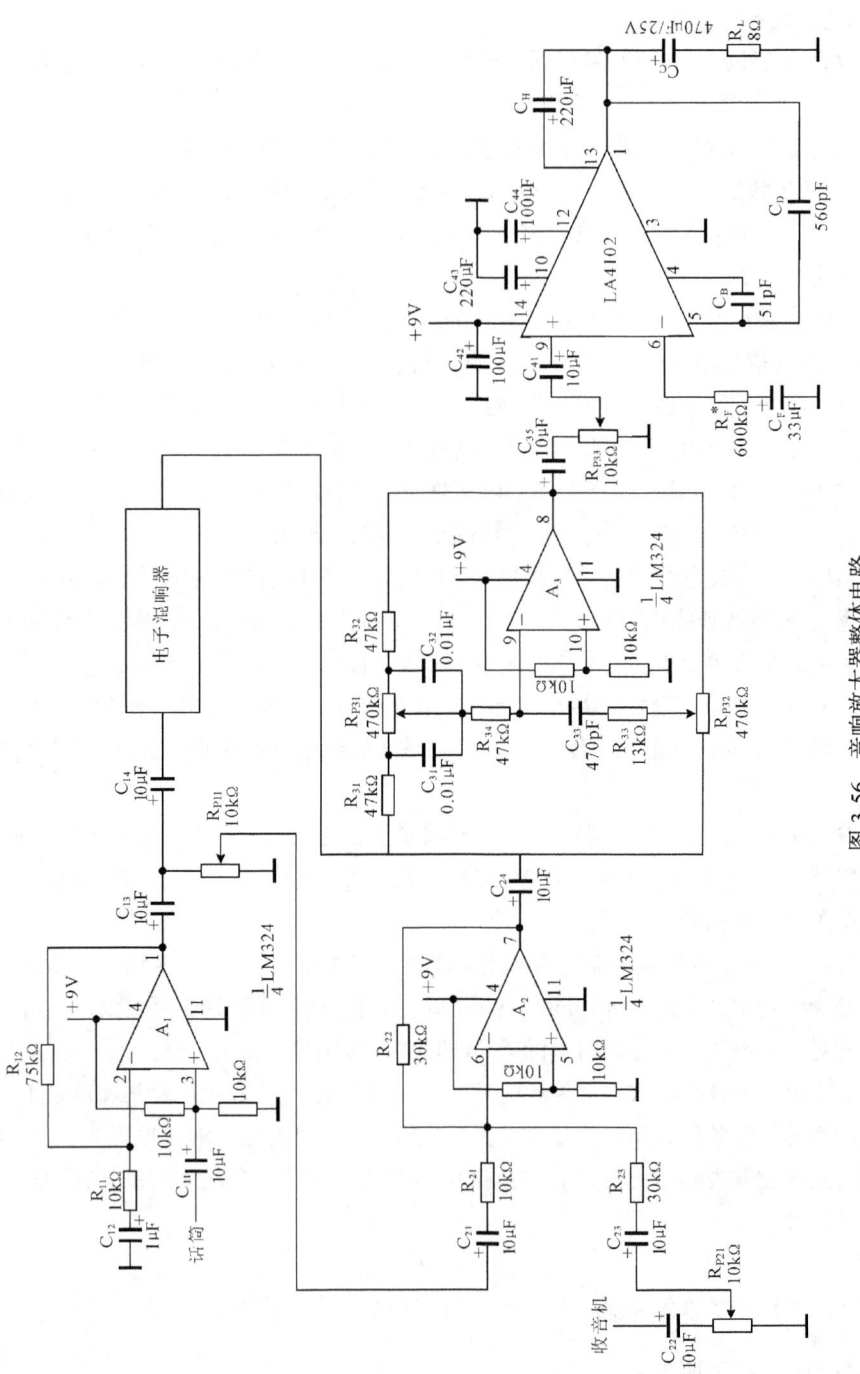

图 3-56 音响放大器整体电路

三、实训器件及仪表

- 双踪示波器　　　　　　　1 台
- 函数信号发生器　　　　　1 台
- 直流稳压电源　　　　　　1 台
- 万用表　　　　　　　　　1 块
- 实训用电路板　　　　　　1 块

四、技能训练

1．熟悉实训用音响放大器电路板

音响放大器是一个小型的电路系统，实训者对每级电路的功能作用必须清楚。对每级电路在底板上的布局、输入输出具体位置都必须熟悉。检查无误后接通电源，进行调试。在调试时要注意先进行基本单元电路的调试，然后进行系统联调。

2．话音功放和前置放大电路的调试

（1）静态调试：调零和消除自激振荡。

（2）动态调试。

① 在两输入端加差模输入电压 U_{id}（输入正弦电压，幅值与频率自选），测量输出电压 U_{od1}，观测与记录输出电压与输入电压的波形（幅值，相位关系），算出差模放大倍数 A_{Vd1}。

② 在两输入端加共模输入电压 U_{ic}（输入正弦电压，幅值与频率自选），测量输出电压 U_{oc1}，算出共模放大倍数 A_{Vc1}。

③ 算出共模抑制比 K_{CMR}。

④ 用逐点法测量幅频特性，并作出幅频特性曲线，求出上、下限截止频率。

⑤ 测量差模输入电阻。

3．调试有源带通滤波电路

（1）静态调试：调零和消除自激振荡。

（2）动态调试（测试方法同上）。

① 测量幅频特性，作出幅频特性曲线，求出带通滤波电路的带宽 BW_2；

② 在通带范围内，输入端加差模输入电压（输入正弦信号、幅值与频率自选），测量输出电压，算出通带电压增益（通带电压放大倍数）A_{V2}。

4．调试功率放大电路

（1）如图 3-54 所示电路，令 $U_i=0$（将输入端短路），用示波器观察输出电压 U_o 有无振荡，如有振荡，适当加大 C_3 数值，直至振荡消除。

（2）经放大器输入 1kHz 的正弦信号电压，逐渐加大输入电压幅值。当用示波器观察到输出

电压 U_o 波形为临界削波时，用交流毫伏表测出输出电压 U_o 和输入电压 U_i，记下此时的直流电流 I 和电源电压 U_{CC}，算出 P_{om}、η 和电压增益 A_V，并填入自拟表中。

（3）保持 U_i 不变，同时断开自举电容 C_4，观察并记录此时的 U_o 波形。然后调节输入电压 U_i 使 U_o 波形刚好不失真，将相应的 U_o、U_i、U_{CC} 和 I 值记入自拟表中。

（4）用话筒代替信号源，用扬声器代替 R_L，向话筒说话，听扬声器的声音。

5．系统联调

经过以上对各级放大电路的局部调试之后，可以逐步扩大到整个系统的联调。联调时有以下几个步骤。

（1）令输入信号 $U_i=0$（前置级输入对地短路），测量输出端的直流输出电压。

（2）输入 $f=1kHz$ 的正弦信号，改变 U_i 幅值，用示波器观察输出电压 U_o 波形的变化情况，记录输出电压 U_o 最大不失真幅度所对应的输入电压 U_i 的变化范围。

（3）输入 U_i 为一定值的正弦信号（在 U_o 的不失真范围内），改变输入信号的频率，观察 U_o 的幅值变化情况，记录 U_o 下降到 $0.707U_o$ 之内的频率变化范围。

（4）计算总的电压增益 $A_V=U_o/U_i$。

6．试听

系统的联调与各项性能指标测试完毕后，可以模拟试听效果；去掉信号源，改接话筒或收音机（接收音机的耳机输出口即可），用扬声器（4Ω）代替 R_L，从扬声器即可传出说话声或收音机里播出的美妙音乐声，从试听效果来看，以音质清楚、无杂音、音量大以及电路运行稳定为最佳。

五、注意事项

1．在使用集成功放时，应注意以下问题。

（1）均应安装适当的散热器。

（2）必须在电源引脚旁加去耦电容，以防自激。调试时用示波器监视输出波形。

（3）电解电容极性不能接反，集成功放的管脚不能接错，特别是 TDA2003 的管脚要另焊导线引出并加套管，以免碰撞短路。

（4）经常注意观察稳压电源上电流表的指示，以防电流过大。若电流过大，应关闭电源，检查电路。

（5）为防止功放电路对前级的影响，功放级的电源线要单独连接，接线之间不要交叉，并尽可能短。

2．电路安装与调试时，应注意以下问题。

（1）合理布局，分级装调。音响放大器是一个小型的电路系统，安装前要对整机线路进行合理布局，一般按照电路的顺序一级一级地布线，功放级应远离输入级，每一级的地线尽量接在一起，连线要尽可能短，否则很容易产生自激。

安装前应检查元器件的质量，安装时特别要注意功放块、运算放大器、电解电容等主要器件的引脚和极性，不能接错。从输入级开始向后逐级安装，也可以从功放级开始向前逐级安装。安装一级调试一级，安装两级要进行级联调试，直到整机安装与调试完成。

（2）电路调试。电路的调试过程一般是先分级调试，再级联调试，最后进行整机调试与性能指标测试。分级调试又分为静态调试与动态调试。

静态调试时，将输入端对地短路，用万用表测该级输出端对地的直流电压。话音放大级、混合级、音调级都是由运算放大器组成的，其静态输出直流电压均为 $U_{CC}/2$，功放级的输出（OTL 电路）也为 $U_{CC}/2$，且输出电容 C_3 两端充电电压也应为 $U_{CC}/2$。动态调试是指输入端接入规定的信号，用示波器观测该级输出波形，并测量各项性能指标是否满足题目要求，如果与要求相差很大，应检查电路是否接错，元器件数值是否合乎要求。

单级电路调试时的技术指标较容易达到，但进行级联时，由于级间相互影响，可能使单级的技术指标发生很大变化，甚至两级不能进行级联。不能进行级联的主要原因：一是布线不太合理，形成级间交叉耦合，此时应考虑重新布线；二是级联后各级电流都要流经电源内阻，内阻压降对某一级可能形成正反馈，此时应接 RC 去耦滤波电路。R 的阻值一般取几十欧姆，C 一般用几百微法大电容与 0.1μF 小电容相关联。功放级输出信号放大，对前级容易产生影响，引起自激。集成块内部电路多极点引起的正反馈易产生高频自激，常见高频自激现象如图 3-57 所示。高频自激现象可以通过加强外部电路的负反馈予以抵消，如功放级①脚与⑤脚之间接入几百皮法的电容，形成电压并联负反馈，就可以消除叠加的高频毛刺。常见的低频自激现象是电源电流表有规则地左右摆动，或输出波形上下抖动。它产生的主要原因是输出信号通过电源及地线产生了正反馈。低频自激现象可以通过接入 RC 去耦滤波电路消除。为满足整机电路指标要求，可以适当修改单元电路的技术指标。

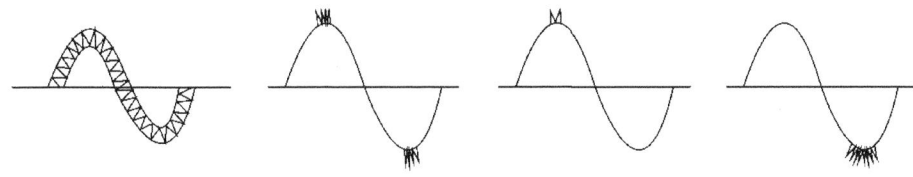

图 3-57　常见高频自激现象

3. 试听应注意以下问题。

（1）扬声器输出的方向与话筒输入的方向相反，否则扬声器的输出声音经话筒输入后，会产生自激啸叫。讲话时，扬声器传出的声音应清晰；改变音量电位器，应可控制声音大小。

（2）将录音机输出的音乐信号，接入混合前置放大器，改变音调控制级的高低音调控制电位器，扬声器的输出音调发生明显变化。

六、思考题

1. 在安装调试音响放大器时，与单元电路相比较，出现了哪些新问题？应如何解决？
2. 在图 3-55 所示电路中，电容 $C_1 \sim C_7$ 各有何作用？改变电阻 R_{12} 的值，对电路工作状态有何影响？

七、实训考核

实训考核内容如表 3-17 所示。

表 3-17　　　　　　　　　　　　实训考核表（音响放大电路的性能测试）

姓名			班级		考号		监考		总分	
额定工时	45min	起止时间	日　　时　　分至　　日　　时　　分					实用工时		
序号	考核内容		考核要点		分值	评分标准				得分
1	实训内容与步骤 1、2、3		1. 器件检查有无短缺 2. 万用表检查元器件方法是否正确 3. 电路连接是否正确		20	1. 器件检查有短缺，扣 2～5 分 2. 万用表检查元器件方法不正确，扣 2～5 分 3. 电路连接不正确，扣 5～10 分				
2	实训内容与步骤 4、5、6		1. 稳压器电源连接是否正确 2. 示波器及信号发生器连接是否正确 3. 测量的数据是否正确 4. 测听结果是否正确		25	1. 稳压器电源连接不正确，扣 2～5 分 2. 示波器及信号发生器连接不正确，扣 2～5 分 3. 测量的数据结果不正确，扣 2～5 分 4. 测听结果不正确，扣 2～5 分				
3	实训报告要求和思考题		1. 实训报告是否书写规范，字体是否工整 2. 实训思考题回答是否全面		15	1. 实训报告书写不规范，字迹不工整扣 2～5 分 2. 实训思考题回答不全面，扣 5～10 分				
4	安全文明操作		符合有关规定		15	1. 发生触电事故，取消考试资格 2. 损坏仪表，取消考试资格 3. 动作不文明，现场凌乱，扣 2～10 分				
5	学习态度		1. 有无迟到、早退现象 2. 是否认真完成各项任务，积极参与实训讨论 3. 是否尊重老师和其他同学，是否能够很好地交流合作		15	1. 有迟到、早退现象扣 5 分 2. 未认真完成各项任务，不积极参与实训、讨论，扣 5 分 3. 不尊重老师和其他同学，不能很好地交流合作，扣 5 分				
6	操作时间		是否在规定时间内完成		10	每超时 10min 扣 5 分 （不足 10min 以 10min 计）				

实训 11　TTL 与非门参数的测试

一、实训目的

1. 掌握 TTL 与非门主要参数的测试方法。
2. 掌握 TTL 与非门电压传输特性的测试方法。
3. 了解集成元器件引脚的排列特点。

半导体集成电路

常用集成电路外引线
的排列

二、实训内容

TTL 集成与非门是数字电路中广泛使用的一种基本逻辑门，使用时必须对它的逻辑功能、主要参数和特性曲线进行测试，以确定其性能好坏。（可用手机扫描"半导体集成电路"和"常用集成电路外引线的排列"二维码查阅相关内容。）

本实训采用的是 TTL 集成器件 74LS00 与非门，它是一个 2 输入四与非门的芯片，形状为双列直插式，其引脚排列如图 3-58 所示。

1．TTL 与非门主要参数

（1）输出高电平 U_{oH} 和输出低电平 U_{oL}

U_{oH} 是指与非门一个以上的输入端接低电平或接地时，输出电压的大小。此时门电路处于截止状态。如输出空载，U_{oH} 一般为 3.6V 左右。当输出端接有拉电流负载时，U_{oH} 将降低。

U_{oL} 是指与非门的所有输入端均接高电平时，输出电压的大小，此时门电路处于导通状态。如输出空载，U_{oL} 一般在 0.1V 左右。当输出端接有灌流负载时，U_{oL} 将上升。

图 3-58　74LS00 外引线排列

（2）低电平输入电流 I_{iL}

I_{iL} 是指当一个输入端接地，而其他输入端悬空时，输入端流向接地端的电流，又称为输入短路电流。I_{iL} 的大小关系到前一级门电路能带动负载的个数。

（3）高电平输入电流 I_{iH}

I_{iH} 是指当一个输入端接高电平，而其他输入端接地时，流过接高电平输入端的电流，又称为交叉漏电流。它主要作为前级门输出为高电平时的拉电流。当 I_{iH} 过大时，就会因为"拉出"电流太大，而使前级门输出高电平降低。

（4）输入开门电平 U_{ON} 和关门电平 U_{OFF}

U_{ON} 是指当与非门输出端接额定负载，使输出处于低电平状态时所允许的最小输入电压。换句话说，为了使与非门处于导通状态，输入电平必须高于 U_{ON}。

U_{OFF} 是指使与非门输出处于高电平状态所允许的最大输入电压。

（5）扇出系数 N_o

N_o 是说明输出端负载能力的一项参数，它表示驱动同类型门电路的数目。N_o 的大小主要受输出低电平时输出端允许灌入的最大电流的限制。如灌入负载电流超过该数值，输出低电平时显著抬高，造成下一级逻辑电路的错误动作。

2．TTL 与非门的电压传输特性

TTL 与非门电路的电压传输特性是指输入电压从零电平逐渐升到高电平时,输出电压的变化。利用电压传输特性曲线不仅可直接读出其主要静态参数，如 U_{oH}、U_{oL}、U_{ON}、U_{OFF}、U_{NH} 和 U_{NL}（见图 3-59），还可以检查和判断 TTL 与非门的好坏，如果 U_{ON} 和 U_{OFF} 两个数值越靠近，越接近

同一数值（阈值电平 U_T），就说明与非门电路的特性曲线越陡，抗干扰能力越强。

高电平噪声容限 U_{NH}：$U_{NH}=U_{SH}-U_{ON}=2.4V-U_{ON}$

低电平噪声容限 U_{NL}：$U_{NL}=U_{OFF}-U_{SL}=U_{OFF}-0.4V$

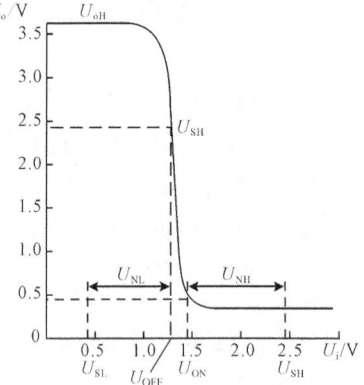

图 3-59　与非门电压传输特性

三、实训器件及仪表

- 集成 2 输入四与非门 74LS00　　　　　1 片
- 电阻 5.1kΩ、500Ω、100Ω　　　　　各 1 只
- 电位器 1kΩ　　　　　1 只
- 稳压电源　　　　　1 台
- 万用表　　　　　1 块
- 数字电路学习机　　　　　1 台

四、技能训练

1. 参照 TTL 与非门的真值表逐项验证 74LS00 的逻辑功能

将 74LS00 集成电路芯片插入学习机底座，任选一个与非门，将其两个输入端接数据开关，输出端接至逻辑显示器，将测试结果记录到自拟表格记录。

注意：TTL 集成电路芯片电源+V_{CC}=+5V，而且极性不能接错。

2. 分别列表记录所测得 TTL 与非门的主要参数

（1）分别测量 TTL 与非门 74LS00 在带负载和空载两种情况下的输出高电平 U_{oH} 和输出低电平 U_{oL}，测试电路如图 3-60 和图 3-61 所示。

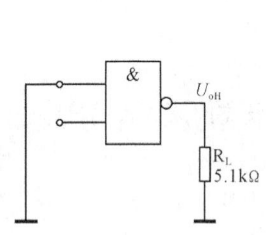

图 3-60　U_{oH} 的测试电路

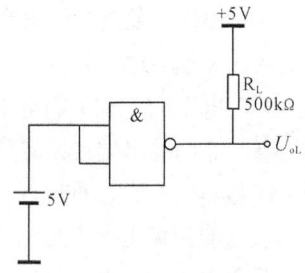

图 3-61　U_{oL} 的测试电路

（2）测量低电平输入电流 I_{iL} 和高电平输入电流 I_{iH}。测试电路如图 3-62 和图 3-63 所示。

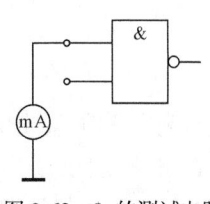

图 3-62　I_{iL} 的测试电路

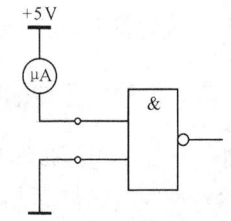

图 3-63　I_{iH} 的测试电路

（3）测量扇出系数 N_o。按图 3-64 接线，调节 R_P 的阻值，使输出电压 U_{oL}=0.4V，测出此时的 I_{oL}，然后由公式 $N_o=\dfrac{I_{oL}}{I_{iL}}$，求得 N_o。

3．电压传输特性测试

按图 3-65 接线，输入 f=500Hz，电压峰峰值为 4V 的正锯齿波。在示波器上用 X-Y 显示方式观察曲线，并用坐标纸描绘出特性曲线，在曲线上标出 U_{oH}、U_{oL}、U_{ON} 和 U_{OFF}，计算 U_{NH} 和 U_{NL}。

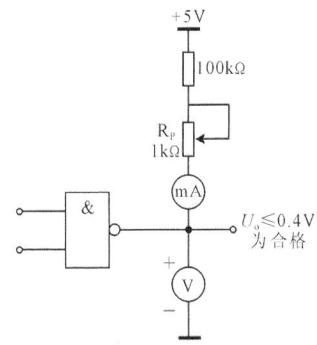

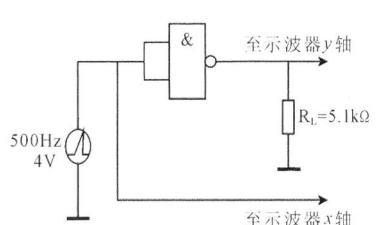

图 3-64　扇出系数 N_o 的测试电路　　　　图 3-65　与非门电压传输特性测试电路

五、注意事项

1．集成电路器件的插接和布线方法

数字电路实训通常在数字电路学习机或面包板（用手机扫描"面包板的使用"二维码查阅相关内容）上进行。插接集成器件时，把器件的缺口端朝左边，先对准插孔的位置，然后用力将其插牢，防止集成器件引脚弯曲或折断。

布线时应注意导线不宜太长，最好贴近底板在集成器件周围走线，切忌导线跨越集成器件上空或杂乱地在空中搭成网状。数字电路的布线应整齐美观，这样既提高了电路的可靠性，又便于检查排除故障及更换器件。导线连接顺序是：先接固定电平的连线，如电源正极（一般用红色导线）、地线（一

面包板的使用

般用黑色导线）、门电路的多余输入端及电平固定的某些输入端（如触发器的控制端 J、K），然后按照电路中的信号流向顺序对划分的子系统逐一布线、调试，最后将各子系统连接起来。

2．TTL 电路的使用规则

（1）电源电压 U_{CC} = +5（1±10%）V。超过这个范围将损坏器件或使元器件功能不正常。

TTL 电路存在电源尖峰电流，要求电源具有小的内阻和良好的地线，必须重视电路的滤波。要求除了在电源输入端接有 100μF 电容的低频滤波外，每隔 5～10 个集成电路应接入一个 0.01～0.1μF 的高频滤波电容。在中规模以上集成电路和高速电路中，还应适当增加高频滤波。

（2）不使用的输入端处理办法（以与非门电路为例）有以下几种。

① 若电源电压不超过 5.5V，可以直接接入 U_{CC}，也可以串入一只 1～10kΩ 的电阻，或者接 2.4～5V 的固定电压来获得高电平输入。

② 若前级驱动器能力允许，可以与使用的输入端并联使用，但应当注意，对于 74LS00 系列器件，应避免这样使用。

③ 悬空，相当于逻辑"1"，但是输入端容易受干扰，破坏电路功能。对于接长线的输入端，中规模以上的集成电路和使用集成电路较多的复杂电路，所有控制输入端必须按逻辑要求可靠地接入电路，不允许悬空。

④ 对于不使用的与非门，为了降低整个电路功耗，应把其中一个输入端接地。

⑤ 或非门、或门中不使用的输入端应接地。对于与或非门中不使用的与门，至少应有一个输入端接地。

（3）TTL 电路输入端通过电阻接地，电阻阻值的大小直接影响电路所处的状态。当 $R \leq 680\Omega$ 时，输入端相当于逻辑"0"；当 $R \geq 10k\Omega$ 时，输入端相当于逻辑"1"。对于不同系列的器件，要求的阻值不同。

（4）TTL 电路（除集电极开路输出电路和三态输出电路外）的输出端不允许并联使用，否则，不仅会使电路逻辑混乱，并且会导致器件损坏。

（5）输出端不允许直接与+5V 电源或地连接，否则会导致器件损坏。

六、思考题

TTL 电路多余的输入端应如何处理？为什么？

七、实训考核

实训考核内容如表 3-18 所示。

表 3-18　　　　　　　实训考核表（TTL 与非门参数测试）

姓名			班级		考号		监考		总分	
额定工时	45min	起止时间		日　时　分至　日　时　分				实用工时		
序号	考核内容		考核要点		分值	评分标准				得分
1	实训内容与步骤1		1. 电路连接是否正确 2. 测量的数据是否正确 3. 万用表是否设置正确		20	1. 电路连接有问题扣 5～10 分 2. 测量中的数据有问题扣 2～5 分 3. 万用表挡设置有问题扣 2～5 分，方法有问题扣 2～5 分				
2	实训内容与步骤2		1. 电路连接是否正确 2. 测量的数据是否正确 3. 万用表是否设置正确		20	1. 电路连接有问题扣 5～10 分 2. 测量的数据有问题扣 2～5 分 3. 万用表挡设置有问题扣 2～5 分，方法有问题扣 2～5 分				
3	实训报告要求和思考题		1. 实训报告是否书写规范，字体是否工整 2. 实训思考题回答是否全面		20	1. 实训报告书写不规范，字迹不工整扣 5～10 分 2. 实训思考题回答不全面，扣 2～5 分				

序号	考核内容	考核要点	分值	评分标准	得分
4	安全文明操作	是否符合有关规定	15	1. 发生触电事故，取消考试资格 2. 损坏仪表，取消考试资格 3. 动作不文明，现场凌乱，扣2~10分	
5	学习态度	1. 有无迟到、早退现象 2. 是否认真完成各项任务，积极参与实训讨论 3. 是否尊重老师和其他同学，是否能够很好地交流合作	15	1. 有迟到、早退现象扣5分 2. 未认真完成各项任务，不积极参与实训、讨论，扣5分 3. 不尊重老师和其他同学，不能很好地交流合作，扣5分	
6	操作时间	是否在规定时间内完成	10	每超时10min扣5分 （不足10min以10min计）	

实训 12　小规模组合逻辑电路的应用

一、实训目的

1. 掌握组合逻辑电路的设计方法及调试技巧。
2. 掌握标准与非门实现逻辑电路的变换方法及其技巧。

二、实训内容

组合逻辑电路是最常见的逻辑电路，其特点是在任一时刻的输出信号仅取决于该时刻的输入信号，而与信号作用前电路原来所处的状态无关。

1. 组合逻辑电路的设计

（1）组合逻辑电路设计步骤如图 3-66 所示，具体包含以下几步。

① 了解、分析设计要求。一般逻辑问题可用两种方法来描述：一是用逻辑函数式直接表示；二是将设计要求用文字说明。在后一种情况下，题中常常不是直接将一切情况完全讲清，而是仅说明一些重要条件。这就要求设计者去领会、理解一切可能的情况，从而推出那些未明确规定的条件是属于一般意义，还是无关紧要事项。

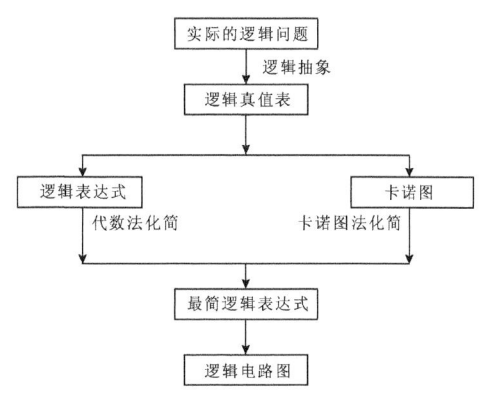

图 3-66　用 SSI 构成组合逻辑电路的设计过程

② 用真值表表示设计要求。对问题进行分析之后，可根据设计要求列出真值表。列真值表必须注意一切可能的情况。此外，设计问题有时需要几个输出量，而对应于一切可能的输入条件，

各输出变量必须有一个给定值，对此真值表应全面予以表达。

③ 根据真值表写出逻辑表达式。

④ 用卡诺图或代数法化简，求出最简的逻辑表达式。注意这里所说的"最简"是指电路所用的器件数量最少，器件的种类最少，而且器件之间的连线也最少。

⑤ 用标准器件（门电路、MSI 组合电路）或 PLD 可编程器件实现简化后的逻辑函数。

（2）将逻辑函数变量作为电路的输入，逻辑函数 L 作为输出，自输入到输出用相应的逻辑门之间的逻辑关系逐一表示出来，如此构成的电路能够反映逻辑函数所表达的关系。不过以上的③、④两步，有时也可并为一步，即直接由真值表画出卡诺图，并进行化简得到逻辑函数。为了使电路结构简单和使用器件较少，往往要求逻辑表达式尽可能简化。由于实际使用时要考虑到电路的工作速度和稳定可靠等因素，在较复杂的电路中，还要求逻辑清晰易懂，所以最简的设计不一定是最好的。但一般来说，在保证工作速度、稳定可靠与逻辑清晰的条件下，尽量使用最少的器件以降低成本是逻辑设计者的任务。

【例 3-1】 某一机械装置有 4 个传感器 A、B、C、D，如果传感器 A 的输出为 1，且 B、C、D 3 个中至少有 2 个的输出也为 1，整个装置即处于正常工作状态，否则装置工作异常，报警设备应发声，即输出为 1。请设计推动报警设备的逻辑电路。

解：①由题意可知，报警逻辑电路的输入变量有 4 个，即 A、B、C、D。若令其输出变量为 L，装置工作异常时 L=1，列出表 3-19 所示的真值表。

表 3-19　　　　　　　　　　　　　　　　真值表

输入	A	0	0	0	0	0	0	0	0	1	1	1	1	1	1	1	1
	B	0	0	0	0	1	1	1	1	0	0	0	0	1	1	1	1
	C	0	0	1	1	0	0	1	1	0	1	1	1	0	0	1	1
	D	0	1	0	1	0	1	0	1	0	1	0	1	0	1	0	1
输出	L	1	1	1	1	1	1	1	1	1	1	1	0	1	0	0	0

② 根据真值表 3-19 直接画出卡诺图，如图 3-67 所示。

③ 在卡诺图上合并相邻最小项，化简的结果为

$$L=\overline{A}+\overline{BC}+\overline{CD}+\overline{BD}$$

④ 根据以上的逻辑函数式，画出实现题目要求的逻辑电路图，如图 3-68 所示。

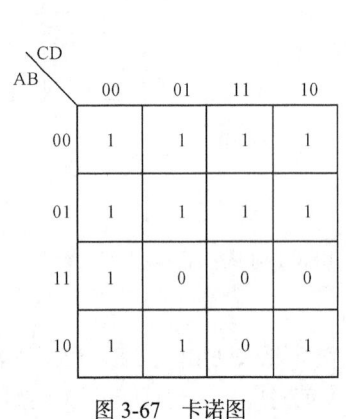

图 3-67　卡诺图

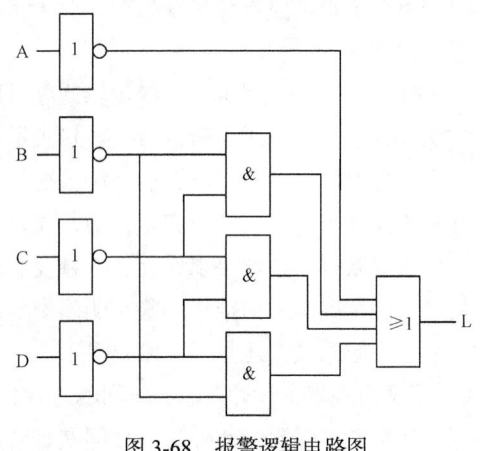

图 3-68　报警逻辑电路图

2．组合逻辑电路中的竞争冒险

在组合逻辑电路中从信号输入到稳定输出需要一定的时间。由于从输入到输出的过程中，不同通路上门的级数不同，或门电路平均延迟时间有差异，因此信号从输入经不同通路传输到输出级的时间不同。这可能会使逻辑电路产生错误输出，出现不应有的尖峰干扰脉冲，通常把这种现象称为竞争冒险。这是组合逻辑电路工作状态转换过程中，经常会出现的一种现象。如果负载电路对尖峰脉冲不敏感（例如，负载为光电器件），就不必考虑尖峰脉冲的消除问题。如果负载电路是对尖峰脉冲敏感的电路，则必须采取措施防止和消除由于竞争冒险而产生的尖峰脉冲。

消除竞争冒险现象的方法有以下几种。

① 接入滤波电容。由于竞争冒险而产生的尖峰脉冲一般都窄（大多在几十纳秒以内），所以只要在输出端并接一个很小的滤波电容 C（C 的数值通常在几十至几百皮法的范围内），就足以把尖峰脉冲的幅度削弱至门电路的阈值电压以下。这种方法的优点是简单易行，而缺点是增加了输出电压波形的上升时间和下降时间，使波形变坏。

② 引入选通脉冲。在电路中引入选通脉冲 P，因为 P 的高电平（有效高电平）出现在电路到达稳定状态以后，所以输出端不会出现尖峰脉冲。引入选通脉冲的方法也比较简单，而且不需要增加电路元件。但使用这种方法必须设法得到一个与输入信号同步的选通脉冲，对这个脉冲的宽度和作用的时间均有严格要求。

③ 修改逻辑设计。修改逻辑设计的方法，是用增加冗余项的方法来消除竞争冒险，适用范围是很有限的，但是如果能运用得当，有时可以收到令人满意的效果。

三、实训器件及仪表

- 集成 2 输入四与非门 74LS00　　　　　　　　3 片
- 万用表　　　　　　　　　　　　　　　　　1 块
- 数字电路学习机　　　　　　　　　　　　　1 台

四、技能训练

1．测试 74LS00 集成逻辑门电路功能。

2．设计一个能比较一位二进制数 A 与 B 大小的比较电路，用 L_1、L_2、L_3 分别表示 3 种状态，即 $L_1(A > B)$，$L_2(A=B)$，$L_3(A < B)$。要求写出设计的全过程，画出逻辑电路图，将实训结果填入表 3-20 中。

A、B 分别接数据开关，L_1、L_2、L_3 接至逻辑电平显示器。

表 3-20　　　　　　　　　　　　　　　　　电路设计结果

A	B	$L_1(A > B)$	$L_2(A=B)$	$L_3(A < B)$
0	0			
0	1			
1	0			
1	1			

3. 保密锁上有 3 个按钮 A、B、C。要求当 3 个按钮同时按下，或 A、B 两个同时按下，或 A、B 中任何一个单独按下时，锁就能被打开，而当有键按下却不符合上列组合状态时，将使电路发出报警响声。试设计保密锁逻辑电路，要求写出设计的全过程，画出电路图，并在学习机上实现（用 74LS00 芯片）。

五、注意事项

1. 集成逻辑门电路的测试方法如下：静态测试时，在各输入端分别接入不同的电平值，即逻辑 "1" 接高电平，逻辑 "0" 接低电平（数据开关），输出端接逻辑电平显示，并分析逻辑电平是否符合逻辑关系。动态测试时在各输入端接入规定脉冲信号，用示波器观察各输出端信号，并画出各输出信号的时序波形图，分析它们之间是否符合电路逻辑关系。

2. TTL 与非门多余的输入端可接高电平，以防引入干扰。

六、思考题

1. 什么是组合逻辑电路中的竞争冒险？列出 3 种消除组合逻辑电路竞争冒险的方法。

2. 通过具体的电路设计并验证后，你认为组合逻辑电路设计和实训中，关键点或关键步骤是什么？

七、实训考核

实训考核内容如表 3-21 所示。

表 3-21　　　　　　　　实训考核表（小规模组合逻辑电路的应用）

姓名		班级		考号		监考		总分	
额定工时	45min	起止时间	日　　时　　分至　日　　时　　分				实用工时		
序号	考核内容		考核要点		分值		评分标准		得分
1	实训内容与步骤 1		1. 电路连接是否正确 2. 表 3-20 中的数据是否正确 3. 万用表是否设置正确		20		1. 电路连接有问题扣 5～10 分 2. 表 3-20 中的数据有问题扣 2～5 分 3. 万用表挡设置有问题扣 2～5 分，使用方法有问题扣 2～5 分		
2	实训内容与步骤 2		1. 电路连接是否正确 2. 测量的数据是否正确 3. 万用表是否设置正确		20		1. 电路连接有问题扣 5～10 分 2. 测量的数据有问题扣 2～5 分 3. 万用表挡设置有问题扣 2～5 分，使用方法有问题扣 2～5 分		
3	实训报告要求和思考题		1. 实训报告是否书写规范，字体是否工整 2. 实训思考题回答是否全面		20		1. 实训报告书写不规范，字迹不工整扣 5～10 分 2. 实训思考题回答不全面，扣 2～5 分		

续表

序号	考核内容	考核要点	分值	评分标准	得分
4	安全文明操作	是否符合有关规定	15	1. 发生触电事故，取消考试资格 2. 损坏仪表，取消考试资格 3. 动作不文明，现场凌乱，扣 2~10 分	
5	学习态度	1. 有无迟到、早退现象 2. 是否认真完成各项任务，积极参与实训讨论 3. 是否尊重老师和其他同学，是否能够很好地交流合作	15	1. 有迟到、早退现象扣 5 分 2. 未认真完成各项任务，不积极参与实训、讨论，扣 5 分 3. 不尊重老师和其他同学，不能很好地交流合作，扣 5 分	
6	操作时间	是否在规定时间内完成	10	每超时 10min 扣 5 分 （不足 10min 以 10min 计）	

实训 13　中规模组合逻辑电路的应用

一、实训目的

1. 了解译码器和数据选择器等中规模数字集成电路的性能及使用方法。
2. 能够灵活运用译码器和数据选择器实现各种电路。

二、实训内容

1. 3 线-8 线译码器的应用

译码器是数字电路中用得较多的一种多输入多输出的组合逻辑电路。译码器可分为两种类型：一种是将一系列代码转换成与之一一对应的有效信号，这种译码器可称为唯一地址译码器，它常用于计算机中对存储器芯片或接口芯片选片的译码，即将每一个地址代码转换成一个有效信号，从而选中对应的芯片；另一种是将一种代码转换成另一种代码，所以也称为代码变换器。

当前厂家生产的二进制唯一地址译码器大多数具有多路分配的功能：如 2 线-4 线译码器 74LS139，3 线-8 线译码器 74LS138，4 线-10 线译码器 74LS42，由于译码器种类很多，所以在设计的逻辑电路里应选用适当器件去实现。下面以 74LS138 译码器为例加以说明。

74LS138 译码器的逻辑功能表如表 3-22 所示。

表 3-22　　　　　　　74LS138 集成译码器功能表

输入						输出							
G_1	$\overline{G_{2A}}$	$\overline{G_{2B}}$	C	B	A	Y_0	Y_1	Y_2	Y_3	Y_4	Y_5	Y_6	Y_7
X	H	X				H	H	H	H	H	H	H	H
X	X	H				H	H	H	H	H	H	H	H
L	X	X				H	H	H	H	H	H	H	H

续表

输　入						输　出							
G_1	$\overline{G_{2A}}$	$\overline{G_{2B}}$	C	B	A	Y_0	Y_1	Y_2	Y_3	Y_4	Y_5	Y_6	Y_7
H	L	L	L	L	L	L	H	H	H	H	H	H	H
H	L	L	L	L	H	H	L	H	H	H	H	H	H
H	L	L	L	H	L	H	H	L	H	H	H	H	H
H	L	L	L	H	H	H	H	H	L	H	H	H	H
H	L	L	H	L	L	H	H	H	H	L	H	H	H
H	L	L	H	L	H	H	H	H	H	H	L	H	H
H	L	L	H	H	L	H	H	H	H	H	H	L	H
H	L	L	H	H	H	H	H	H	H	H	H	H	L

由表 3-22 可以看出，该译码器有 3 个使能端：G_1、$\overline{G_{2A}}$ 和 $\overline{G_{2B}}$，只有当 G_1 为 H，且 $\overline{G_{2A}}$ 和 $\overline{G_{2B}}$ 均为 L 时，译码器才处于工作状态，允许译码；否则就禁止译码。设置多个使能端，使得该译码器能被灵活地组成各种电路。

在允许译码条件下，由功能表可写出

$$\begin{cases} \overline{Y_0} = \overline{A}\,\overline{B}\,\overline{C} \\ \overline{Y_1} = \overline{A}\,\overline{B}C \\ \overline{Y_7} = ABC \end{cases}$$

例如：若要用 74LS138 译码器实现逻辑函数

$$L = \overline{A_2}\overline{A_1}\overline{A_0} + \overline{A_2}A_1\overline{A_0} + A_2\overline{A_1}A_0 + A_2A_1\overline{A_0} + A_2A_1A_0$$

则首先将 3 个使能端按允许译码的条件进行处理，即 G_1 接+5V，$\overline{G_{2A}}$ 和 $\overline{G_{2B}}$ 接地，A_2、A_1、A_0 分别接到 A、B、C，于是得到各输出端的逻辑表达式为 $Y_0 = \overline{\overline{A_2}\overline{A_1}\overline{A_0}}$，$Y_1 = \overline{\overline{A_2}\overline{A_1}A_0}$，$Y_2 = \overline{\overline{A_2}A_1\overline{A_0}}$，$Y_3 = \overline{\overline{A_2}A_1A_0}$，$Y_4 = \overline{A_2\overline{A_1}\overline{A_0}}$，$Y_5 = \overline{A_2\overline{A_1}A_0}$，$Y_6 = \overline{A_2A_1\overline{A_0}}$，$Y_7 = \overline{A_2A_1A_0}$。

将 $L = \overline{A_2}\overline{A_1}\overline{A_0} + \overline{A_2}A_1\overline{A_0} + A_2\overline{A_1}A_0 + A_2A_1\overline{A_0} + A_2A_1A_0$ 利用摩根定律进行变换，可得到

$$L = \overline{\overline{\overline{A_2}\overline{A_1}\overline{A_0}}\ \overline{\overline{A_2}A_1\overline{A_0}}\ \overline{A_2\overline{A_1}A_0}\ \overline{A_2A_1\overline{A_0}}\ \overline{A_2A_1A_0}} = \overline{\overline{Y_0}\,\overline{Y_2}\,\overline{Y_5}\,\overline{Y_6}\,\overline{Y_7}}。$$

由此可画出其逻辑图如图 3-69 所示。

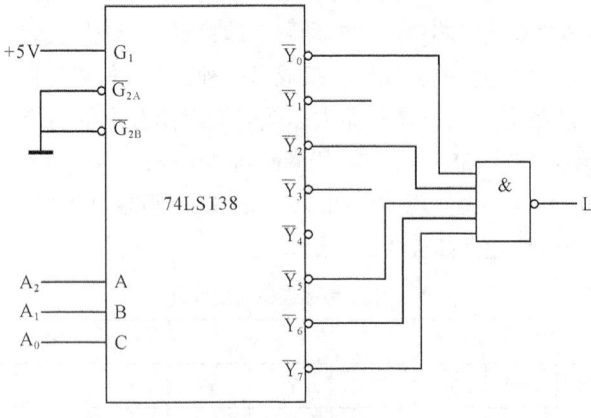

图 3-69　用 74LS138 构成的逻辑函数产生器

此外，这种带使能输入端的译码器也可直接作为数据分配器和脉冲分配器使用。地址码加在

译码器的代码输入端，译码器的各个输出端即为分配通道。利用选定的地址码，就可决定数据或脉冲所要传送的相应通道。所要传送的数据或脉冲信号加在译码器的使能输入端上，以决定使能端的状态，进而控制译码器工作。假设地址码 $X_2X_1X_0=110$，所要传送的数据 D 加在 G_1 端上，$\overline{G_{2A}}$ 和 $\overline{G_{2B}}$ 接地，则数据将由 $\overline{Y_6}$ 输出。若 D=0，则译码器未被使能，不进入译码工作状态，$\overline{Y_6}=1$；若 D=1，则译码器被使能，$\overline{Y_6}=0$。可见，由地址码选中的输出端传送的是输入数据的反码。

2. 数据选择器的应用

数据选择器又叫多路选择器或多路开关，它是多输入、单输出的组合逻辑电路。当在选择器的控制端上加上地址码时，就能从多个输入数据中选择一个数据，传送到一个单独的输出通道上。这种功能类似一个单刀多掷转换开关。它除了进行数据选择外，还可以用来产生复杂的函数，实现数据传输与并-串转换等多种功能。

数据选择器具有多种形式，有传送一组一位数码的一位数据选择器，也有传送一组多位数码的多位数据选择器。它基本上由以下 3 部分组成：数据选择控制（或称地址输入）、数据输入电路和数据输出电路。数据选择器根据不同的需要有多种形式输出，有的以原码形式输出（如74LS153），有的以反码形式输出（如 74LS352），有的数据选择器输出级是寄存器，要有同步时钟脉冲才能输出（如 74LS399）。

目前，数据选择器规格有十六选一、八选一、双四选一和四二选一等，如表 3-23 所示。

表 3-23　　　　　　　　　　　　　　　数据选择器主要品种

名　　称	型　　号	特　　点
八选一	74152	无选通信号，反码输出
	74152、74S151、74LS151	一个使能端，原码、反码互补输出
	74251、74S251、74LS251	一个使能端，原码、反码、三态互补输出
十六选一	74150、74LS150	一个使能端，原码、反码互补输出
双四选一	74153、74S153、74LS153	两个独立使能端，原码输出，两组公用地址
	74LS253	两个独立使能端，原码、三态输出，公用地址
	74LS352	两个独立使能端，反码输出，公用地址
	74LS353	两个独立使能端，反码、三态输出，公用地址
四二选一	74S157、74LS157	一个使能端，原码输出，地址互控
	74157	一个使能端，原码输出，地址独立
	74298、74LS298、74LS399	一个使能端，寄存器输出原码

表 3-23 中的数据选择器尽管逻辑功能不同，但是组成的原理大同小异。下面简单介绍 TTL 中规模数据选择器 74LS151 的使用特点。74LS151 的功能如表 3-24 所示。

表 3-24　　　　　　　　　　　　　　　74LS151 的功能表

输　　入				输　　出	
使能 $\overline{EN}$	选　　择			Y	$\overline{Y}$
	A	B	C		
H	×	×	×	L	H
L	L	L	L	D_0	$\overline{D_0}$

续表

输　　入				输　　出	
使能 $\overline{EN}$	选　择			Y	$\overline{Y}$
	A	B	C		
L	L	L	H	D_1	$\overline{D_1}$
L	L	H	L	D_2	$\overline{D_2}$
L	L	H	H	D_3	$\overline{D_3}$
L	H	L	L	D_4	$\overline{D_4}$
L	H	L	H	D_5	$\overline{D_5}$
L	H	H	L	D_6	$\overline{D_6}$
L	H	H	H	D_7	$\overline{D_7}$

　　74LS151 是一种典型的集成电路数据选择器，它有 3 个地址输入端 A、B 和 C，可选择 $D_0 \sim D_7$ 8 个数据源，具有两个互补输出端，即同相输出端 Y 和反相输出端 $\overline{Y}$。该逻辑电路的基本结构为"与—或—非"形式。输入使能 $\overline{EN}$ 为低电平有效。

　　输出 Y 的表达式为

$$Y = \sum_{i=0}^{7} m_i D_i$$

　　式中，m_i 为 CBA 的最小项。例如，当 CBA=010 时，根据最小项性质，只有 m_2 为 1，其余各项为 0，故得 $Y=D_2$，即只有 D_2 传送到输出端。

　　当现有的数据选择器不能满足使用者的要求时，可以将数据选择器互相连接，利用其使能端，以扩大数据组数与位数，增加数据选择器的规模。如图 3-70 所示，就是用两片 74LS151 连接成一个十六选一的数据选择器。十六选一的数据选择器的地址选择输入有 4 位，我们可以把数据选择器的使能端作为地址选择输入，将最高位 D 与一片 74LS151 的使能端连接，经过一反相器反相后与另一片 74LS151 的使能端连接。低三位地址选择输入端 CBA 与两片 74LS151 的地址选择端相对应连接。

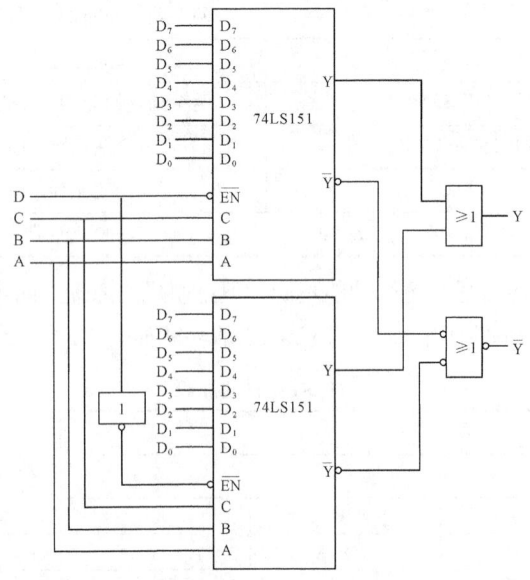

图 3-70　用两片八选一数据选择器连接成十六选一数据选择器的逻辑图

上面讨论的是一位数据选择器，如需要选择多位数据时，可由几个一位数据选择器并联组成，即把它们的使能端连在一起，同时也把相应的选择输入连在一起。当需要进一步扩充位数时，只需相应地增加器件即可。

数据选择器的用途十分广泛，下面介绍用 74LS151 构成的函数产生器的方法。

从表 3-24 可知，当使能端 $\overline{EN}$ =0，Y 是 C、B、A 和输入数据 $D_0 \sim D_7$ 的与或函数，它的表达式可以写成

$$Y = \sum_{i=0}^{7} m_i D_i$$

式中，m_i 是 CBA 构成的最小项。显然，当 D_i=1 时，其对应的最小项 m_i 在与或表达式中出现；当 D_i=0 时，对应的最小项就不出现。利用这一点，不难实现组织逻辑函数。已知逻辑函数利用数据选择器构成产生器的过程是，将函数变换成最小项表达式，根据最小项表达式确定数据输入端的二元常量，将数据选择器的地址信号 C、B、A 作为函数的输入变量，数据输入 $D_0 \sim D_7$ 作为控制信号，以控制各最小项在输出逻辑函数中是否出现，并且使使能端 $\overline{EN}$ 始终保持低电平，这样八选一数据选择器就成为一个三变量的函数产生器。

例如，用八选一数据选择器 74LS151 产生逻辑函数 L= $\overline{X}YZ + X\overline{Y}X + XYX + XY\overline{Z}$。

第一步，把 L= $\overline{X}YZ + X\overline{Y}Z + XY$ 变换成最小项表达式

L= $\overline{X}YZ + X\overline{Y}Z + XYZ + XY\overline{Z}$

第二步，将上式写成如下形式：

L= $m_3 D_3 + m_5 D_5 + m_6 D_6 + m_7 D_7$

显然 D_3、D_5、D_6、D_7 都应该等于 1，而式中没有出现的最小项 m_0、m_1、m_2、m_3 的控制信号 D_0、D_1、D_2、D_4 都应该等于 0。

由此可画出该逻辑函数产生器的逻辑图如图 3-71 所示。

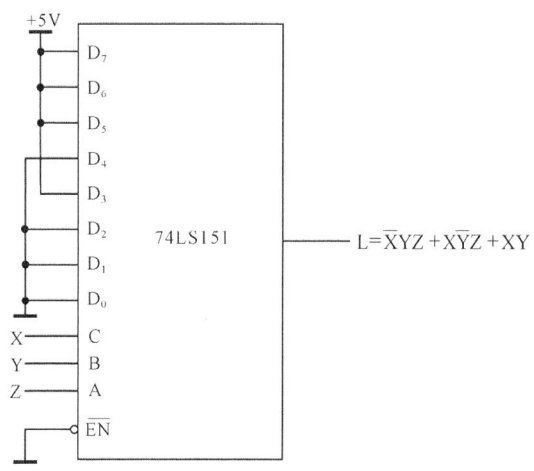

图 3-71　逻辑函数 L= $\overline{X}YZ + X\overline{Y}Z + XY$ 产生电路

三、实训器件及仪表

- 集成电路译码器 　　　　　74LS138　　　　2 片
- 集成电路数据选择器 　　　74LS151　　　　2 片
- 集成 2 输入四与非门 　　　74LS00　　　　 2 片
- 集成 4 输入二与非门 　　　74LS20　　　　 1 片
- 数字电路学习机 　　　　　　　　　　　　 1 台

四、技能训练

1. 74LS138 与 74LS151 的逻辑功能测试。

将译码器 74LS138 使能端 G_1、$\overline{G_{2A}}$、$\overline{G_{2B}}$，地址端 C、B、A 分别接数据开关，输出端 $\overline{Y_7}$，

$\overline{Y_6}$，…，$\overline{Y_0}$ 依次接逻辑显示，按表 3-22 测试 74LS138 的逻辑功能。74LS151 逻辑功能的测试方法与 74LS138 的测试方法一样。

2. 用 74LS151 产生 10110011 序列信号。将序列信号从高位到低位分别接入数据选择器的信号输入端 $D_0 \sim D_7$，3 个地址输入端接至数据开关，顺序输入地址信号 000 ~ 111，即可从输出端产生一序列信号。

3. 分别用 74LS138 和 74LS151 实现实训 12 技能训练中的保密锁功能，写出设计过程，并画出逻辑电路图。

4. 用两片 74LS138 扩展 4 线-16 线译码器。

将输入端分别接至数据开关，输出端接至逻辑显示器。

五、注意事项

1. 74LS138 和 74LS151 使能端的使用。
2. TTL 与非门多余的输入端为防止引入干扰，可接高电平。
3. 接线时应细心，检查无误后再开电源。

六、思考题

1. 74LS138 输入使能端有哪些功能？
2. 数据选择器有何应用？试举例说明。

七、实训考核

实训考核内容如表 3-25 所示。

表 3-25　　　　　　　　　　实训考核表（中规模组合逻辑电路的应用）

姓名		班级		考号			监考		总分	
额定工时	45min	起止时间		日　　时　　分至　日　　时　　分				实用工时		
序号	考核内容	考核要点			分值	评分标准				得分
1	实训内容与步骤 1	1. 电路连接是否正确 2. 测量的数据是否正确 3. 万用表是否设置正确			20	1. 电路连接有问题扣 5 ~ 10 分 2. 测量的数据有问题扣 2 ~ 5 分 3. 万用表挡设置有问题扣 2 ~ 5 分，使用方法有问题扣 2 ~ 5 分				
2	实训内容与步骤 2	1. 电路连接是否正确 2. 测量的数据是否正确 3. 万用表是否设置正确			20	1. 电路连接有问题扣 5 ~ 10 分 2. 测量的数据有问题扣 2 ~ 5 分 3. 万用表挡设置有问题扣 2 ~ 5 分，使用方法有问题扣 2 ~ 5 分				
3	实训报告要求和思考题	1. 实训报告是否书写规范，字体是否工整 2. 实训思考题回答是否全面			20	1. 实训报告书写不规范，字迹不工整扣 5 ~ 10 分 2. 实训思考题回答不全面，扣 2 ~ 5 分				

续表

序号	考核内容	考核要点	分值	评分标准	得分
4	安全文明操作	是否符合有关规定	15	1. 发生触电事故，取消考试资格 2. 损坏仪表，取消考试资格 3. 动作不文明，现场凌乱，扣 2~10 分	
5	学习态度	1. 有无迟到、早退现象 2. 是否认真完成各项任务，积极参与实训讨论 3. 是否尊重老师和其他同学，是否能够很好地交流合作	15	1. 有迟到、早退现象扣 5 分 2. 未认真完成各项任务，不积极参与实训、讨论，扣 5 分 3. 不尊重老师和其他同学，不能很好地交流合作，扣 5 分	
6	操作时间	是否在规定时间内完成	10	每超时 10min 扣 5 分 （不足 10min 以 10min 计）	

实训 14　集成触发器及其应用

一、实训目的

1. 熟悉并验证触发器的逻辑功能及相互转换的方法。
2. 掌握集成 JK 触发器逻辑功能的测试方法。
3. 学习用 JK 触发器构成简单时序逻辑电路的方法。
4. 进一步熟悉用双踪示波器测量多个波形的方法。

二、实训内容

1. 集成触发器的基本类型及其逻辑功能

一个逻辑电路在任一时刻的稳定输出不仅与该时刻的输入信号有关，而且和过去时刻的电路输入信号也有关，这样的逻辑电路称为时序逻辑电路。触发器是构成时序电路的主要元件，电路中有无触发器也是组合逻辑电路与时序逻辑电路的区分标志。触发器具有两个稳定状态，即"0"状态和"1"状态，并且只有在触发信号作用下，才能从原来的稳定状态转变为新的稳定状态。

触发器的种类很多，按其功能可分为 RS 触发器、JK 触发器、D 触发器、T 触发器和 T'触发器等；按电路的触发方式又可分为高电平触发、低电平触发、上升沿触发和下降沿触发以及主从触发器的脉冲触发等。

表 3-26 列出了时钟控制触发器的特性方程和功能表。

表 3-26 触发器特性方程和功能表

类　型	特性方程	功　能　表		

RS 触发器

$$\begin{cases} Q^{n+1} = S + \overline{R}Q^n \\ SR = 0(约束条件) \end{cases}$$

S	R	Q_{n+1}
0	0	Q_n
0	1	0
1	0	1
1	1	不定

JK 触发器

$$Q_{n+1} = J\overline{Q_n} + \overline{K}Q_n$$

J	K	Q_{n+1}
0	0	Q_n
0	1	0
1	0	1
1	1	$\overline{Q_n}$

D 触发器

$$Q_{n+1} = D$$

D	Q_{n+1}
0	0
1	1

T 触发器

$$Q_{n+1} = T \oplus Q_n$$

T	Q_{n+1}
0	Q_n
1	$\overline{Q_n}$

2. 触发器的触发方式与选用原则

（1）触发方式。常见的触发器有 D 触发器和 JK 触发器。根据电路结构，触发器受时钟脉冲触发的方式有维持阻塞型和主从型，其中维持阻塞型又称边沿触发方式，对时钟脉冲的边沿要求较高。因触发器状态的转换发生在时钟脉冲的上升沿或下降沿，故触发器的输出状态仅与转换时的存入数据有关。而主从型触发方式对时钟脉冲的边沿要求不及边沿触发型苛刻。触发器状态的转换分为两个阶段，即在 CP=1 的期间完成数据存入，在 CP 变为 0 时，完成状态的转换。D 触发器大多采用维持阻塞型触发方式且在上升沿触发。JK 触发器有维持阻塞型（但以下降沿触发的较多）和主从型触发方式。

（2）选用原则。具体的选用原则有以下几条。

① 通常根据数字系统的时序配合关系选用触发器，一般在同一系统中选择具有相同触发方式的同类型触发器较好。

② 在工作速度要求较高的情况下，采用边沿触发方式的触发器较好，但应注意速度越高，就越容易受到外界干扰。上升沿触发还是下降沿触发，原则上没有优劣之分。如果是 TTL 电路的触发器，因为输出为 "0" 时的驱动能力远强于输出为 "1" 时的驱动能力，尤其是当集电极开路输出时上升边沿能力更差，所以选用下降沿触发更好些。

③ 触发器在使用前必须经过全面测试才能保证其可靠性。使用时必须注意置 "1" 和复 "0" 脉冲的最小宽度及恢复时间。

④ 触发器翻转时的动态功耗远大于静态功耗，因此系统设计者必须尽量避免同一封装内的触

发器同时翻转。

⑤ CMOS 与 TTL 集成触发器的触发方式基本相同。使用时不宜将这两种器件混合使用，因 CMOS 触发器内部电路结构及对触发时钟脉冲的要求与 TTL 有较大差别。

3．触发器的转换

应用触发器的转换，我们可以用一种类型的触发器代替另一种类型的触发器。转换方法如表 3-27、图 3-72、图 3-73 所示，表 3-27 也给出了 D 触发器与 JK 触发器同其他触发器的转换。

表 3-27

原触发器	转　换　成				
	T 触发器	T′触发器	D 触发器	JK 触发器	RS 触发器
D 触发器	$D=T \oplus Q_n$ $T\overline{Q}_n + \overline{T}Q_n$	$D = \overline{Q}_n$		$D = J\overline{Q}_n + \overline{K}Q_n$	$D = S + \overline{R}Q_n$
JK 触发器	J=K=T	J=K=1	$J=K, K=\overline{D}$		J=S，K=R
RS 触发器	$R=TQ_n$ $S=T\overline{Q}_n$	$R=Q_n$ $S=\overline{Q}_n$	$R=\overline{D}$ $S=D$	$R=KQ_n$ $S=J\overline{Q}_n$	

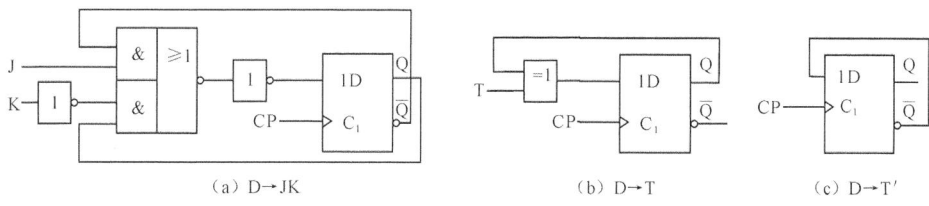

（a）D→JK　　　　　　　　　　　（b）D→T　　　　　　　（c）D→T′

图 3-72　D 触发器转换为其他触发器

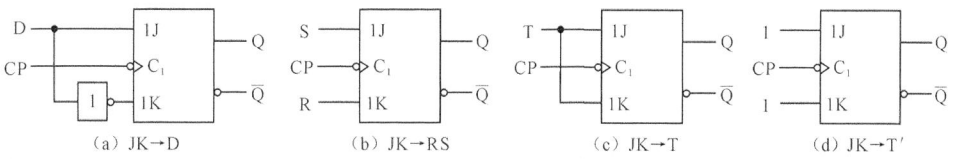

（a）JK→D　　　　　（b）JK→RS　　　　　（c）JK→T　　　　　（d）JK→T′

图 3-73　JK 触发器转换为其他触发器

本实训选用 CMOS 双 JK 触发器 CC4027，其功能如表 3-28 所示。

表 3-28　　　　　　　　　　　　　　　CC4027 功能表

现在状态					CP	下一个状态	
输　　入				输　出		输　出	
J	K	S_D	R_D	Q_n		Q_{n+1}	$\overline{Q_{n+1}}$
1	×	0	0	0	↑	1	0
×	0	0	0	1	↑	1	0
0	×	0	0	0	↑	0	1
×	1	0	0	1	↑	0	1

续表

现在状态					CP	下一个状态	
输　入				输　出		输　出	
J	K	S_D	R_D	Q_n		Q_{n+1}	$\overline{Q_{n+1}}$
×	×	0	0	Q_n	↓	Q_n	$\overline{Q_n}$
×	×	1	0	Q_n		1	0
×	×	0	1	Q_n		0	1
×	×	1	1	Q_n		1	1

从表 3-28 中可知，CC4027 是具有直接清零端，在 CP 上升沿翻转的边沿型 JK 触发器。其最大工作频率为 16MHz。

三、实训器件及仪表

- 双 JK 触发器 CC4027　　　　　　　1 片
- 集成 3 输入三与非门 CC4023　　　 1 片
- 数字电路学习机　　　　　　　　　 1 台
- 双踪示波器　　　　　　　　　　　 1 台
- 万用表　　　　　　　　　　　　　 1 块

常用集成电路外引线的排列

四、技能训练

1. 按 CC4027 外引线排列图（可用手机扫描"常用集成电路外引线的排列"二维码查阅相关内容）测试 JK 触发器的逻辑功能，只测试一个 JK 触发器。R、R_D、S_D 接数据开关，CP 接单脉输出，Q、$\overline{Q}$ 接至逻辑显示，如表 3-28 所示。

2. 先参照表 3-27 或图 3-73 将 JK 触发器转换成 T 触发器和 D 触发器，再验证其功能。

3. 将两个 JK 触发器连接起来，即第二个 JK 触发器的 J、K 端连接在一起，接到第一个 JK 触发器的输出端 1Q。第一个 TK 触发器的 J、K 端接高电平，两个 JK 触发器的 CP 端连在一起输入 1kHz 方波。画出实训电路图测绘 CP、1Q 和 2Q 的电压波形，标出它们的幅值和周期，理解二分频和四分频的概念。

五、注意事项

1. CMOS 电路的使用规则

（1）U_{DD} 接电源正极，U_{SS} 接电源负极（通常接地），需要注意的是电源绝对不允许反接。CC4000 系列的电源电压可以在 3～18V 范围内选择。实验一般要求为 5V 电源。工作在不同电压下，其输出阻抗、工作速度和功耗等参数也会不同，在设计使用中应引起注意。

（2）器件的输入信号 U_i 电压范围为 $U_{SS} \leq U_i \leq U_{DD}$。

（3）所有输入端一律不准悬空。因为输入端悬空不仅会造成逻辑混乱，而且会导致器件损坏。CMOS 电路具有很高的输入阻抗，致使器件易受外界干扰。因此，通常在器件内部输入端接有二极管保护电路。但是，保护电路吸收的瞬变能量有限。过大的瞬变信号和过高的静电电压将使保护电路失去作用，因此，在使用与存放 CMOS 电路时应特别注意。

（4）未被使用的输入端应按照逻辑要求直接接 U_{DD} 或 U_{SS}，在工作速度不高的电路中，允许输入端并联使用。

（5）输出端不允许直接与 U_{DD} 或 U_{SS} 连接，否则会导致器件损坏。除三态输出器件外，不允许两个器件输出端连接使用。

（6）在安装电路、改变电路连线或插拔电路器件时，必须切断电源，严禁带电操作。

（7）焊接、测试和储存时的注意事项如下。

① 电路应存放在导电的容器内。

② 焊接时必须将电路板的电源切断，电烙铁外壳必须接地，必要时可以拔下烙铁电源，利用余热进行焊接。

③ 所有测试仪器外壳必须良好接地。

④ 测试 CMOS 电路时，应先将电源电压 U_{DD} 加大，再接输入信号；关机时，应先断开输入信号，再断开电源电压 U_{DD}。

2．集成触发器电路的测试方法

在电路静态时，主要测试触发器的复位、置位和翻转功能。动态时，在时钟脉冲作用下，测试触发器的计数功能，用示波器观察电路各处波形的变化情况，也可以测定输出、输入信号之间的分频关系，输出脉冲的上升和下降时间、触发灵敏度和抗干扰能力以及接入不同性质负载时对于输出波形的影响。测试时，触发脉冲的宽度一般要大于数微秒，且脉冲的上升沿或下降沿要陡。

3．观察多个波形

在使用示波器观察多个波形时，应注意选用频率最低的电压作为触发电压。

六、思考题

1．D 触发器和 JK 触发器的逻辑功能和触发方式有何不同？

2．在本实训中能用负方波代替时钟脉冲吗？为什么？

七、实训考核

实训考核内容如表 3-29 所示。

表 3-29　　　　　　　　　　实训考核表（集成触发器及其应用）

姓名			班级		考号			监考		总分	
额定工时	45min	起止时间		日　时　分至　日　时　分					实用工时		
序号	考核内容		考核要点			分值		评分标准			得分
1	实训内容与步骤 1		1. 电路连接是否正确 2. 测量的数据是否正确 3. 万用表是否设置正确			20		1. 电路连接有问题扣 5 ~ 10 分 2. 测量的数据有问题扣 2 ~ 5 分 3. 万用表挡设置有问题扣 2 ~ 5 分，使用方法有问题扣 2 ~ 5 分			
2	实训内容与步骤 2、3		1. 电路连接是否正确 2. 测量的数据是否正确 3. 万用表是否设置正确			20		1. 电路连接有问题扣 5 ~ 10 分 2. 测量的数据有问题扣 2 ~ 5 分 3. 万用表挡设置有问题扣 2 ~ 5 分，方法有问题扣 2 ~ 5 分			
3	实训报告要求和思考题		1. 实训报告是否书写规范，字体是否工整 2. 实训思考题回答是否全面			20		1. 实训报告书写不规范，字迹不工整扣 5 ~ 10 分 2. 实训思考题回答不全面，扣 2 ~ 5 分			
4	安全文明操作		是否符合有关规定			15		1. 发生触电事故，取消考试资格 2. 损坏仪表，取消考试资格 3. 动作不文明，现场凌乱，扣 2 ~ 10 分			
5	学习态度		1. 有无迟到、早退现象 2. 是否认真完成各项任务，积极参与实训讨论 3. 是否尊重老师和其他同学，是否能够很好地交流合作			15		1. 有迟到、早退现象扣 5 分 2. 未认真完成各项任务，不积极参与实训、讨论，扣 5 分 3. 不尊重老师和其他同学，不能很好地交流合作，扣 5 分			
6	操作时间		是否在规定时间内完成			10		每超时 10min 扣 5 分 （不足 10min 以 10min 计）			

实训 15　集成计数器、译码和显示电路及其应用

一、实训目的

1. 掌握中规模集成计数器的功能和使用方法。
2. 学习用"反馈清零法"和"反馈置数法"构成 N 进制计数器的使用方法。
3. 学习 BCD 译码器及其阴极 7 段显示器的使用方法。
4. 学会中规模集成数字电路的分析、设计和测试方法。

二、实训技能

1. 中规模集成计数器

（1）常用集成计数器。常用集成计数器均有典型产品，不必自己设计，只需合理选用即可。下面介绍几种常用的集成计数器。

① 异步计数器（74LS90/92/93）。所谓异步计数器是指计数器内各触发器的时钟信号不是来自于同一外接输入的时钟信号，即触发器的时钟是来自于前级触发器输出信号，因而各触发器不是同时翻转。这种计数器的计数速度较慢。

74LS90 是二-五-十进制计数器，它有两个时钟输入端 CP_0 和 CP_1，其中，CP_0 和 Q_0 组成一位二进制计数器；CP_1 和 $Q_3Q_2Q_1$ 组成五进制计数器；若将 Q_0 与 CP_1 相连接，时钟脉冲从 CP_0 输入，则构成 8421BCD 码十进制计数器，如图 3-74 所示。可见用 74LS90 构成十进制计数器非常方便，不需要外加逻辑门电路。74LS90 还有两个清零端 $R_{0(1)}$、$R_{0(2)}$ 和两个置 9 端 $R_{9(1)}$、$R_{9(2)}$，其功能如表 3-30 所示。由表 3-30 可以看出，当清零端 $R_{0(1)}$、$R_{0(2)}$ 都为 1 而置 9 端 $R_{9(1)}$、$R_{9(2)}$ 至少有一个为 0 时，计数器置为 0；当置 9 端 $R_{9(1)}$、$R_{9(2)}$ 都为 1 时，计数器被置 9。

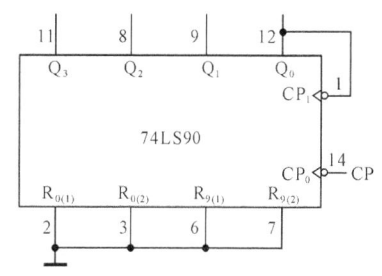

图 3-74　用 74LS90 构成的十进制计数器

表 3-30　　　　　　　　　　74LS90 功能表

$R_{0(1)}$	$R_{0(2)}$	$R_{9(1)}$	$R_{9(2)}$	Q_3	Q_2	Q_1	Q_0
1	1	0	×	0	0	0	0
1	1	×	0	0	0	0	0
×	×	1	1	1	0	0	1
×	0	×	0				
0	0	0	×		计　　数		
0	×	×	0				
×	0	0	×				

74LS92/93 分别是二-六-十进制计数器和二-八-十六进制计数器，即由 CP_0 和 Q_0 组成的二进制计数器，CP_1 和 $Q_3Q_2Q_1$ 在 74LS92 中为六进制计数器，而在 74LS93 中为八进制计数器。当 CP_1 和 Q_0 相连时，时钟脉冲从 CP_0 输入，74LS92 构成十二进制计数器，74LS93 则构成十六进制计数器。

74LS92 的计数时序如表 3-31 所示。74LS92 和 74LS93 各自有两个清零使能端 $R_{0(1)}$、$R_{0(2)}$，其功能如表 3-32 所示。

表 3-31　　　　　　　　　　74LS92 计数时序

CP	Q_3	Q_2	Q_1	Q_0
0	0	0	0	0
1	0	0	0	1
2	0	0	1	0

CP	Q_3	Q_2	Q_1	Q_0
3	0	0	1	1
4	0	1	0	0
5	0	1	0	1
6	1	0	0	0
7	1	0	0	1
8	1	0	1	0
9	1	0	1	1
10	1	1	0	0
11	1	1	0	1

表 3-32　74LS92/93 功能表

$R_{0(1)}$	$R_{0(2)}$	Q_3	Q_2	Q_1	Q_0
1	1	0	0	0	0
0	×	计数			
×	0	计数			

② 可编程 4 位二进制同步计数器（74LS161/163）。所谓同步计数器是指计数器内所有触发器都共同使用一个输入时钟脉冲信号源，在同一个时刻翻转。其优点是计数速度较快。

74LS161 的功能如表 3-33 所示。它具有异步清零、同步置数、计数及保持 4 种功能。所谓异步清零是指不需要时钟脉冲作用（与时钟脉冲异步），只要该使能端具有有效电平，就可直接完成清零任务。而同步置数是指该使能端除了具有有效电平外，还必须有时钟脉冲作用（即与时钟脉冲同步），此时，与之对应的功能才可实现。当使能端 ET_P、ET_T 均为 1 时，计数器计数。而当使能端 ET_P=0 或 ET_T=0 时，计数器禁止计数。另 74LS161 在加计数到 15 时，进位输出 CO=1（平时 CO=0），74LS161 的时序波形图如图 3-75 所示。

表 3-33　74LS161 功能表

CP	$\overline{CR}$	$\overline{LD}$	CT_T	CT_P	操作
×	0	×			清零
	1	0	×	×	置数
↑	1	1			计数
↑	1	1	1	1	保持
×	1	1	0	×	保持

由图 3-75 可知，首先加入一清零信号 $\overline{CR}=0$，使各触发器的状态为 0，即计数器清零。当 $\overline{CR}$ 变为 1 后，加入置数信号 $\overline{LD}=0$，该信号维持到下一个时钟脉冲到来，在这个置数信号和时钟脉冲上升沿的共同作用下，各触发器的输出状态与预置的输入数据相同（图 3-75 中为 $D_3D_2D_1D_0$=1100，这就是预置操作。接着是 $ET_P=ET_T=1$，在此期间 74LS161 处于计数状态。这里是从预置的 $Q_3Q_2Q_1Q_0$=1100 开始计数，直到 ET_P=0，ET_T=1，计数状态结束，然后转变为保持状态。计数器输出保持 ET_P 负跳变前的状态不变，图 3-75 中为 $Q_3Q_2Q_1Q_0$=1010，CO=0。

74LS163 除具有同步清零外，其他功能均同 74LS161。

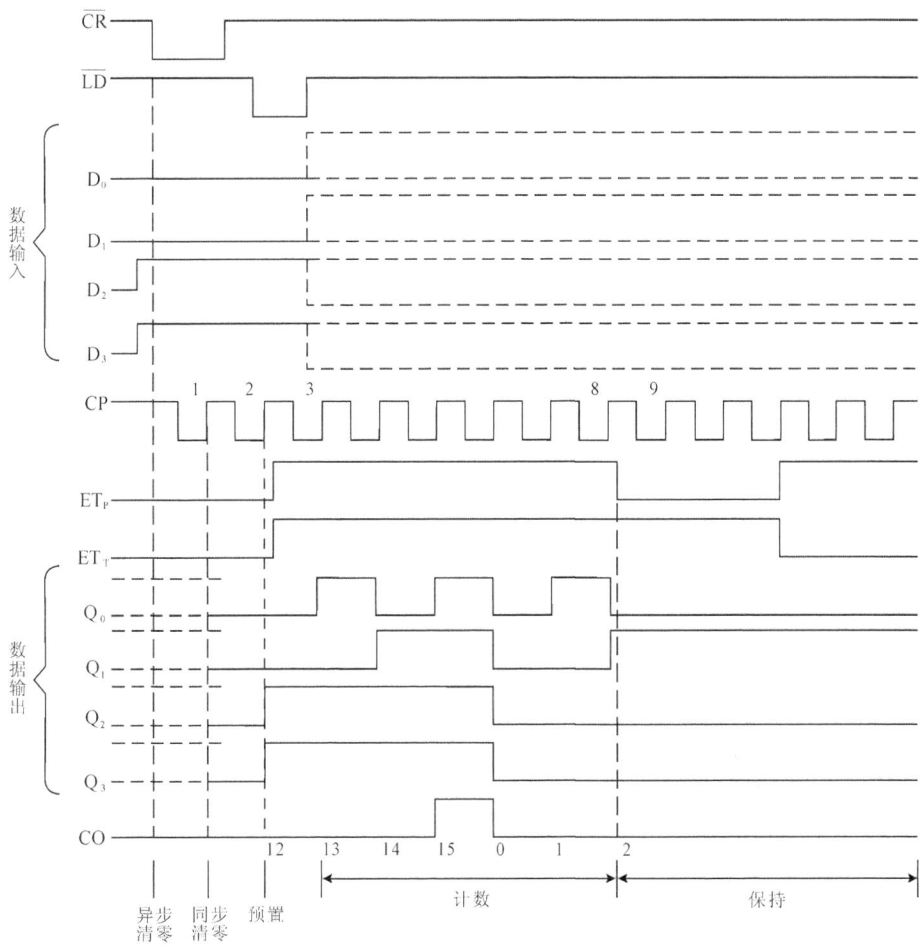

图 3-75　74LS161/163 的时序波形图

③ 加/减同步计数器（74LS190/191/192/193）。

a. 单时钟（74LS190/191）。74LS190 和 74LS191 是单时钟 4 位同步加/减可逆计数器，其中 74LS190 为 8421BCD 码的十进制计数器，74LS191 是二进制计数器，两者的引脚排列图和引脚功能完全一样，如表 3-34 所示，74LS190 时序波形图如图 3-76 所示。

表 3-34　　　　　　　　　　　74LS190/191 功能表

$\overline{CT}$	$\overline{LD}$	$\overline{U}/D$	CP	操　作
0	0	0	×	置数
0	1	0	↑	加计数
0	1	1	↑	减计数
1	×	×	×	保持

需要指出的是，正脉冲输出端 CO/BO 及负脉冲输出端 $\overline{RC}$，两者在进行加计数直到最大计数值时或减计数到零时，都发出脉冲信号；它们的不同之处是，CO/BO 端输出一个与输入时钟时期相等且同步的正脉冲，$\overline{RC}$ 端输出一个与输入时钟信号低电平时间相等且同步的负脉冲。

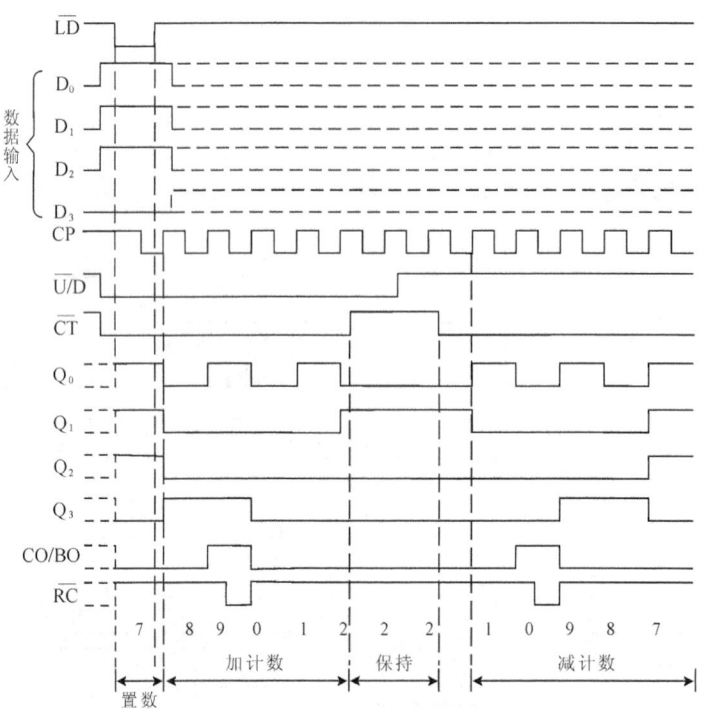

图 3-76　74LS190 的时序波形

b. 双时钟 74LS192/193。74LS192 和 74LS193 是双时钟 4 位加/减同步计数器，其中，74LS192 是十进制计数器，74LS193 是二进制计数器。两者的引脚排列及功能均一样。其功能如表 3-35 所示。

表 3-35　　　　　　　　　　　　　　　74LS192/193 功能表

CP_U	CP_D	$\overline{LD}$	CR	操　作
×	×	×	1	清零
×	×	0	0	置数
↑	1	1	0	加计数
1	↑	1	0	减计数
1	1	1	0	保持

（2）下面介绍构成任意计数器的方法。

① 反馈清零法。反馈清零法适用于有清零输入端的集成计数器。在计数过程中，将某个中间状态 N_1 反馈到清零端，使计数器返回到零重新开始计数。这样可将模较大的计数器作为模较小（模为 N）的计数器使用。若是异步清除，则 $N=N_1$，且有毛刺；若是同步清除，则 $N=N_1+1$，且无毛刺。

如图 3-77 所示的十进制计数器，就是借助 74LS161 的异步清零功能实现的。如图 3-78 所示是该进制计数器的主循环状态图。由图 3-78 可知，74LS161 从 0000 状态开始计数，当输入第 10 个 CP 脉冲（上升沿）时，输出 $Q_3Q_2Q_1Q_0=1010$，通过与非门译码后，反馈给 $\overline{CR}$ 端一个清零信号，立即使 $Q_3Q_2Q_1Q_0$ 返回 0000 状态，接着 $\overline{CR}$ 端的清零信号也随之消失，74LS161 重新从 0000 状态开始新的计数周期。需要说明的是，此电路一进入 1010 状态后，立即又被置成 0000 状态，

即 1010 状态仅在极短的瞬间出现，因此，在主循环状态图中用虚线表示。这样就跳过了 1010 ~ 1111 共 6 个状态，获得了十进制计数器。

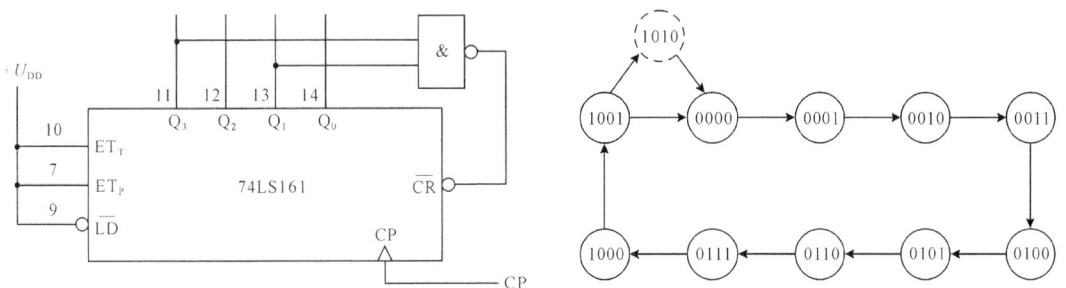

图 3-77　74LS161 构成的十进制计数器（利用清零端）　　图 3-78　74LS161 构成的十进制计数器的主循环状态图

② 反馈置数法。反馈置数法适用于具有预置数功能的集成计数器。反馈置数法可分为 3 种。

第 1 种是将数据输入端全部接地（所置数为零），然后将某个中间状态 N_1 反馈到置数端，当计数到 N_1 时，置数端为有效电平，将预先预置的数（零）送到输出端，即计数器全部回零（若为同步置数，计数器的模 $N=N_1+1$；异步置数，则 $N=N_1$）。

以 74LS161 为例。图 3-79 所示就是利用 CC40161 的同步置数功能及附加门电路构成的 8421BCD 码十进制计数器，当计数器计数到 1001 时，$\overline{LD} = \overline{Q_3Q_0} = 0$。在第 10 个 CP 脉冲作用下计数器置零，之后 $\overline{LD} = 1$，计数器又开始计数。

若将图 3-79 电路中与非门的两输入端改接到 Q_2、Q_0，即 $\overline{LD} = \overline{Q_2Q_0}$，则可构成 8421BCD 码的六进制计数器，如图 3-80 所示。

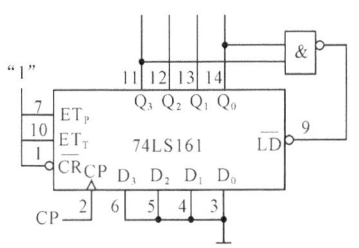　　　　　　　　　　　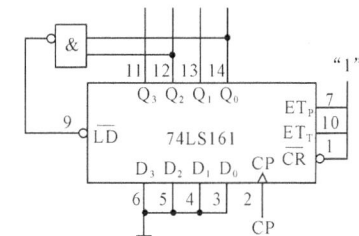

图 3-79　74LS161 构成的十进制　　　　　　　　图 3-80　74LS161 构成的六进制
　　　计数器（利用置数端）　　　　　　　　　　　计数器（置数端）

第 2 种是将模为 N_1 的计数器的进位信号反馈到置数端，并将数据输入端置成最小数 N_2。则在同步置数时，$N=N_1-N_2$；异步置数时 $N=N_1-N_2-1$（此类计数器称为可编程补码计数器）。

第 3 种是将数据输入端置成最小数 N_2，再将计数过程的某一中间状态 N_1 反馈到置数端。计数计到 N_1 后再从 N_2 重新开始。如为同步置数，构成计数序列为 N_2 到 N_1、模 $N=N_1-N_2+1$ 的计数器；如为异步置数，则构成计数序列为 $N_2 \sim (N_1-1)$、模 $N=N_1-N_2$ 的计数器。

③ 级联。当一级计数器的模数 N 小于所要求的模数 M 时，或计数器的状态不符合代码要求时，就需要通过两级或多级计数器的级联实现。计数器的级联分为两种方法，并行进位（将低位片的输出信号作为高位片的使能信号）和串行进位（将低位片的输出信号作为高位片的时钟脉冲，即异步计数方式）。

如图 3-81 所示就是用两种方法构成的 8421BCD 码六十进制计数器级联图。

電子電路實訓與仿真

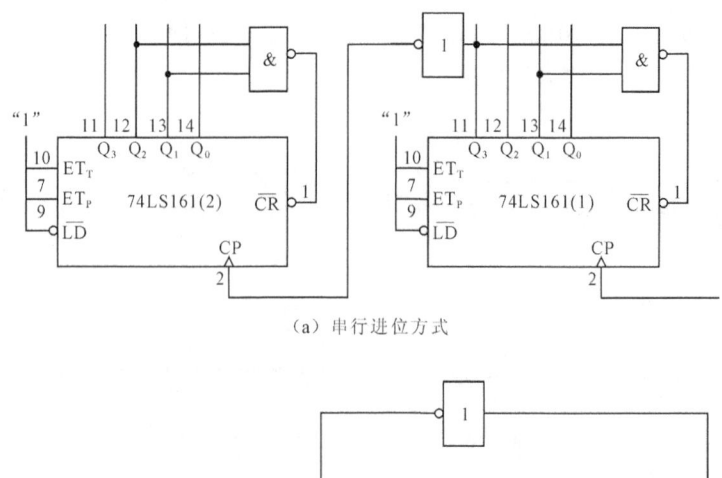

（a）串行進位方式

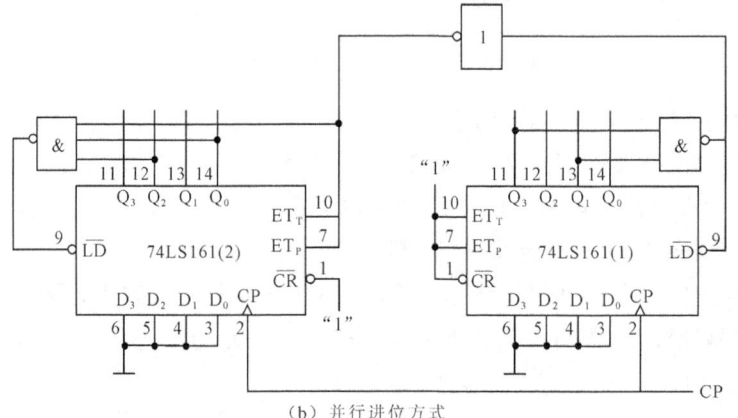

（b）並行進位方式

图 3-81　8421BCD 码六十进制计数器

2．显示译码/驱动器

（1）数码显示器。在数字系统中，常用数码显示器来显示系统的运行状态及工作数据，目前常用的数码显示器有发光二极管（LED）显示器和液晶显示器（LCD）等。由于这些数码显示器的材料、电路结构及性能参数相差很大，所以在选用数码显示驱动器时一定要注意，不同品种的显示器应配用相应的显示译码驱动器。本实训中我们选用 LED 显示器，因为它可以直接显示出译码器输出的十进制数。

7 段发光二极管数码显示器分为 BS201/202（共阴极）和 BS211/212（共阳极）两种。所谓共阳极就是把发光二极管的阳极都连到一起，然后接到高电平上，与其配套的译码器输出为低电平有效，如 74LS46 和 74LS47；共阴极就是把发光二极管的阴极都连到一起，然后接地，与其配套的译码器输出高电平有效，如 74LS48、74LS49 和 CC4511 等。其中，BS201 和 BS211 每段的最大驱动电流约 10mA，BS202 和 BS212 每段的最大驱动电流约 15mA。7 段显示器的外形、等效电路以及数字符号显示如图 3-82 所示。

如果输入的频率较高时，显示器所显示的数字可能会出现混乱或很快改变的现象，这时可在计数器后面加一级锁存器（如 74LS273 和 8 个触发器）。如果显示器所显示的数字暗淡，可加一级缓冲器（如 74LS207、74LS17）或射随器来提升电流，加亮显示。

（2）译码驱动器。74LS48/47 为 BCD-7 段译码/驱动器，其中，74LS47 可用来驱动其阳极发光二极管显示器，而 74LS48 则用来驱动其阴极发光二极管显示器。74LS47 为集电极开路输出，使用时要外接电阻；而 74LS48 的内部有升压电阻，因此无须外接电阻（可直接与显示器相连接）。

74LS48 的功能表如表 3-36 所示，其中 $A_3A_2A_1A_0$ 为 8421BCD 码的输入端，a~g 为 7 段译码器的输出端；$\overline{LT}$ 为灯测试输入使能端；$\overline{RBI}$ 为动态灭零输入使能端，$\overline{BI}$ 为静态灭灯输入使能端；RBO 为动态灭零输出端。

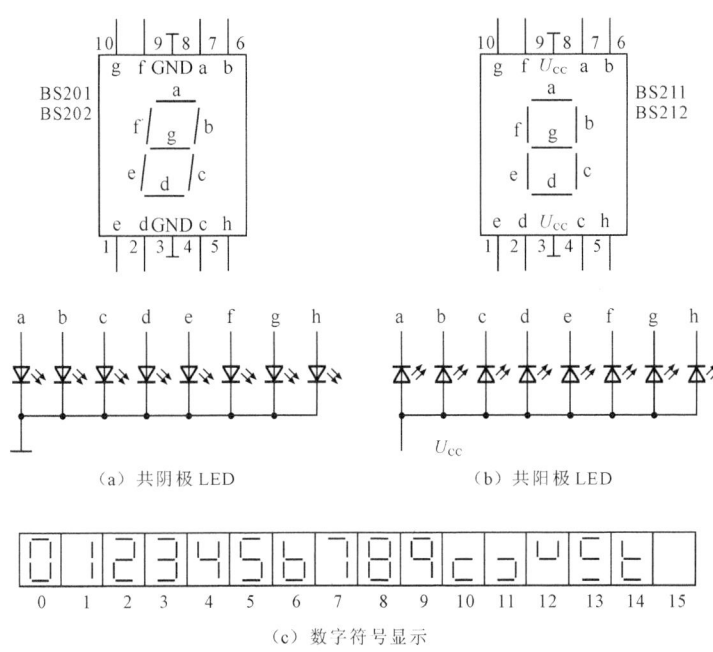

（a）共阴极 LED　　　　（b）共阳极 LED

（c）数字符号显示

图 3-82　发光二极管显示器

表 3-36　　　　　　　　　　　　　　　　74LS48 功能表

功能或数字	输　　入						输　　出								显示字形
	$\overline{LT}$	$\overline{RBI}$	A_3	A_2	A_1	A_0	$\overline{BI}$/RBO	a	b	c	d	e	f	g	
灭灯	×	×	×	×	×	×	0（输入）	0	0	0	0	0	0	0	灭灯
试灯	0	×	×	×	×	×	1	1	1	1	1	1	1	1	8
动态灭零	1	0	0	0	0	0	0	0	0	0	0	0	0	0	灭灯
0	1	1	0	0	0	0	1	1	1	1	1	1	1	0	0
1	1	×	0	0	0	1	1	0	1	1	0	0	0	0	1
2	1	×	0	0	1	0	1	1	1	0	1	1	0	1	2
3	1	×	0	1	0	0	1	1	1	1	1	0	0	1	3
4	1	×	0	1	0	0	1	0	1	1	0	0	1	1	4
5	1	×	0	1	1	0	1	1	0	1	1	0	1	1	5
6	1	×	0	1	1	1	1	1	1	1	0	0	0	0	6
7	1	×	1	0	0	0	1	1	1	1	1	0	0	0	7
8	1	×	1	0	0	0	1	1	1	1	1	1	0	1	8
9	1	×	1	0	1	0	1	0	0	0	1	1	0	1	9
10	1	×	1	0	1	1	1	0	0	0	1	1	0	1	c
11	1	×	1	1	0	0	1	0	0	1	1	0	0	1	⊐
12	1	×	1	1	0	1	1	0	1	0	0	0	1	1	U

续表

功能或数字	输　入						输　出								显示字形
	$\overline{LT}$	$\overline{RBI}$	A_3	A_2	A_1	A_0	$\overline{BI}/RBO$	a	b	c	d	e	f	g	
13	1	×	1	1	1	0	1	1	0	0	1	0	1	1	⊏
14	1	×	1	1	1	0	1	0	0	0	1	1	1	1	-
15	1	×	1	1	1	1	1	0	0	0	0	0	0	0	ᄂ

注：$\overline{BI}/RBO$ 是一个特殊端，有时用作输入，有时用作输出。

三、实训器件及仪表

- 集成计数器　74LS90　　　　　　　　　1 片
- 集成计数器　74LS161　　　　　　　　2 片
- 集成译码器　74LS48　　　　　　　　　1 片
- 集成器 2 输入与非门　74LS00　　　　1 片
- 共阴极 7 段显示器　　　　　　　　　1 台

（可用手机扫描"常用集成电路外引线的排列"二维码查阅相关内容）

- 数字电路学习机　　　　　　　　　　1 台
- 双踪示波器　　　　　　　　　　　　1 台
- 万用表　　　　　　　　　　　　　　1 块

常用集成电路外引线的排列

四、技能训练

1. 测试 74LS90、74LS161 逻辑功能（计数、清除、置数、使能等），CP 选用 1Hz 方波信号，输出接至发光二极管显示器。

2. 在数字电路学习机上用 74LS161、74LS48 等集成器件，组装十进制计数器，并接入译码显示电路（各芯片之间的连线自画），时钟脉冲选择 1Hz 正方波。同时观察电路的计数、译码和显示过程。

3. 将 1Hz 方波改为 10kHz 方波，用示波器分别观察十进制计数器 $Q_3Q_2Q_1Q_0$ 的输出波形以及 CP 的波形并记录，比较它们的时序关系。

以上内容可分两次实训完成。

五、注意事项

1. 在数字电路学习机上连接电路时应仔细，不能漏掉一根线，并要注意关闭电源开关，当电路接好并检查无误后，再打开电源。

2. 计数器电路的测试方法。

计数器电路的静态测试主要是测试电路的复位和置位功能。动态测试是指在时序脉冲作用下测试计数器各输出状态是否满足计数功能表的要求，可用示波器观测各输出端的波形，并记录这

些波形与时钟脉冲之间的波形关系。

3. 译码显示电路的测试方法。

测试数码管各段工作是否正常时，如共阴极的发光二极管显示器，可以将阴极接地，再将各段通过 1kΩ 电阻接电源正极 U_{CC}，然后将译码器的数据输入端依次输入 0001 ~ 1001，此时，显示器对应显示数字 1 ~ 9。

4. 译码显示器常见故障有以下几种。

（1）数码显示器上某个字总是亮而不灭，这可能是译码器的输出幅度不正常或译码器的工作不正常造成的。

（2）数码显示器上某字总是不亮。可能是数码管或译码器的连线不正确或接触不良造成的。

（3）数码管字符显示模糊，而不随输入信号变化。可能是译码器的电源不正常或连线不正确或接触不良造成的。

（4）数码管某段总是不亮。可能是数码管本身有问题造成的，需更换数码管。

六、思考题

如何测试多个相关脉冲信号之间的时序关系？

七、实训考核

实训考核内容如表 3-37 所示。

表 3-37　　　　实训考核表（集成计数器、译码和显示电路及其应用）

姓名			班级		考号			监考			总分	
额定工时	45min	起止时间		日　时　分至　日　时　分					实用工时			
序号	考核内容		考核要点			分值		评分标准				得分
1	实训内容与步骤 1		1. 电路连接是否正确 2. 测量的数据是否正确 3. 万用表是否设置正确			20		1. 电路连接有问题扣 5 ~ 10 分 2. 测量的数据有问题扣 2 ~ 5 分 3. 万用表挡设置有问题扣 2 ~ 5 分，使用方法有问题扣 2 ~ 5 分				
2	实训内容与步骤 2		1. 电路连接是否正确 2. 万用表是否设置正确			20		1. 电路连接有问题扣 5 ~ 10 分 2. 万用表挡设置有问题扣 2 ~ 5 分，使用方法有问题扣 2 ~ 5 分				
3	实训报告要求和思考题		1. 实训报告是否书写规范，字体是否工整 2. 实训思考题回答是否全面			20		1. 实训报告书写不规范，字迹不工整扣 5 ~ 10 分 2. 实训思考题回答不全面，扣 2 ~ 5 分				
4	安全文明操作		是否符合有关规定			15		1. 发生触电事故，取消考试资格 2. 损坏仪表，取消考试资格 3. 动作不文明，现场凌乱，扣 2 ~ 10 分				

续表

序号	考核内容	考核要点	分值	评分标准	得分
5	学习态度	1. 有无迟到、早退现象 2. 是否认真完成各项任务，积极参与实训讨论 3. 是否尊重老师和其他同学，是否能够很好地交流合作	15	1. 有迟到、早退现象扣 5 分 2. 未认真完成各项任务，不积极参与实训、讨论，扣 5 分 3. 不尊重老师和其他同学，不能很好地交流合作，扣 5 分	
6	操作时间	是否在规定时间内完成	10	每超时 10min 扣 5 分 （不足 10min 以 10min 计）	

实训 16　移位寄存器及其应用

一、实训目的

1. 掌握移位寄存器 74LS194 的功能特性。
2. 阅读该器件功能表后，能够用该器件实现其他逻辑电路。

二、实训内容

1. 移位寄存器

移位寄存器按移位功能来分，可以分为单向移位寄存器和双向移位寄存器，按输入与输出信息的方式可分为并行输入并行输出、并行输出串行输出、串行输入并行输出、串行输入串行输出和多功能方式 5 种。表 3-38 列出了 TTL 集成中规模移位寄存器的主要品种。

表 3-38　　　　　　　　TTL 集成中规模移位寄存器主要品种

型　　号	功　　能
7494	4 位移位寄存器（并行输入）
7495、74LS95、74LS195、74178、74179	4 位移位寄存器（并行存取）
7496、74LS96	5 位移位寄存器（并行存取）
7491、74LS91、74164、74LS164、74165、74LS165、74166、74LS166、74199、74LS299、74LS323	8 位移位寄存器
74LS295、74LS395	4 位移位寄存器（3 态输出）
74LS673、74LS674	16 位移位寄存器
74194、74LS194	4 位双向移位寄存器（并行存取）
74198	8 位双向移位寄存器（并行存取）

本实训采用的是 4 位双向移位寄存器 74LS194。

2．74LS194 的功能简介

4 位双向移位寄存器 74LS194 具有并行置入、保持、左移、右移和异步清零的功能，其功能如表 3-39 所示。其中 S_1 和 S_0 为模式控制输入端，D_{SR} 和 D_{SL} 分别是右移和左移串行数据输入端。

第 1 行，当 $\overline{R_D}=0$ 时，无论其他输入信号为何状态，$Q_0 \sim Q_3$ 均为 0，即寄存器完成异步清零功能；第 2 行，$\overline{R_D}=1$，CP=1（或 0）时，寄存器保持原来状态不变；第 3 行，当 $\overline{R_D}=1$，$S_0=S_1=1$ 时，在时钟脉冲上升沿作用下，寄存器完成并行输入同步预置数的功能；第 4、5 行，当 $\overline{R_D}=1$，$S_0=0$，$S_1=1$ 时，在时钟脉冲上升沿作用下，寄存器完成由高位向低位移位（左移）的功能，同时，D_{SL} 的数据送入 Q_D，为串行输入左移；第 6、7 行，当 $\overline{R_D}=1$，$S_0=0$，$S_1=1$ 时，在时钟脉冲上升沿的作用下，寄存器完成由低位向高位移位（右移）的功能，同时，D_{SR} 的数据送入 Q_A，为串行输入右移；第 8 行，当 $\overline{R_D}=1$，$S_0=0$，$S_1=1$ 时，由于时钟脉冲被封锁，CP 脉冲不能进入触发器，寄存器处于保持状态。

表 3-39　74LS194 的功能

序号	清零 $\overline{R_D}$	输入									输出			
		控制信号		串行输入		时钟脉冲 CP	并行输入				Q_D	Q_C	Q_B	Q_A
		S_1	S_0	左移 D_{SL}	右移 D_{SR}		D	C	B	A				
1	L	×	×	×	×	×	×	×	×	×	L	L	L	L
2	H	×	×	×	×	H(L)	×	×	×	×	Q_C^n	Q_C^n	Q_B^n	Q_A^n
3	H	H	H	×	×	↑	D	C	B	A	D	C	B	A
4	H	H	L	H	×	↑	×	×	×	×	H	Q_D^n	Q_C^n	Q_B^n
5	H	H	L	L	×	↑	×	×	×	×	L	Q_D^n	Q_C^n	Q_B^n
6	H	L	H	×	H	↑	×	×	×	×	Q_C^n	Q_B^n	Q_A^n	H
7	H	L	H	×	L	↑	×	×	×	×	Q_C^n	Q_B^n	Q_A^n	L
8	H	L	L	×	×	×	×	×	×	×	Q_D^n	Q_C^n	Q_B^n	Q_A^n

3．应用举例

（1）移位寄存器的级联。为了增加移位寄存器的位数，可在 CP 移位脉冲的驱动能力范围内，将多片移位寄存器级联扩展，以满足字长的要求。

图 3-83 所示为多位移位寄存器 74LS194 的级联图。其功能与单个移位寄存器的功能类似。

当 $S_0 S_1 = 11$ 时，在 CP 脉冲沿的作用下。$D_0 \sim D_{15}$ 的数据被送到 $Q_0 Q_{15}$ 输出端，移位寄存器完成置数功能。

当 $S_0 S_1 = 01$ 时，移位寄存器完成左移操作功能。当第 16 个 CP 脉冲到来时，$Q_0 \sim Q_{15}$ 全部变为 0。

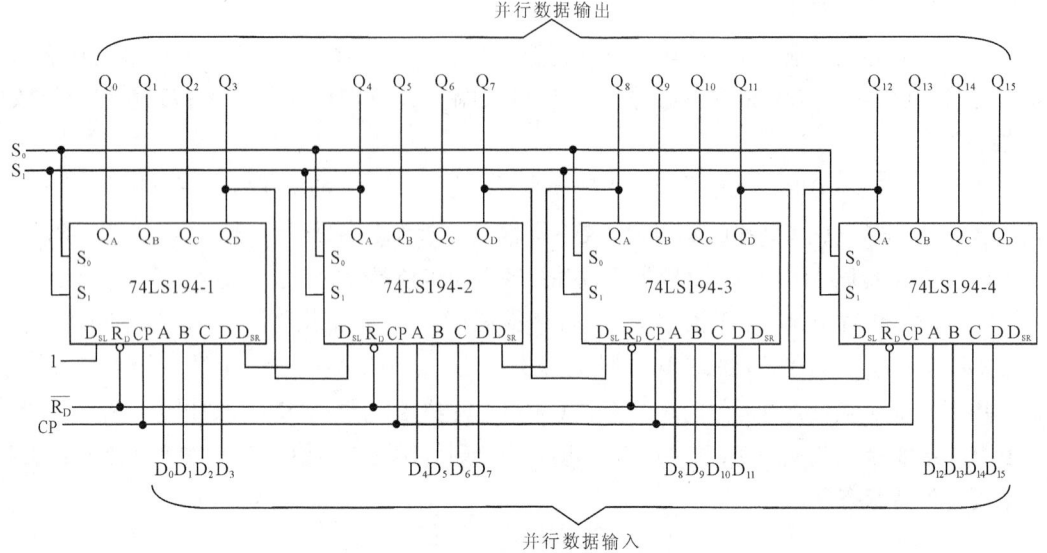

图 3-83　多位移位寄存器 74LS194 的级联

当 S_0S_1=10 时，移位寄存器完成右移操作功能。当第 16 个 CP 脉冲到来时，Q_0 ~ Q_{15} 全部变为 1。

当 S_0S_1=00 时，移位寄存器处于保持状态。

（2）构成环形计数器。环形计数器实际上就是一个自循环的移位寄存器。根据初态设置的不同，这种电路的有效循环常常是循环移位一个 1 或一个 0。图 3-84 所示是由 4 位移位寄存器 74LS194 构成的环形计数器的电路图。

当启动信号输入一低电平脉冲时，使 G_2 输出为 1，这时 S_0=S_1=1，寄存器执行并行输入功能，$Q_DQ_CQ_BQ_A$=DCBA=0111。当启动信号撤出后，由于计数器输出端

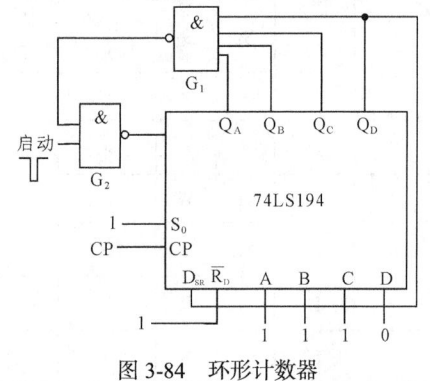

图 3-84　环形计数器

Q_D=0，使 G_1 的输出为 1，G_2 的输出为 0，同 S_1S_0=01，开始执行移位操作。在移位操作中，与非门 G_1 的输入端总有一个为 0，因此总能保持 G_1 的输出为 1，G_2 的输出为 0，维持 S_1S_0=1，使移位不断进行下去，其移位情况如表 3-40 所示，波形图如图 3-85 所示。

表 3-40　　　　　　　　　　　　　　　　环形计数器序列表

$D_{SR}(Q_3)$	Q_0	Q_1	Q_2	Q_3	移位脉冲序号
0	1	1	1	0	1
1	0	1	1	1	2
1	1	0	1	1	3
1	1	1	0	1	4
0	1	1	1	0	5
1	0	1	1	1	6

由表 3-40 可见，该环形计数器有效状态数为 4 个，因此触发器利用率低（即使用 n 个触发器仅有 n 个有效状态），但这种计数器中仅有一个 0 循环，所以在使用时可省略译码器，而且在输出时也无毛刺。由输出波形图可知，寄存器按照固定的时序输出低电平脉冲，因此这种电路又称为环形脉冲分配器。

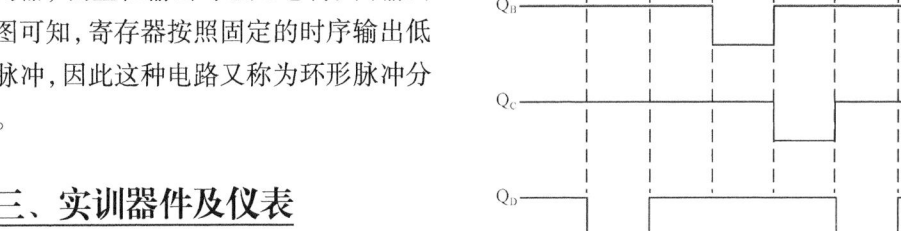

图 3-85　环形计数器的输出波形

三、实训器件及仪表

* 移位寄存器 74LS194　　　　1 片
* 双 4 输入与非门 74LS20　　　1 片

（可用手机扫描"常用集成电路外引线的排列"二维码查阅相关内容）

* 数字电路学习机　　　　　　1 台
* 万用表　　　　　　　　　　1 块

常用集成电路外引线的排列

四、技能训练

1. 参见表 3-39 所示的功能，测试 74LS194 的逻辑功能。$Q_D \sim Q_A$ 接逻辑电平显示（即 LED 显示），$\overline{R_D}$、S_1、S_0、D_{SL}、D、C、B、A 接数据开关，CP 接单脉冲信号，分别测试清零、置数、左移、右移和保持逻辑功能，并记录数据。

2. 参照图 3-83 组装移位寄存器型环形计数器，选 1Hz 方波作输入脉冲 CP，将 DCBA 分别预置二进制数 0001、0101、0111，并观察数据的循环过程，记录分析结果。

五、注意事项

1. 在测试 74LS194 逻辑功能前，必须理解移位寄存器的工作模式。

2. 寄存器型环形计数器在循环前必须预置一个初始状态。即必须先使 $S_0 = S_1 = 1$，让初始状态并行输出到 $Q_D \sim Q_A$，然后改变 S_0、S_1 状态，进行循环。

六、思考题

中规模移位寄存器有哪些应用？

七、实训考核

实训考核内容如表 3-41 所示。

表 3-41   实训考核表（移位寄存器及其应用）

姓名		班级		考号		监考		总分	
额定工时	45min	起止时间	日　时　分至　日　时　分				实用工时		
序号	考核内容		考核要点	分值		评分标准			得分
1	实训内容与步骤1		1. 电路连接是否正确 2. 测试中的数据是否正确 3. 万用表是否设置正确	20		1. 电路连接有问题扣5～10分 2. 测试中的数据有问题扣2～5分 3. 万用表挡设置有问题扣2～5分，使用方法有问题扣2～5分			
2	实训内容与步骤2		1. 电路连接是否正确 2. 测试中的数据是否正确 3. 万用表是否设置正确	20		1. 电路连接有问题扣5～10分 2. 测量中的数据有问题扣2～5分 3. 万用表挡设置有问题扣2～5分，使用方法有问题扣2～5分			
3	实训报告要求和思考题		1. 实训报告是否书写规范，字体是否工整 2. 实训思考题回答是否全面	20		1. 实训报告书写不规范，字迹不工整扣5～10分 2. 实训思考题回答不全面，扣2～5分			
4	安全文明操作		是否符合有关规定	15		1. 发生触电事故，取消考试资格 2. 损坏仪表，取消考试资格 3. 动作不文明，现场凌乱，扣2～10分			
5	学习态度		1. 有无迟到、早退现象 2. 是否认真完成各项任务，积极参与实训讨论 3. 是否尊重老师和其他同学，是否能够很好地交流合作	15		1. 有迟到、早退现象扣5分 2. 未认真完成各项任务，不积极参与实训、讨论，扣5分 3. 不尊重老师和其他同学，不能很好地交流合作，扣5分			
6	操作时间		是否在规定时间内完成	10		每超时10min扣5分 （不足10min以10min计）			

实训 17　数/模转换器及其应用

一、实训目的

1. 熟悉集成数/模转换器的基本功能及其应用。
2. 学习集成数/模转换器的测试方法。

二、实训技能

1.集成数/模（D/A）转换器的工作原理

集成数/模（D/A）转换器的基本功能是将 n 位数字输入信号 D 转换成与 D 相对应的模拟信号 A（模拟电压或模拟电流），如图 3-86 所示。它与集成模/数（A/D）转换器都是计算机或数字仪表中不可缺少的接口电路。

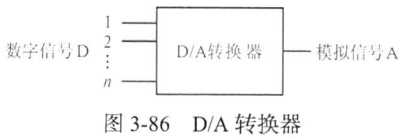

图 3-86　D/A 转换器

集成 D/A 转换器的典型结构是由倒 T 形电阻网络和模拟开关组成的，在使用时可外加运算放大器。图 3-87 所示为 n 位 D/A 转换器的原理图。

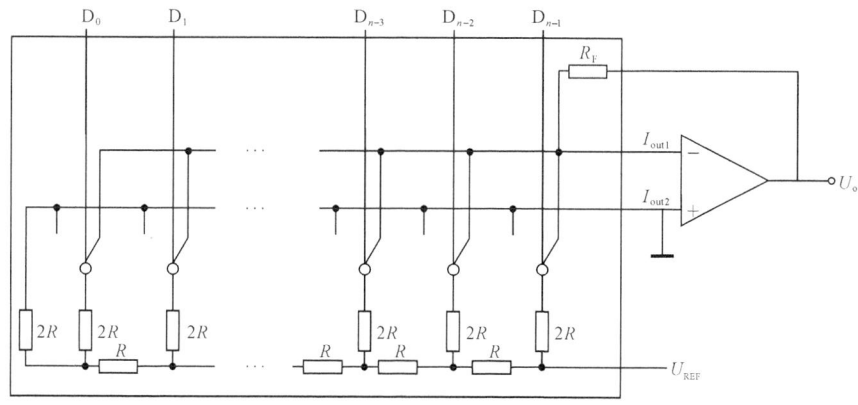

图 3-87　n 位 D/A 转换器的原理图

其输出电压 U_o 与输入数字量 $D_0 \sim D_{n-1}$ 的关系为

$$U_\text{o} = -\frac{U_\text{REF}}{2^n} \cdot \frac{R_\text{F}}{R}\left(D_{n-1} \times 2^{n-1} + D_{n-2} \times 2^{n-2} + \cdots + D_1 \times 2^1 + D_0 \times 2^0\right)$$

式中，U_REF 为基准电压。

本实训选用的数/模转换器型号是 DAC0808，片内包含 8 个 CMOS 型电流开关、$R\text{-}2R$ 梯形电阻网络、偏置电路和电流源等。它具有功耗低（350mW）、速度快（稳定时间为 150ns）、价格低及使用方便等特点。DAC0808 本身不包括运算放大器，使用时需外接运算放大器。DAC0808 的原理图如图 3-88 所示。

DAC0808 实用性强，运用灵活，并且可以适用于单极性和双极性数字输入。图 3-89 所示是单极性数字输入的一种典型应用。基本参数：U_CC 的取值范围为+4.5 ~ 18V，典型值为+5V；U_EE 的取值范围为-4.5 ~ -18V，典型值为-15V；

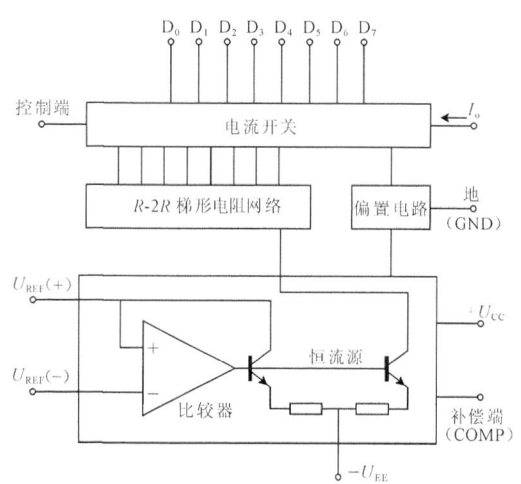

图 3-88　DAC0808 的原理图

U_0 的取值范围为 $-10 \sim +18$V；参考电压 U_{REF} 为 $+18$V；基准电流 $I_0 = \dfrac{U_{REF}(t)}{R} \leqslant 5$mA，$C$ 的取值范围为 $0.01 \sim 0.1\mu$F，典型值为 0.1μF。

DAC0808 的输出形式是电流，一般可达 2mA，外接运算放大器后，可将其转换为电压输出。

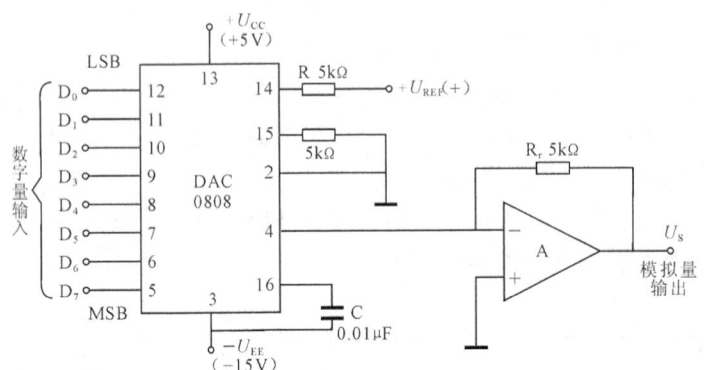

图 3-89　D/A 转换器典型应用电路

2．D/A 转换器的主要技术指标

（1）分辨率。它是指 D/A 转换器模拟电压可能被分离的等级数。常用输入数字量位数 n 来表示。

（2）转换误差。它是指输入端加入最大数字量（全 1）时，D/A 转换器的理论值与实际值之差。它主要受转换器中各元件参数值的误差、基准电源的稳定程度和运算放大器零漂大小的影响。

三、实训器件及仪表

- D/A 转换器 DAC0808　　　　　　1 片
- 集成计数器 CC40161　　　　　　1 片
- 集成运算放大器 LM324　　　　　1 片

（集成电路引脚可用手机扫描"常用集成电路外引线的排列"二维码查阅相关内容）

- 电阻 5.1kΩ　　　　　　　　　　2 只
- 电容 0.01μF　　　　　　　　　　1 只
- 数字电路学习机　　　　　　　　1 台
- 示波器　　　　　　　　　　　　1 台
- 数字万用表　　　　　　　　　　1 块

常用集成电路外引线的排列

四、技能训练

1．实训电路如图 3-89 所示，为了计算方便，基准电压 U_{REF} 取为 +5V；按电路图在学习机上搭接电路。

2. 按表 3-42 所示的内容依次输入数字量，用数字万用表测出相应的输出模拟电压 U_0，记入表中。

表 3-42　　　　　　　　　　　　　　　DAC0808 静态测试

输入数字量								输出模拟量	
D_7	D_6	D_5	D_4	D_3	D_2	D_1	D_0	理论值	实验值
0	0	0	0	0	0	0	0		
0	0	0	0	0	0	0	1		
0	0	0	0	0	0	1	0		
0	0	0	0	0	1	0	0		
0	0	0	0	1	0	0	0		
0	0	0	0	1	1	0	0		
0	0	0	1	0	0	0	0		
0	0	1	0	0	0	0	0		
0	0	1	1	0	0	0	0		
0	1	1	0	0	0	0	0		
1	0	0	0	0	0	0	0		
1	1	0	0	0	0	0	0		
1	1	1	1	1	1	1	1		

3. 参照图 3-90 所示阶梯波产生器原理图，将二进制计数器 CC40161（其功能与 74LS161 完全相同）的输出 Q_3、Q_2、Q_1、Q_0 由高到低，对应接到 DAC0808 数字输入端 D_3、D_2、D_1、D_0。CC40161 的 CP 选用 1kHz 方波。观察和记录 DAC0808 输出端的电压波形。

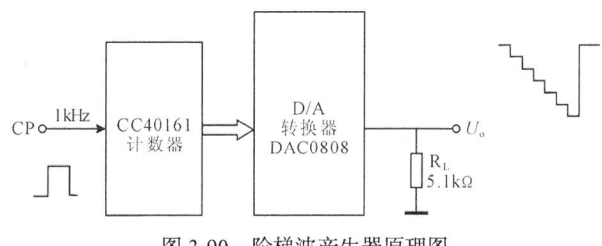

图 3-90　阶梯波产生器原理图

五、注意事项

1. 注意 DAC0808 的电源极性，U_{CC} 接 +5V，U_{EE} 接 −15V，不能接错。
2. CC40161 为 CMOS 集成同步二进制计数器，其逻辑功能与 74LS161 完全相同。

六、思考题

1. 给一个 8 位 D/A 转换器输入二进制数 100000000 时，其输出电压为 5V。试问：当输入二进制数 00000001 和 11001101 时，D/A 转换器输出模拟电压分别为何值？

2. 8 位 D/A 转换器的分辨率是多少？

七、实训考核

实训考核内容如表 3-43 所示。

表 3-43 　　　　　　　　　　　　实训考核表（数/模转换器及其应用）

姓名			班级		考号		监考		总分	
额定工时	45min	起止时间	日　时　分至　日　时　分					实用工时		
序号	考核内容		考核要点		分值	评分标准				得分
1	实训内容与步骤 1		1. 电路连接是否正确 2. 测试中的数据是否正确 3. 万用表是否设置正确		20	1. 电路连接有问题扣 5～10 分 2. 测试中的数据有问题扣 2～5 分 3. 万用表挡设置有问题扣 2～5 分，使用方法有问题扣 2～5 分				
2	实训内容与步骤 2		1. 电路连接是否正确 2. 测量的数据是否正确 3. 万用表是否设置正确		20	1. 电路连接有问题扣 5～10 分 2. 测量的数据有问题扣 2～5 分 3. 万用表挡设置有问题扣 2～5 分，使用方法有问题扣 2～5 分				
3	实训报告要求和思考题		1. 实训报告书写是否规范，字体是否工整 2. 实训思考题回答是否全面		20	1. 实训报告书写不规范，字迹不工整扣 5～10 分 2. 实训思考题回答不全面，扣 2～5 分				
4	安全文明操作		是否符合有关规定		15	1. 发生触电事故，取消考试资格 2. 损坏仪表，取消考试资格 3. 动作不文明，现场凌乱，扣 2～10 分				
5	学习态度		1. 有无迟到、早退现象 2. 是否认真完成各项任务，积极参与实训讨论 3. 是否尊重老师和其他同学，是否能够很好地交流合作		15	1. 有迟到、早退现象扣 5 分 2. 未认真完成各项任务，不积极参与实训、讨论，扣 5 分 3. 不尊重老师和其他同学，不能很好地交流合作，扣 5 分				
6	操作时间		是否在规定时间内完成		10	每超时 10min 扣 5 分（不足 10min 以 10min 计）				

实训 18　集成电路定时器 555 及其应用

一、实训目的

1. 熟悉集成电路定时器 555 的基本工作原理及其功能。

2. 掌握使用集成电路定时器 555 构成单稳态触发器、自激多谐振荡器及施密特触发器的原理与应用电路。

3. 进一步学习用示波器对波形进行定量分析，测量波形的周期、脉宽和幅值的方法。

二、实训内容

1. 555 的内部结构及性能特点

555 的内部结构如图 3-91 所示。其中三极管 VT_D 起开关控制作用，C_1 为反相比较器，C_2 为同相比较器，比较器的基准电压由电源电压 $+U_{CC}$ 及内部电阻的分压比决定。RS_5 触发器具有复位控制功能，可控制 VT_D 的导通与截止。

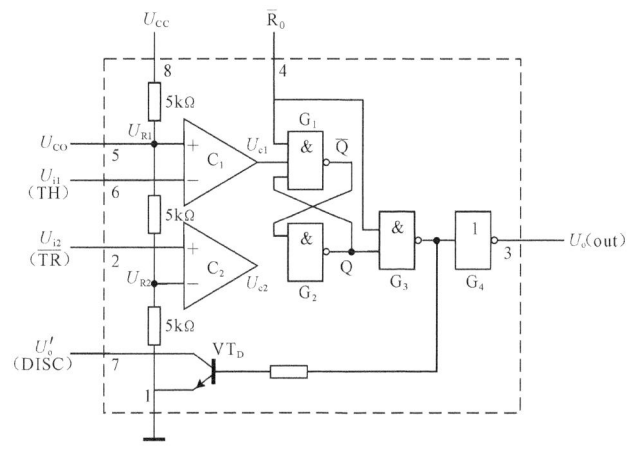

图 3-91　集成电路定时器 555 的电路结构

集成电路定时器 555 的电压范围较宽，在 $+3 \sim +18V$ 范围内均能正常工作，其输出电压的低电平 $U_{oL} \approx 0V$，高电平 $U_{oH} \approx +U_{CC}$，可与其他数字集成电路兼容，而且其输出电流可达 100mA，能直接驱动继电器。集成电路定时器 555 的输入阻抗极高，输入电流仅为 0.1μA，用作定时器时，定时时间较长而且稳定。集成电路定时器 555 的静态电流较小，一般为 80μA 左右。

集成电路定时器 555 的功能如表 3-44 所示。

表 3-44　　　　　　　　　集成电路定时器 555 功能表

输　入			输　出	
阈值输入 TH	触发输入 $\overline{TR}$	复位（$\overline{R_D}$）	输出 U_o（out）	放电三极管 VT_D
×	×	0	0	导通
$< \dfrac{2}{3}U_{CC}$	$< \dfrac{1}{3}U_{CC}$	1	1	截止
$> \dfrac{2}{3}U_{CC}$	$> \dfrac{1}{3}U_{CC}$	1	0	导通
$< \dfrac{2}{3}U_{CC}$	$< \dfrac{1}{3}U_{CC}$	1	不变	不变

2. 由集成电路定时器 555 组成的基本电路

（1）单稳态触发器。由集成电路定时器 555 构成的单稳态触发器及工作波形如图 3-92 所示。

在电源接通的瞬间，电路有一个稳定的过程，即电源通过电阻 R 向电容 C 充电，当 U_C 上升到 $\frac{2}{3}U_{CC}$ 时，触发器复位，U_0 为低电平，放电三极管 VT_D 导通，电容 C 放电，电路进入稳定状态。

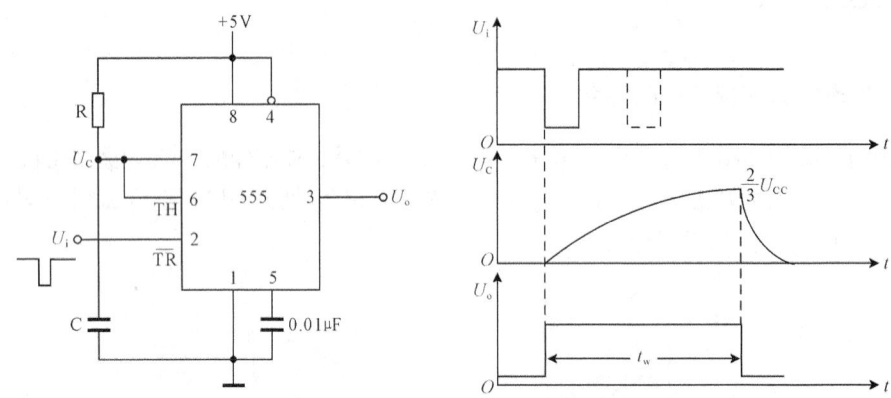

图 3-92　由集成电路定时器 555 构成的单稳态触发器及其工作波形

若触发输入端加触发信号（$U_i < \frac{1}{3}U_{CC}$），则触发器发生翻转，电路进入暂稳态，U_o 输出为高电平，且放电三极管 VT_D 截止。此后，电容 C 充电至 $U_C = \frac{2}{3}U_{CC}$ 时，电路又发生翻转，U_o 为低电平，放电三极管 VT_D 导通，电容 C 放电，电路恢复至稳定状态。

分析表明，U_o 的脉宽

$$t_w = RC\ln3 \approx 1.1RC$$

触发脉冲的周期 T 应大于 t_w 才能保证每个负脉冲起作用。通常电阻的取值在几百欧姆至几兆欧姆之间，电容的取值为几百皮法到几百微法。

（2）集成电路定时器 555 构成多谐振荡器。由集成电路定时器 555 构成的多谐振荡器及其工作波形如图 3-93 所示。

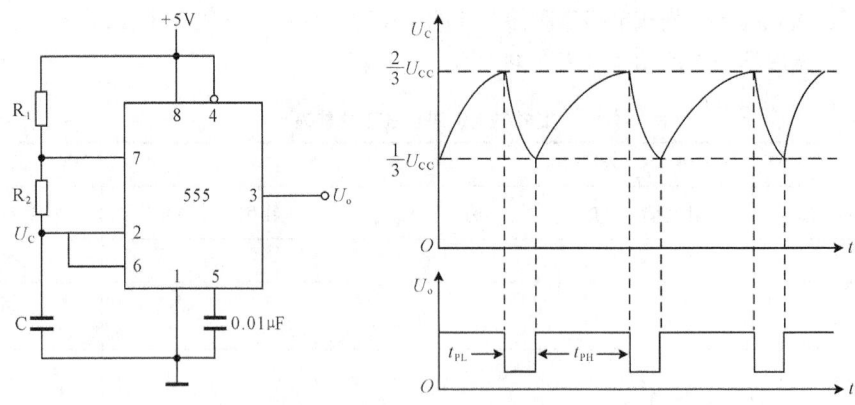

图 3-93　由集成电路定时器 555 构成的多谐振荡器及其工作波形

接通电源后，电容 C 被充电，U_C 上升，当 U_C 上升到 $\frac{2}{3}U_{CC}$ 时，触发器被复位，同时放电三极管 VT_D 导通，此时 U_o 为低电平，电容 C 通过 R_2 和 VT_D 放电，使 U_C 下降。当 U_C 下降到 $\frac{1}{3}U_{CC}$

时，触发器又被置位，U_o 翻转为高电平。电容器 C 放电所需的时间为

$$t_{PL} = R_2 C \ln 2 \approx 0.7 R_2 C$$

当电容器 C 放电结束时，VT_D 停止工作，U_{CC} 将通过 R_1 和 R_2 向电容器 C 充电，U_C 由 $\frac{1}{3} U_{CC}$ 上升到 $\frac{2}{3} U_{CC}$ 所需的时间为

$$t_{PH} = (R_1 + R_2) C \ln 2 \approx 0.7 (R_1 + R_2) C$$

当 U_C 上升到 $\frac{2}{3} U_{CC}$ 时，触发器又发生翻转，如此周而复始，在输出端就得到一个周期性的方波，其频率为

$$f = \frac{1}{t_{PL} + t_{PH}} \approx \frac{1.43}{(R_1 + 2R_2)C}$$

图 3-93 所示电路中的 $t_{PL} \neq t_{PH}$，而且其占空比固定不变。如果将电路改成图 3-94 所示的形式，电路利用 VD_1 和 VD_2 单向导电特性将电容器 C 充放电回路分开，再加上电位器调节，便构成了占空比可调的多谐振荡器。图 3-94 中，U_{CC} 通过 R_A、VD_1 向电容 C 充电，充电时间为

$$t_{PH} \approx 0.7 R_A C$$

电容器 C 通过 VD_2、R_B 及集成电路定时器 555 中的晶闸管（BJTT）放电，放电时间为

$$t_{PL} = 0.7 R_B C$$

因而，振荡频率为

$$f = \frac{1}{t_{PH} + t_{PL}} \approx \frac{1.43}{(R_A + R_B)C}$$

可见，这种振荡器输出波形的占空比（%）为

$$q = \frac{R_A}{R_A + R_B} \times 100\%$$

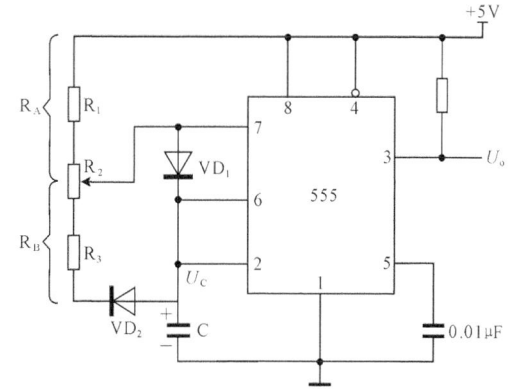

图 3-94　占空比可调的方波发生器

（3）用集成电路定时器 555 构成施密特触发器。如图 3-95 所示，将集成电路定时器 555 的 U_{TH} 和 $U_{\overline{TR}}$（2 脚和 6 脚）两个输入端连在一起作为信号输入端，即可得到施密特触发器，施密特触发电路可方便地把正弦波和三角波变换为方波。

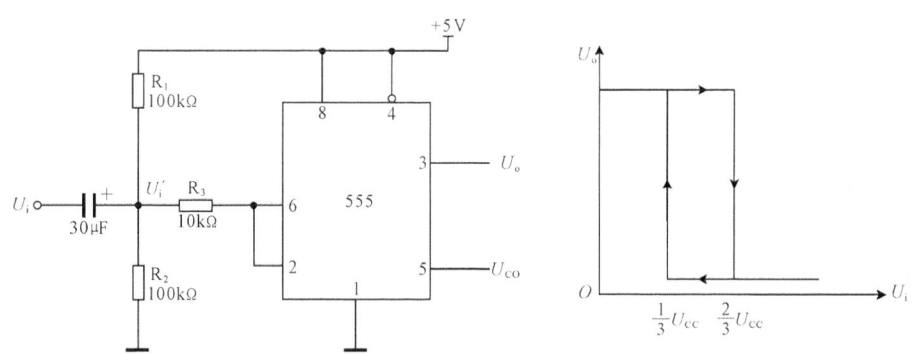

图 3-95　由 555 定时器构成的施密特触发器及其电压传输特性图

由集成电路定时器 555 构成的施密特触发器的正向阈值电压 $U_{T+}=\dfrac{2}{3}U_{CC}$，负向阈值电压 $U_{T-}=\dfrac{1}{3}U_{CC}$，回差电压 $\Delta U_T=U_{T+}-U_{T-}=\dfrac{1}{3}U_{CC}$。

如果参考电压由外接电压 U_{CO} 供给，则这时 $U_{T+}=U_{CO}$，$U_{T-}=\dfrac{1}{2}U_{CO}$，$\Delta U=\dfrac{1}{2}U_{CO}$，通过改变 U_{CO} 值可以调节回差电压的大小。

三、实训器件及仪表

- 集成电路定时器 555   1 片
- 电阻 100kΩ   2 只
- 电阻 10kΩ、5.1kΩ、4.7kΩ   各 1 支
- 电容 0.01μF、0.1μF、30μF   各 1 支
- 数字电路学习机   1 台
- 示波器   1 台
- 万用表   1 块

四、技能训练

1. 用集成电路定时器 555 在数字电路学习机上构成单稳态电路。

按图 3-92 接线，取 $R_1=5.1$kΩ、$C=0.1$μF，合理选择输入信号 U_i 的频率和脉宽，以保证 $T>t_w$。在加入输入信号后，用示波器观察 U_i、U_C 以及 U_o 的电压波形，比较它们的时序关系，绘出波形，并在图中标出周期、幅值和脉宽。

2. 按图 3-93 所示接线构成多谐振荡器。

取 $R_1=5.1$kΩ、$R_2=4.7$kΩ、$C=0.1$μF，观察并描绘 U_i 和 U_o 波形的周期、幅值，标出 U_C 各转折点的电压。

3. 参照图 3-95 所示电路组装施密特触发器。

输入信号电压峰峰值为 3V、$f=1$kHz 的正弦波。观察并描绘 U_i 和 U_o 的波形，注明周期和幅值，并在图上直接标出上限触发电平、下限触发电平，同时算出回差电压。

以上内容可任选两种完成。

五、注意事项

1. 选择单稳态触发器的输入信号要特别注意，U_i 的周期 T 必须大于 U_o 的脉宽 t_w。

2. 所有需要绘制的波形均要按时间坐标对应描绘，并且要正确选择示波器的 AC 和 DC 方式，才能正确描绘出所有波形。

六、思考题

1. 由集成电路定时器 555 构成的振荡器，其振荡周期和占空比的改变与哪些因素有关？若只改变周期，而不改变占空比应调整哪个元件参数？

2. 集成电路定时器 555 构成的单稳态触发器，其输出脉宽和周期由什么决定？

七、实训考核

实训考核内容如表 3-45 所示。

表 3-45　　　　　　　　实训考核表（集成电路定时器 555 及其应用）

姓名		班级		考号		监考		总分	
额定工时	45min	起止时间	日　　时　　分至　　日　　时　　分				实用工时		
序号	考核内容	考核要点		分值	评分标准			得分	
1	实训内容与步骤 1	1. 电路连接是否正确 2. 测量的数据是否正确 3. 万用表设置是否正确		20	1. 电路连接有问题扣 5～10 分 2. 测量的数据有问题扣 2～5 分 3. 万用表挡设置有问题扣 2～5 分，使用方法有问题扣 2～5 分				
2	实训内容与步骤 2	1. 电路连接是否正确 2. 测量的数据是否正确 3. 万用表设置是否正确		20	1. 电路连接有问题扣 5～10 分 2. 测量的数据有问题扣 2～5 分 3. 万用表挡设置有问题扣 2～5 分，方法有问题扣 2～5 分				
3	实训报告要求和思考题	1. 实训报告书写是否规范，字体是否工整 2. 实训思考题回答是否全面		20	1. 实训报告书写不规范，字迹不工整扣 5～10 分 2. 实训思考题回答不全面，扣 2～5 分				
4	安全文明操作	是否符合有关规定		15	1. 发生触电事故，取消考试资格 2. 损坏仪表，取消考试资格 3. 动作不文明，现场凌乱，扣 2～10 分				
5	学习态度	1. 有无迟到、早退现象 2. 是否认真完成各项任务，积极参与实训讨论 3. 是否尊重老师和其他同学，是否能够很好地交流合作		15	1. 有迟到、早退现象扣 5 分 2. 未认真完成各项任务，不积极参与实训讨论，扣 5 分 3. 不尊重老师和其他同学，不能很好地交流合作，扣 5 分				
6	操作时间	是否在规定时间内完成		10	每超时 10min 扣 5 分 （不足 10min 以 10min 计）				

实训 19 综合实训

一、实训目的

1. 掌握模拟电路和数字电路系统的分析和设计方法。
2. 能够合理、熟练地选用集成电路的器件。
3. 提高电路布局、布线、检查和排除故障的能力。
4. 培养书写综合实训报告的能力。

二、实训要求

1. 根据设计任务要求，从选择设计方案开始，首先按单元电路进行设计，选择合适的器件，最后画出总原理图。
2. 安装调试电路直至实现任务要求的全部功能。要求电路布局合理，走线清楚，并保证正常工作。
3. 写出完整的实训报告，其中包括对调试中出现异常现象的分析和讨论。

三、实训内容

1. 数字系统的设计方法

数字电路系统通常是由组合逻辑和时序逻辑功能部件组成的，而这些功能部件又可以由各种各样的 SSI（小规模）、MSI（中规模）和 LSI（大规模）器件组成。数字电路系统的设计方法有试凑法和自上而下法。下面对这两种方法进行简要介绍。

（1）试凑法。试凑法的基本思想是把系统的总体方案分成若干个相对独立的功能部件，然后用组合逻辑电路和时序逻辑的设计方法分别设计并构成这些功能部件，或者直接选择合适的 SSI、MSI 和 LSI 器件实现上述功能，最后把这些已经确定的部件按要求拼接组合起来，使其构成完整的数字系统。

近几年来，随着中、大规模集成电路的迅猛发展，许多功能部件如数据选择器、译码器、计数器和移位寄存器等器件已经大量生产和广泛使用，没有必要再按照组织逻辑电路和时序逻辑电路的设计方法来设计这些电路，而可以直接用这些部件来构成完整的数字系统。对于一些规模不大、功能不太复杂的数字系统，选用中、大规模器件，采用试凑法设计，具有设计过程简单、电路调试方便和性能稳定可靠等优点，因此目前仍被广泛使用。

试凑法的具体步骤如下。

① 分析系统的设计要求，确定系统的总体方案。理解设计任务书，明确系统的功能。如数据的输入、输出方式，系统需要完成的处理任务等。拟定算法，即选定实现系统功能所遵循的原理和方法。

② 划分逻辑单元，确定初始结构，建立总体逻辑图。逻辑单元划分可采用由粗到细的方法，先将系统分为处理器和控制器，再按处理任务或控制功能逐一划分。逻辑单元大小要适当，以功能比较单一、易于实现且便于进行方案之间的比较为原则。

③ 选择功能部件。将上面划分的逻辑单元进一步分解成若干相对独立的模块，以便直接选用标准 SSI、MSI 和 LSI 器件来实现。器件的选择应尽量选用 MSI 和 LSI，这样可提高电路的可靠性，便于安装调试，简化电路设计。

④ 将功能部件组成数字系统，连接各个模块，绘制总体电路图。画图时应综合考虑各功能之间的配合问题，如时序的协调、电路的负载和匹配、竞争与冒险的消除、初始状态的设置和电路的启动等。

（2）自上而下法。自上而下（或自顶向下）的设计方法适用于规模较大的数字系统。由于系统的输入变量、状态变量和输出变量的数目较多，很难用真值表、卡诺图、状态表和状态转换图等来完整、清晰地描述系统的逻辑功能，需要借助于某些工具对所设计的系统功能进行描述。

通常采用的工具有逻辑流程图、算法状态流程图（Algorithmic State Machine-chart，ASM）和助记文件状态图（Mnemonic Documented State-diagrams，MDS）等。

自上而下法的基本思想是把规模较大的数字系统从逻辑上划分为控制器和受控制器（受控电路）两大部分，采用逻辑流程图、ASM 图或 MDS 图来描述控制器的控制过程，并根据控制器及受控制器电路的逻辑功能，选择适当的 SSI 和 MSI 功能器件来实现。也可以将控制器或受控制器本身分别看成一个子系统，所以逻辑划分的工作还可以在控制器或受控制器内部同时进行。按照这种设计思想，一个大的数字系统，首先被分割成属于不同层次的子系统，再用具体的硬件实现这些子系统，最后把它们连接起来，最终得到所要求的完整的数字系统。

自上而下方法的设计步骤如下。

① 明确待设计系统的逻辑功能。

② 拟定数字系统的总体方案。

③ 逻辑划分，即把系统划分成控制器和受控电路两大部分，并规定具体的逻辑要求，但不涉及具体的硬件电路，如图 3-96 所示。

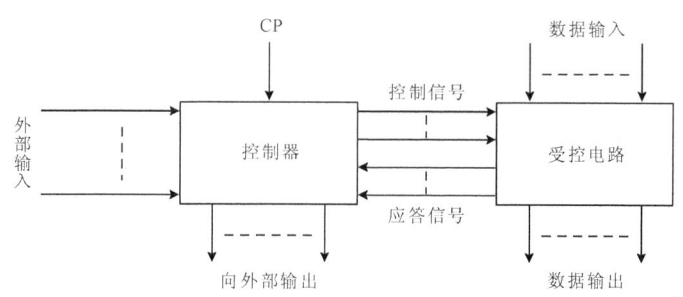

图 3-96　数字系统的逻辑划分

④ 设计受控制器及控制器。受控制器可以根据其逻辑功能选择合适的 SSI、MSI 和 LSI 功能部件来实现，由于控制器是一个较复杂的时序逻辑系统，所以很难用传统的状态图或状态表来描述其逻辑功能。如果采用 ASM 图或 MDS 图来描述控制器的逻辑功能，再通过程序设计反复比较判断各种方案，则可以不受条件限制地导出控制器的最佳方案。现代数字系统的设计，可以用 EDA工具，选择用 PLD 器件来实现电路。这时可以将上面的描述直接转换成 EDA 工具使用的硬件描

述语言送入计算机，由 EDA 完成逻辑描述、逻辑综合及仿真等工作，以完成电路设计。

自上向下的设计过程并非是一个线性过程，在下一级定义和描述中往往会发现上一级的定义和描述中的缺陷或错漏，因此必须对上一级的定义和描述加以修正，使其更真实地反映系统的要求和客观可能性。整个设计过程是一个反复修改和补充的过程，是设计者追求自己的设计目标，不断加以完善的积极努力的过程。

2. 数字电路的安装与调试技术

数字电路的安装与调试是检验和修正设计方案的实践过程，也是应用理论知识来解决实践中各类问题的关键环节，是数字电路设计者必须掌握的基本技能。下面介绍数字电路安装与调试中的一些常用方法。

（1）功能测试方法。在安装电路之前，对所选用的数字集成电路器件，应进行逻辑功能的检测，以避免因器件功能不正常而增加调试的困难。检测器件功能的方法是多种多样的，常用方法有以下几种。

① 仪器检测法。用一些简单而实用的数字集成电路测试仪进行检测。

② 实验检查法。用实验电路进行逻辑功能测试。

③ 替代法。用被测器件替代正常的数字电路中的相同器件。

（2）接插和布线方法。数字电路的实验通常是在面包板上进行的。当插接集成器件时，使器件的缺口端朝左方，先对准插孔的位置，然后稍用力将其插牢，这样做可防止集成器件管脚弯曲或折断。

（3）数字电路的调试方法。数字电路的调试顺序也是先调试单元电路或子系统，然后逐渐扩大，并将几个单元电路进行联调，最后进行整机的调试。一般根据信号的流向逐级调试。在数字电路系统中，相同的单元电路和集成器件较多，为了尽快找出故障，常采用以下几种调试方法。

① 替代法。将已经调整好的单元电路代替有故障或有疑问的相同单元电路，这样可以很快判断出故障原因是在单元电路本身，还是在其他的单元或连接线上。当发现某一局部电路有问题时，应先检查该部分的连线，当确认无误后再更换集成电路芯片。

② 对比法。将有问题的电路的状态、参数与相同正常电路进行逐项对比。

③ 对分法。把有故障的电路对分为两个部分，可检测出有问题的那一部分而排除无故障的另一部分电路。然后再对有故障的部分进行对分检测，直到找出故障点。

实践表明，数字单元电路的故障大多是接线错误或接触不良引起的，集成器件本身的问题较少。然而设计者在调试过程中发现电路不能正常工作时，往往一开始就怀疑集成器件损坏，这是应该引起注意的。

3. 数字电路的故障排查和排除方法

在实训中，当电路不能完成预期的逻辑功能时，就称电路有故障。在实际操作中，通常会遇到 3 类典型故障：一是设计错误导致的故障；二是布线错误导致的故障；三是器件与底板的故障。其中大量的故障是由于接触不良（导线与底板插孔，器件管脚与底板插孔）引起的，其次是布线上的错误（漏线和错线），而集成器件本身的问题是较少的。

设计错误在这里指的不是逻辑设计错误，而是指所用的器件不合适或电路中各器件之间的配合上的错误。例如电路动作的边沿选择与电平选择错误，电路延迟时间的配合不当，以及某些器

件控制信号变化对时钟脉冲所处状态的要求等，这些因素在设计时应引起足够的重视。

下面仅介绍在设计正确的前提下，对实验故障的检查方法。

（1）全部连线好以后，仔细检查一遍。检查集成电路正方向是否插对，包括电源线与地线在内的连线是否有漏线与错线，是否有两个以上的输出端错误地连在一起等。

（2）使用万用表的欧姆挡，测量实验电路电源端与地线之间的电阻值，排除电源与地线的开路与短路现象。

（3）用万用表测量直流稳压电源输出的电压是否为所需值（+5V），然后接通电源，观察电路及各种器件有无异常发热等现象。

（4）检查各集成电路是否均已加上电源。可靠的检查方法是用万用表测试棒直接测量集成块电源端和地线两脚之间的电压。这种方法可以检查出因底板、集成块引脚等原因造成的故障。

（5）检查是否有不允许悬空的输入端（例如，TTL 中规模以上的控制输入端，CMOS 电路的各输入端等）未接入电路。

（6）进行静态（或单步工作）的测量。使电路处在某一输入状态下，观察电路的输出是否与设计要求一致。用真值表检查电路是否正常。若发现差错，必须重复测试，仔细观察故障现象，然后把电路固定在某一故障状态，用万用表测试电路中各器件输入、输出端的电压。

（7）如果无论输入信号怎样变化，输出一直保持高电平不变，则可能是集成块没有接地或接地不良。若输出信号保持与输入信号按同样规律变化，则可能集成块没有接电源。

（8）对于多个输入端器件，如果使用时有输入端多余的情况，那么在检查故障时可以调换另外的输入端试用。在实验中，使用器件替换法也是一种有效的检查故障的方法，它可以排除器件功能不正常引起的电路故障。

（9）电路故障的检查方法可以用逐级跟踪的方法进行。静态检查是使电路处在某一故障的工作状态；动态检查是在某一规律信号作用下检查各级工作波形。具体检查次序可以从输入端开始，按信号流程依次逐级向后检查，也可以从故障输出端向输入方向逐级检查，直至找到故障。

（10）对于含有反馈线的闭合电路，应设法断开反馈线进行检查，必要时对断开的电路进行状态预置，再进行检查。

四、综合实训考核评价

综合实训考核评价表如表 3-46 所示。

表 3-46　　　　　　　　　综合实训考核评价表

项目完成时间：　　年　　月　　日至　　年　　月　　日			组员			
评价项目		评分依据	优秀 （10～8）	良好 （7～5）	合格 （4～2）	继续努力 （<2）
自 我 评 价 （30分）	学习 态度 （10分）	1. 所有项目都出勤，没有迟到、早退现象 2. 认真完成各项任务，积极参加活动与讨论 3. 尊重其他组员或老师，能够很好地交流合作				

续表

项目完成时间： 年 月 日至 年 月 日			组员			
评价项目		评分依据	优秀 （10~8）	良好 （7~5）	合格 （4~2）	继续努力 （<2）
自我评价 （30分）	团队角色 （10分）	1. 具有较强的团队精神、合作意识 2. 积极参与各项活动、小组讨论、制作过程 3. 组织、协调能力强，主动性强，表现突出				
	项目情况 （10分）	有扎实的基础理论知识和专业知识；能够正确设计实验方案（或正确建立数学模型、结构方案）；独立进行实验工作；能运用所学知识和技能去发现与解决实际问题；能正确处理实验数据；能对课题进行理论分析，得出有价值的结论				
自我评价：			合计：			
小组内互评 （20分）	其他成员	评分依据	优秀 （20~18）	良好 （17~15）	合格 （14~12）	继续努力 （<12）
		1. 所有项目都没有缺勤，没有迟到、早退现象 2. 具有较强的团队精神、合作意识 3. 积极参与各项活动、小组讨论、成果制作等过程 4. 组织、协调能力强，主动性强，表现突出 5. 能客观有效地评价同伴的学习 6. 能按时完成规定的任务，工作量饱满，难度较大；工作努力，工作作风严谨务实				
小组内互评平均分：			合计：			
教师评价 （50分）	评价项目	评分依据	优秀 （50~48）	良好 （47~45）	合格 （44~42）	继续努力 （<42）
		1. 所有项目都没有缺勤，没有迟到、早退现象 2. 完成项目期间认真完成任务，积极参与活动与讨论 3. 团结、尊敬其他组员和教师，能够较好地交流合作 4. 具有较强的团队精神、合作意识，积极参与团队活动 5. 能客观有效地评价同伴的学习，通过学习有所收获 6. 综述简练完整，有见解；理论正确，论述充分，结构严谨合理；实验正确，分析处理科学；文字通顺，技术用语准确，符号统一，编号齐全，书写工整规范，图标完备、整洁、正确；论文结果有应用价值；图纸绘制符合国家标准；计算机测试结果准确；工作中有创新意识；对前人工作有所改进或突破，或有独特见解				
教师评价总分：			合计：			
总分						

五、综合实训

课题一 汽车尾灯控制电路

假设汽车尾部左右两侧各有 3 个指示灯（用发光二极管模拟），实训要求是在汽车正常运行时指示灯全灭；右转弯时，右侧 3 个指示灯按右循环顺序点亮；在左转弯时左侧 3 个指示灯按左循环顺序点亮；在临时制动时，所有指示灯同时闪烁。

1. 列出尾灯与汽车运行状态表（见表 3-47）

表 3-47　　　　　　　　　尾灯和汽车运行状态关系表

开关控制		运行状态	左尾灯	右尾灯
S_1	S_0		VD_4、VD_5、VD_6	VD_1、VD_2、VD_3
0	0	正常运行	灯灭	灯灭
0	1	右转弯	灯灭	按 VD_1、VD_2、VD_3 顺序循环点亮
1	0	左转弯	按 VD_4、VD_5、VD_6 顺序循环点亮	灯灭
1	1	临时制动	所有的尾灯随时钟 CP 同时闪烁	

2. 设计总体框图

由于汽车左或右转弯时，3 个指示灯循环点亮，所以用三进制计数器控制译码器电路顺序输出低电平，从而控制尾灯按要求点亮。由此得出在每种运行状态下，各指示灯与各给定条件（S_1、S_0、CP、Q_1、Q_0）之间的关系，即逻辑功能表，如表 3-48 所示（表中 0 表示灯灭状态，1 表示灯亮状态）。

由表 3-48 得出总体框图，如图 3-97 所示。

表 3-48　　　　　　　　　汽车尾灯控制逻辑功能表

开关控制		三进制计数器		6 个指示灯					
S_1	S_0	Q_1	Q_0	VD_6	VD_5	VD_4	VD_1	VD_2	VD_3
0	0			0	0	0	0	0	0
0	1	0	0	0	0	0	1	0	0
		0	1	0	0	0	0	1	0
		1	0	0	0	0	0	0	1
1	0	0	0	0	0	1	0	0	0
		0	1	0	1	0	0	0	0
		1	0	1	0	0	0	0	0
1	1			CP	CP	CP	CP	CP	CP

3. 设计单元电路

三进制计数器电路可由双 JK 触发器 74LS76 构成，读者可根据表 3-48 自行设计。

汽车尾灯电路如图 3-98 所示，其显示驱动电路由 6 个发光二极管和 6 个反相器构成；译码电

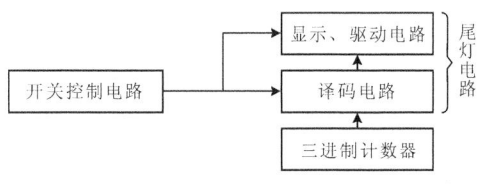

图 3-97　汽车尾灯控制电路原理框图

路由 3 线-8 线译码器 74LS138 和 6 个与非门构成。74LS138 的 3 个输入端 A_2、A_1、A_0 分别接 S_1、Q_1、Q_0，而 Q_1、Q_0 是三进制计数器的输出端。当 $S_1=0$，使能信号 A=G=1，计数器的状态为 00、01、10 时，74LS138 对应的输出端 $\overline{Y_0}$、$\overline{Y_1}$、$\overline{Y_2}$ 依次为 0 有效（$\overline{Y_3}$、$\overline{Y_4}$、$\overline{Y_5}$ 信号为 1 无效），即反相器 $G_1 \sim G_3$ 的输出端也依次为 0，故指示灯 $D_1 \rightarrow D_2 \rightarrow D_3$ 按顺序点亮，示意汽车右转弯。若上述条件不变，而 $S_1=1$，则 74LS138 对应的输出端全为 1，$G_6 \sim G_1$ 的输出端也全为 1，指示灯全灭；当 G=0，A=CP 时，指示灯随 CP 的频率闪烁。

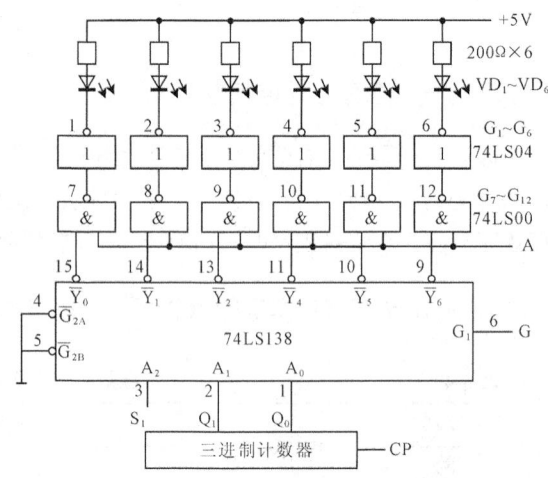

图 3-98　尾灯电路

对于开关控制电路，设 74LS138 和显示驱动电路的使能端信号分别为 G 和 A，根据总体逻辑功能表分析及组合得 G、A 与给定条件（S_1、S_0、CP）的真值表，如表 3-49 所示。由表 3-49 经过整理得到逻辑表达式

$$G=S_1 \oplus S_0$$

$$A= \overline{S_1 S_0} + S_1 S_0$$

$$CP=\overline{S_1 S_0 \cdot \overline{S_1 S_0 CP}}$$

由上式得开关控制电路，如图 3-99 所示。

表 3-49　　　　　　　　　　　S_1、S_0、CP 与 G、A 逻辑功能表

开关控制		CP	使能信号	
S_1	S_0		G	A
0	0		0	1
0	1		1	1
1	0		1	1
1	1	CP	0	CP

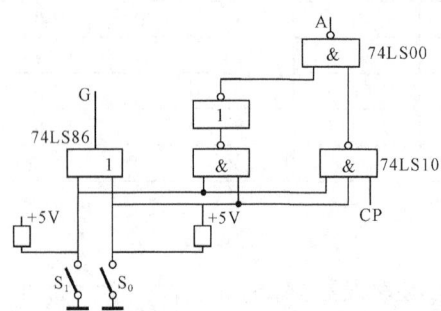

图 3-99　开关控制电路

汽车尾灯总体电路，如图 3-100 所示。

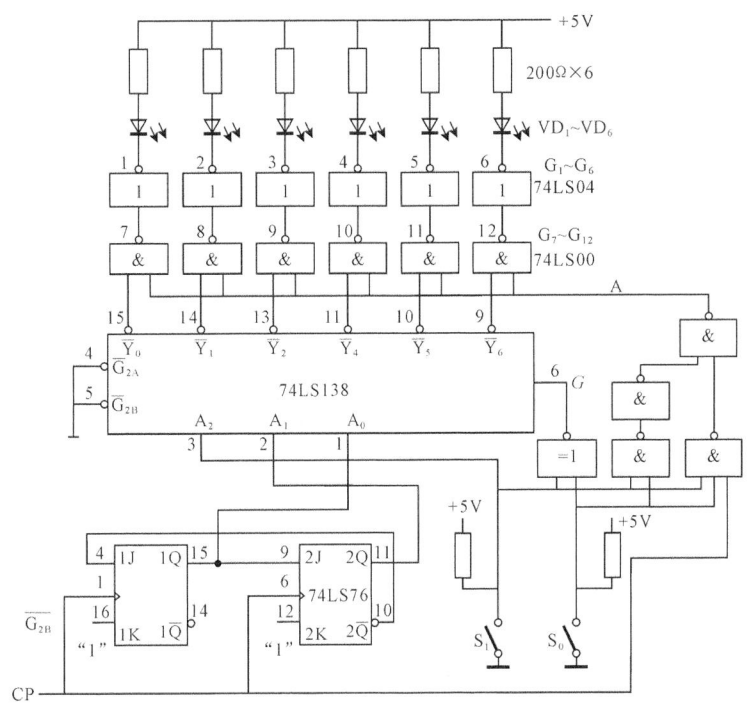

图 3-100　汽车尾灯总体电路

课题二　篮球竞赛 30s 计时器

1．功能要求

30s 计时器的具体功能要求如下。

（1）具有显示 30s 的计时功能。

（2）设置外部操作开关，控制计时器的直接清零、启动和暂停/连续功能。

（3）计时器为 30s 递减计时器，其计时间隔为 1s。

（4）计时器递减计时到零时，数码显示器不能灭灯，应发出光电报警信号。

2．绘制原理框图

根据功能要求，绘制原理框图，如图 3-101 所示。

原理框图包括秒脉冲发生器、计数器、译码显示电路、辅助时序控制电路（简称控制电路）和报警电路共 5 个部分。其中，计数器和控制电路是系统的主要部分。计数器完成 30s 计时功能，而控制电路具有直接控制计数器的启动计数、暂停/连续计数、译码显示电路的显示和灭灯功能。为

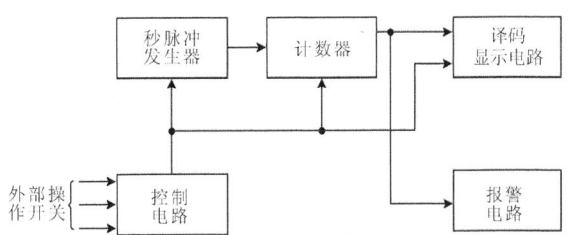

图 3-101　30s 计时器的总体参考方案框图

了满足系统的设计要求，在设计控制电路时，应正确处理各个信号之间的时序关系。在操作直接清零开关时，要求计数器清零，数码显示器灭灯。当启动开关闭合时，控制电路应封锁时钟信号

CP（秒脉冲信号），同时计数器完成置数功能，译码显示电路显示 30s 字样。当启动开关断开时，计数器开始计数；当暂停/连续开关拨至暂停位置上时，计数器停止计数，处于保持状态；当暂停/连续开关拨至连续位置时，计数器继续递减计数。另外，外部操作开关都应采取去抖动措施，以防止机械抖动造成电路工作不稳定。

3．设计单元电路

8421BCD 码三十进制递减计数器是由 74LS192 构成的，如图 3-102 所示。三十进制递减计数器的预置数为 N=（0011　0000）$_{8421BCD}$=（30）$_D$。它的计数原理是，每当低位计数器的 $\overline{BO}$ 端发出负跳变借位脉冲时，高位计数器减 1 计数。当高、低位计数器处于全 0，同时在 CP_D=0 期间，高位计数器 $\overline{BO}=\overline{LD}=0$，计数器完成异步置数，之后 $\overline{BO}=LD=1$，计数器在 CP_D 时钟脉冲作用下，进入下一轮递减计数。

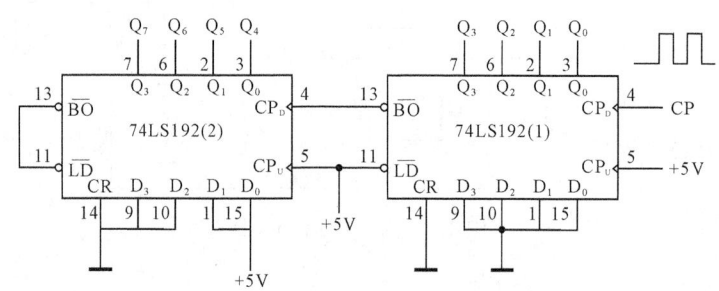

图 3-102　8421BCD 码三十进制递减计数器

辅助时序控制电路如图 3-103 所示。图 3-103 中，与非门 G_2 和 G_4 的作用是控制时钟信号 CP 的放行与禁止，当 G_4 输出为 1 时，G_2 关闭，封锁 CP 信号；当 G_4 输出为 0 时，G_2 打开，放行 CP 信号，而 G_4 的输出状态又受外部操作开关 S_1 和 S_2（即启动和暂停/连续开关）的控制。

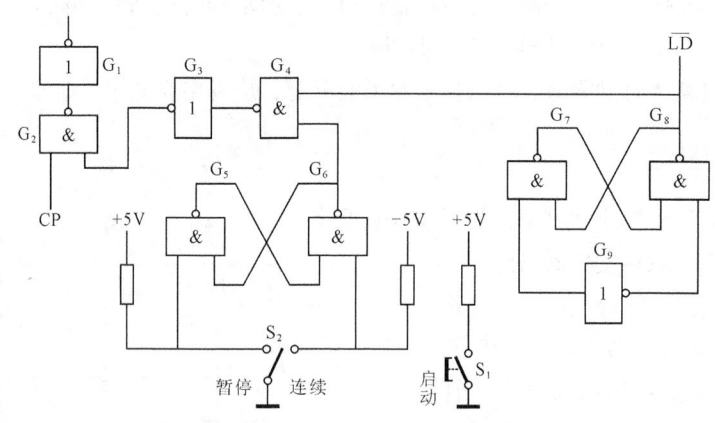

图 3-103　辅助时序控制电路

4．篮球竞赛 30s 计时器参考电路

篮球竞赛 30s 计时器参考电路如图 3-104 所示。

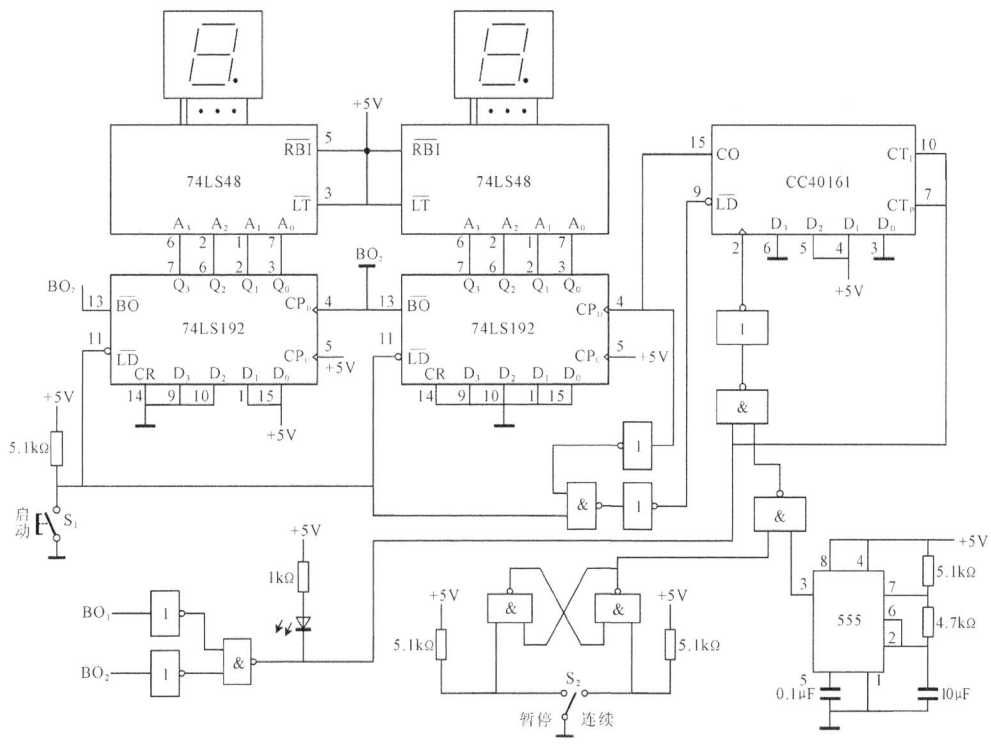

图 3-104　篮球竞赛 30s 计时器参考电路

课题三　多路智力竞赛抢答器

1．抢答器的基本功能要求

（1）设计一个智力竞赛抢答器，可同时供 8 名选手或 8 个代表队参加比赛，他们的编号分别是 0、1、2、3、4、5、6、7，各用一个抢答按钮，按钮的编号与选手的编号相对应，分别是 S_0、S_1、S_2、S_3、S_4、S_5、S_6、S_7。

（2）给节目主持人设置一个控制开关，用来控制系统的清零（编号显示数码管灭灯）和抢答的开始。

（3）抢答器具有数据锁存和显示的功能。抢答开始后，若有选手按动抢答按钮，则编号立即锁存，并在 LED 数码器上显示出选手的编号，同时扬声器给出音响提示。此外，要封锁输入电路，禁止其他选手抢答。优先抢答选手的编号一直保持到主持人将系统清零为止。

2．抢答器的扩展功能

（1）抢答器具有定时抢答的功能，且一次抢答的时间可以由主持人设定（如 30s）。当节目主持人启动"开始"开关后，要求定时器立即减计时，并用显示器显示，同时扬声器发出短暂的声响，声响持续时间 0.5s 左右。

（2）参赛选手在设定的时间内抢答，抢答有效，定时器停止工作，显示器显示选手的编号和抢答的时间，并将该信息保持到主持人将系统清零为止。

（3）如果定时抢答的时间已到，却没有选手抢答，则本次抢答无效，系统短暂报警，并封锁输入电路，禁止选手超时后抢答，同时在时间显示器上显示00。

3．设计抢答器的组成框图

定时抢答器的总体框图如图 3-105 所示，它由主体电路和扩展电路两部分组成。主体电路完成基本的抢答功能，即开始抢答后，当选手按动抢答按钮时，能显示选手的编号，同时能封锁输入电路，禁止其他选手抢答。扩展电路完成定时抢答的功能。

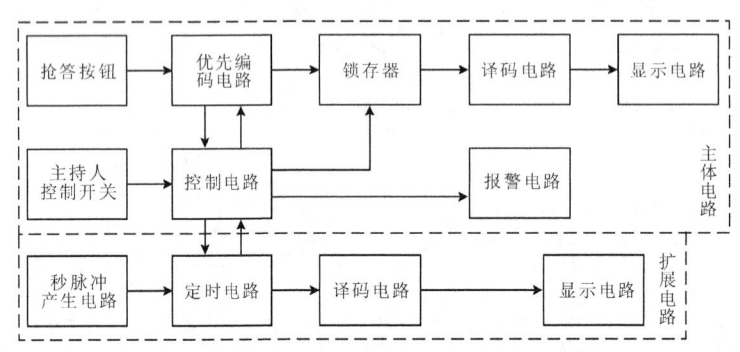

图 3-105　定时抢答器总体框图

图 3-105 所示的定时抢答器的工作过程：接通电源时，节目主持人将开关置于"清除"位置，抢答器处于禁止工作状态，编号显示器灭灯，定时显示器显示设定的时间；当节目主持人宣布抢答题目后，说一声"抢答开始"，同时将控制开关拨到"开始"位置，此时扬声器给出声响提示，抢答器处于工作状态，定时器倒计时；当定时时间到，却没有选手抢答时，系统报警并封锁输入电路，禁止选手超时后抢答。当选手在定时时间内按动抢答按钮时，抢答器要完成以下 4 项工作。

（1）优先编码电路立即分辨出抢答者的编号，并由锁存器进行锁存，然后由译码显示电路显示编号。

（2）扬声器发生短暂声响，提醒节目主持人注意。

（3）控制电路要对输入编码电路进行封锁，避免其他选手再次进行抢答。

（4）控制电路要使定时器停止工作，时间显示器上显示剩余的抢答时间，并保持到主持人将系统清零为止。

当选手将问题回答完毕，主持人操作控制开关，使系统回复到禁止工作状态，以便进行下一轮抢答。

4．设计单元电路

（1）抢答电路。抢答电路的功能有两个：一是能分辨出选手按动按钮的先后顺序，并锁存优先抢答者的编号，供译码显示电路用；二是要使其他选手的按键操作无效。选用优先编码器 74LS148 和 RS 锁存器 74LS279 可以完成上述功能，其电路组成如图 3-106 所示。其工作原理是，当主持人控制开关处于"清除"位置时，RS 触发器的 $\overline{R}$ 端为低电平，输出端（4Q～1Q）全部为低电平，于是 74LS48 的 $\overline{BI}=0$，显示器灭灯。74LS148 的选通输入端 $\overline{ST}=0$，74LS148 处于工作状态，则此时锁存电路不工作。当主持人将开关拨到"开始"位置时，优先编码电路和锁存电路同时处于工作状态，即抢答器处于等待工作状态，等待输入端 $\overline{I_7}\sim\overline{I_0}$ 的输入信号，当有选手将键按下时（如按下 S_5），74LS148 的输出 $\overline{Y_2Y_1Y_0}=010$，$\overline{Y_{EX}}=0$，经 RS 锁存器后，CTR=1，$\overline{BI}=1$，

74LS279 处于工作状态，$Q_4Q_3Q_2$ =101，经 74LS48 译码后，显示器显示出 "5"。此外，CTR=1，使 74LS148 的 $\overline{ST}$ 端为高电平，但由于 CTR 维持高电平不变，所以 74LS148 仍处于禁止工作状态，其他按键的输入信号不会被接收。这就保证了抢答者的优先性以及抢答电路的准确性。当优先抢答者回答完问题后，由主持人操作控制开关 S，使抢答电路复位，以便进行下一轮抢答。

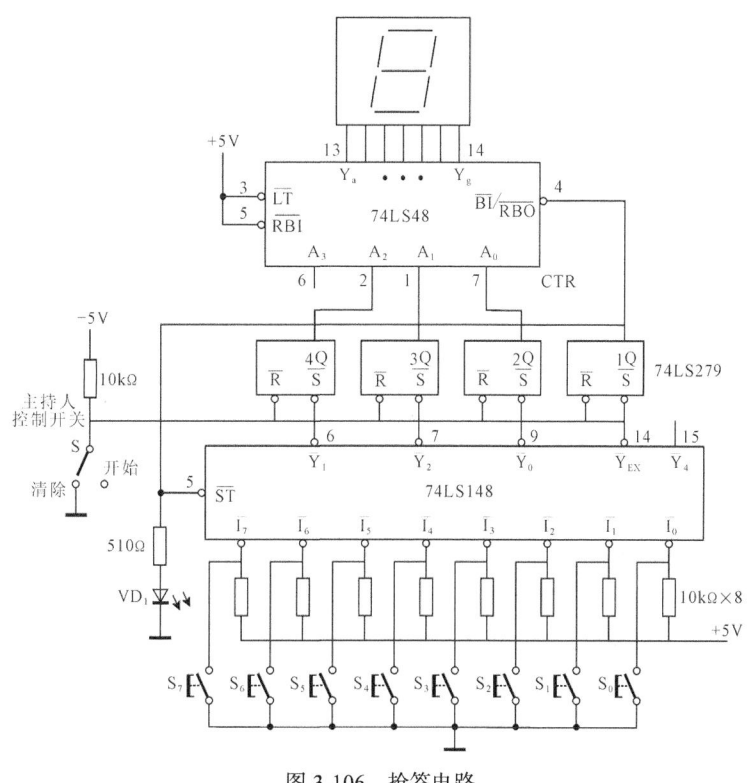

图 3-106　抢答电路

（2）定时电路。节目主持人根据抢答题的难易程度，设定一次抢答的时间，通过预置时间电路对计数器进行预置，选用十进制同步加/减计数器 74LS192 进行设计，计数器的时钟脉冲由秒脉冲电路提供。具体电路如图 3-107 所示，电路的工作原理可自行分析。

（3）报警电路。由集成电路定时器 555 和三极管构成的报警电路如图 3-108 所示。其中集成电路定时器 555 构成多谐振荡器，振荡频率

$$f_0 = \frac{1}{(R_1 + 2R_2)C\ln 2} \approx \frac{1.43}{(R_1 + 2R_2)C}$$

其输出信号经三极管推动扬声器。PR 表示控制信号，当 PR 为高电平时，多谐振荡器工作；反之，电路停止工作。

（4）时序控制电路。时序控制电路是抢答器设计的关键，它要完成以下 3 项功能。

①　当主持人将控制开关拨到 "开始" 位置时，扬声器发声，抢答电路和定时电路进入正常抢答工作状态。

②　当参赛选手按动抢答键时，扬声器发声，抢答电路和定时电路停止工作。

③　当设定的抢答时间到，无人抢答时，扬声器发声，同时抢答电路和定时电路停止工作。

根据上面的功能要求以及图 3-106 和图 3-107 要求，设计的时序控制电路如图 3-109 所示。图 3-109 中，门 G_1 的作用是控制时钟信号 CP_D 的放行与禁止，门 G_2 的作用是控制 74LS148 的

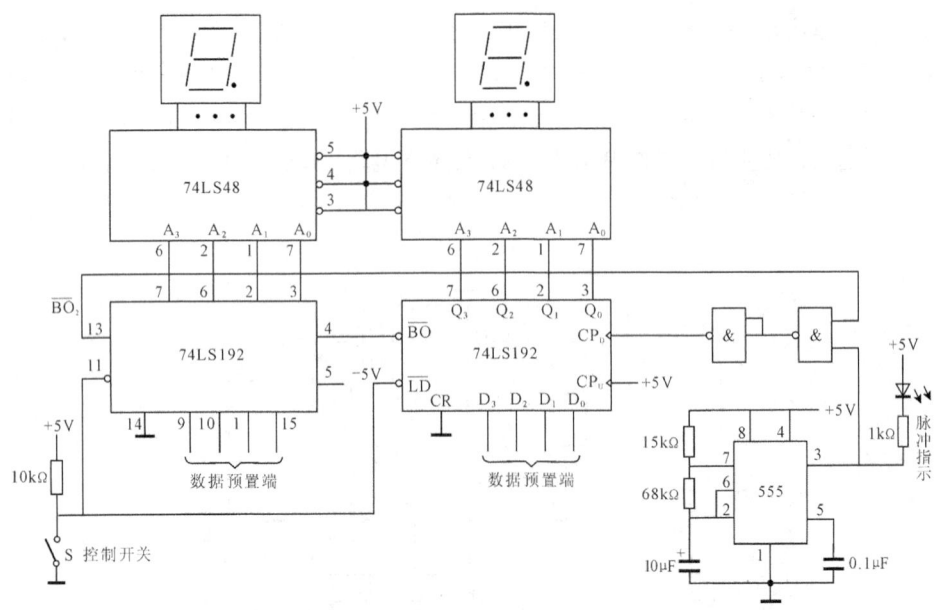

图 3-107 可预置时间的定时电路

输入使能端$\overline{ST}$。图 3-109（a）的工作原理是，主持人将控制开关从"清除"位置拨到"开始"位置时，来自于图 3-106 中的 74LS279 的输出 CTR=0，经 G_3 反相，A=1，则集成电路定时器 555 输出端的时钟信号CP能够加到74LS192的CP_D时钟输入端，定时电路进行递减计时。同时，在定时时间未到时，来自于图 3-107 中的 74LS192 借位输出端 $\overline{BO_2}$ =1，门 G_2 的输出 $\overline{ST}$ =0，使 74LS48 处于正常工作状态，从而实现第一个功能的要求。当选手在定时时间内按动抢答键时，CTR=1，经 G_3 反相，A=0，封

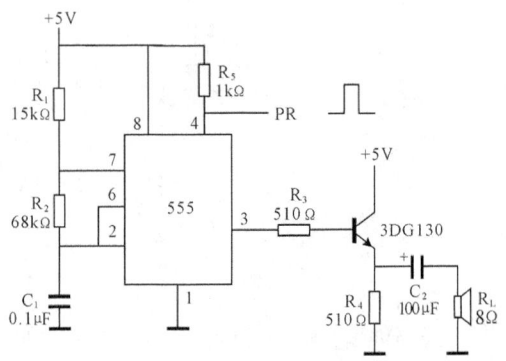

图 3-108 报警电路

锁 CP_D 信号，定时器处于保持工作状态；同时，门 G_2 的输出 $\overline{ST}$ =1，74LS148 处于禁止工作状态，从而实现第二个功能的要求。当定时时间到，来自 74LS192 的 $\overline{BQ_2}$ =0，$\overline{ST}$ =0，74LS148 处于禁止工作状态，禁止选手进行抢答。此时，门 G_1 处于关门状态，封锁 CP_D 信号，使定时电路保持状态不变，从而实现第 3 个功能的要求。74LS121 用于控制报警电路及发声的时间。

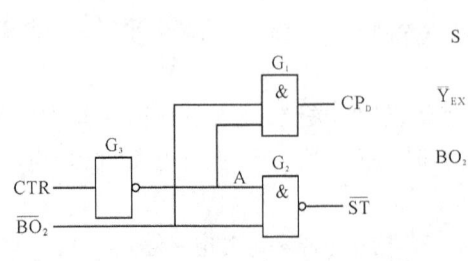

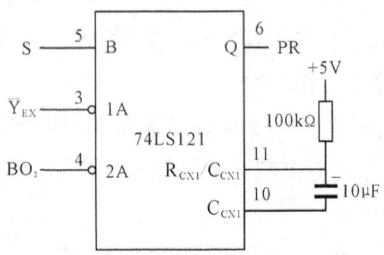

（a）抢答与定时电路的时序控制电路　　　（b）报警电路的时序控制电路

图 3-109 时序控制电路

（5）整机电路。定时抢答器的总体逻辑电路如图 3-110 所示。

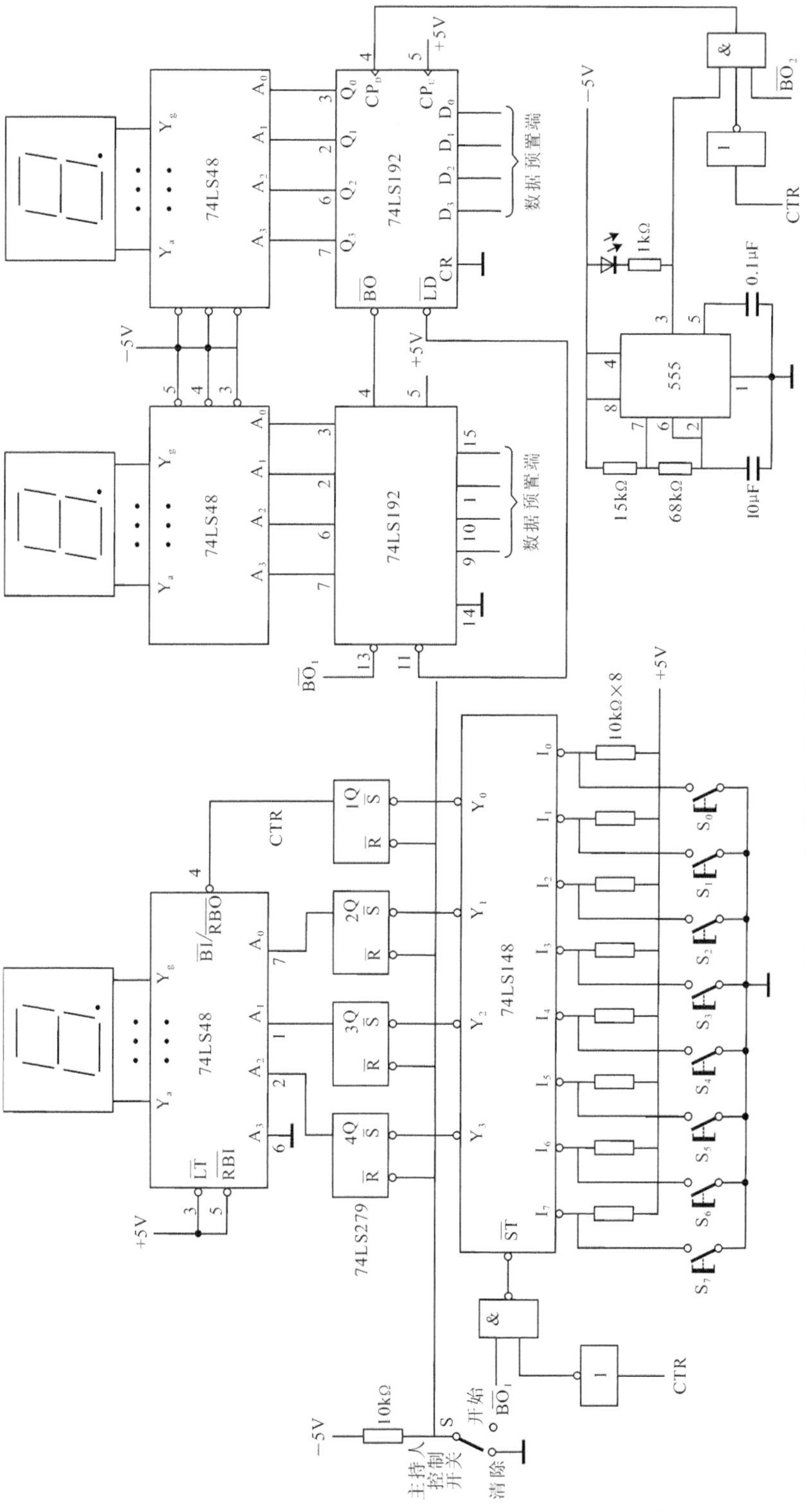

图 3-110　定时抢答器的总体逻辑电路图

课题四 多功能数字钟

1．多功能数字钟的基本功能

（1）准确计时，以数字形式显示时、分、秒的时间。
（2）以小时为单位的计时要求为"12 翻 1"，以分和秒为单位的计时要求为 60 进位。
（3）校正时间。

2．多功能数字时钟的扩展功能

（1）定时控制。
（2）仿广播电台整点报时。
（3）报整点时数。
（4）触摸报整点时数。

3．数字钟电路系统的组成框图

如图 3-111 所示，数字钟电路系统由主体电路和扩展电路两大部分组成。其中，主体电路完成数字钟的基本功能，扩展电路完成数字钟的扩展功能。

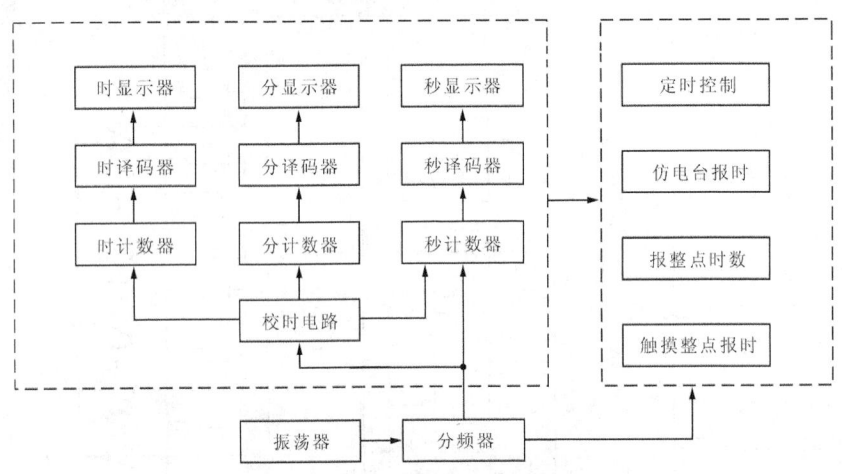

图 3-111　多功能数字钟系统组成框图

该系统的工作原理是，振荡器产生稳定的高频脉冲信号作为数字钟的时间基准，再经分频器输出标准秒脉冲。秒计数器计满 60s 后向分计数器进位，分计数器计满 60min 后向小时计数器进位，计数器按照"12 翻 1"规律计数。计数器的输出经译码器送显示器。计时出现误差时可以用校时电路进行校时、校分、校秒。扩展电路必须在主体电路正常运行的情况下才能完成功能扩展。

4．设计主体电路

主体电路是由功能部件或单元电路组成的。在设计这些电路或选择部件时，尽量选用同类型的器件，如所有功能部件都采用 TTL 集成电路或都采用 CMOS 集成电路。整个系统所用的器件种类应尽可能少。下面介绍各功能部件与单元电路的设计。

（1）振荡器的设计。振荡器是数字钟的核心。振荡器的稳定度及频率的精确度决定了数字钟计时的准确程度。通常选用石英晶体构成振荡器电路。一般来说，振荡器的频率越高，计时的精度越高。图 3-112 所示为电子手表集成电路（如 5C702）中的晶体振荡器电路，常用晶振的频率为 32768Hz。因其内部有 15 级 2 分频集成电路，所以输出端正好可得到 1Hz 的标准脉冲。

如果精度要求不高也可以采用由集成逻辑门与 RC 组成的时钟源振荡器，或由集成电路定时器 555 与 RC 组成的多谐振荡器。这里选用集成电路定时器 555 构成的多谐振荡器，设振荡频率 $f_0 = 10^3 \text{Hz}$，电路参数如图 3-113 所示。

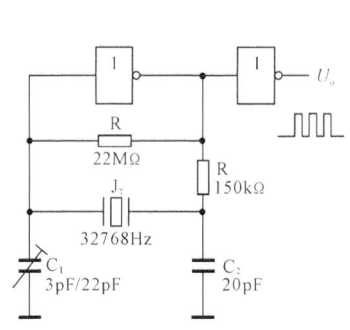
图 3-112　晶体振荡器

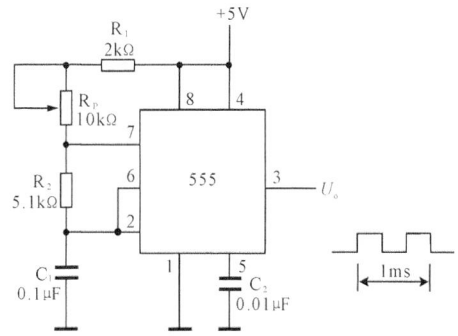
图 3-113　多谐振荡器

（2）分频器的设计。分频器的功能主要有两个：一是产生标准秒脉冲信号；二是提供功能扩展电路所需要的信号，如仿电台报时用的 1kHz 的高音频信号和 500Hz 的低音频信号等。选用 3 片中规模集成电路计数器 74LS90 可以完成上述功能。因每片 74LS90 为 1/10 分频，3 片级联则可获得所需要的频率信号，即第 1 片的 Q_0 端输出频率为 500Hz，第 2 片的 Q_3 端输出频率为 10Hz，第 3 片的 Q_3 端输出频率为 1Hz。

（3）时分秒计数器的设计。分和秒计数器都是模数为 60 的计数器，其计数规律为 00—01 —…—58—59—00…，选 74LS92 作为十位计数器，74LS90 作为个位计数器，再将它们级联组成模数为 60 的计数器。

时计数器是一个"12 翻 1"的特殊进制计数器，即当数字钟运行到 12 时 59 分 59 秒时，秒的个位计数器再输入一个秒脉冲，这时数字钟应自动显示为 01 时 00 分 00 秒，以实现日常生活中习惯用的计时规律。"12 翻 1"小时计数器电路如图 3-114 所示。

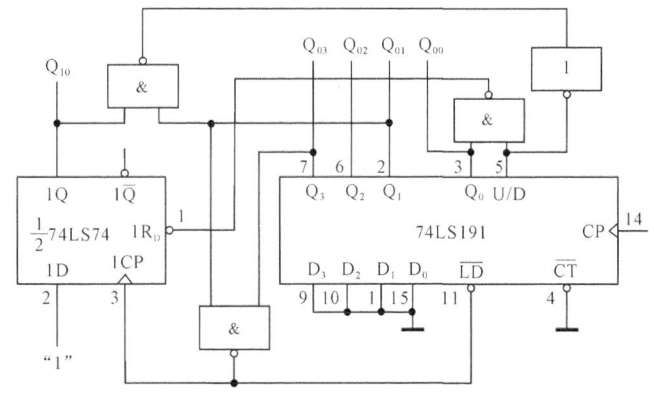
图 3-114　"12 翻 1"小时计数器的电路

（4）校时电路的设计。当数字钟接通电源或者计时出现误差时，需要校正时间（或称校时）。校时是数字钟应具备的基本功能。一般电子手表都具有时、分、秒等校时功能。为使电路简单，这里只进行分和小时的校时。

对校时电路的要求：在小时校正时不影响分和秒的正常计数；在分校正时不影响秒和小时的正常计数。校时方式有"快校时"和"慢校时"两种，"快校时"是通过开关控制，使计数器对1Hz的校时脉冲计数。"慢校时"是用手动产生单脉冲作为校时脉冲。图3-115所示为校时、校分电路。其中 S_1 为校分用的控制开关，S_2 为校时用的控制开关，它们的控制功能如表3-50所示。校时脉冲采用分频器输出的1Hz脉冲，当 S_1 或 S_2 分别为0时可进行"快校时"。如果校时脉冲由单次脉冲产生器提供，则可以进行"慢校时"。

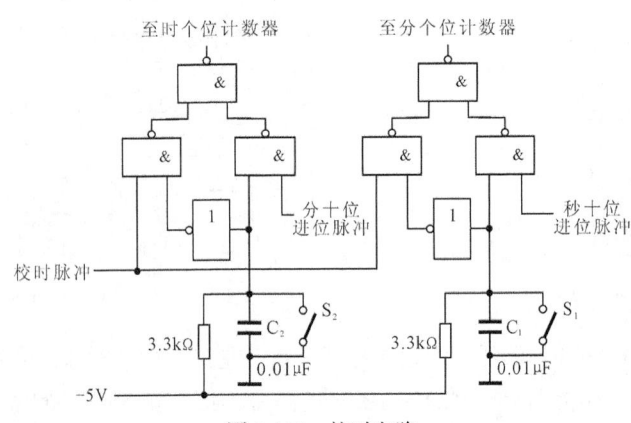

图 3-115　校时电路

表 3-50　　　　　　　　　　　　　　　校时、校分开关的功能

S_2	S_1	功　能
1	1	计　数
1	0	校　分
0	1	校　时

需要注意的是，校时电路是由与非门构成的组合逻辑电路，开关 S_1 或 S_2 为0或1时，可能会产生抖动，此时若接电容 C_1、C_2 则可以缓解抖动。必要时还应将其改为去抖动开关电路。

（5）装调主体电路，具体步骤如下。

① 由图3-111所示的数字钟系统组成框图，按照信号的流向分级安装，逐级级联。这里的每一级是指组成数字钟的各功能电路。

② 级联时如果出现时序配合不同步，或尖峰脉冲干扰，引起逻辑混乱，则可以增加多级逻辑门来去干扰。如果显示字符变化很快，模糊不清，则可能是由于电源电流的跳变引起的，可在集成电路器件的电源端 U_{CC} 加退耦滤波电容。通常用几十微法的大电容与 0.01μF 的小电容相关联。

③ 画数字钟的总体逻辑电路图。经过联调并纠正设计方案中的错误和不足之处后，再测试电路的逻辑功能是否满足设计要求。最后画出满足设计要求的总体逻辑电路图，如图3-116所示。如果实验器材有限，则其中秒计数器的个位和时计数器的十位可以采用发光二极管指示，这样就可以省去两片译码器和两片数码显示器。

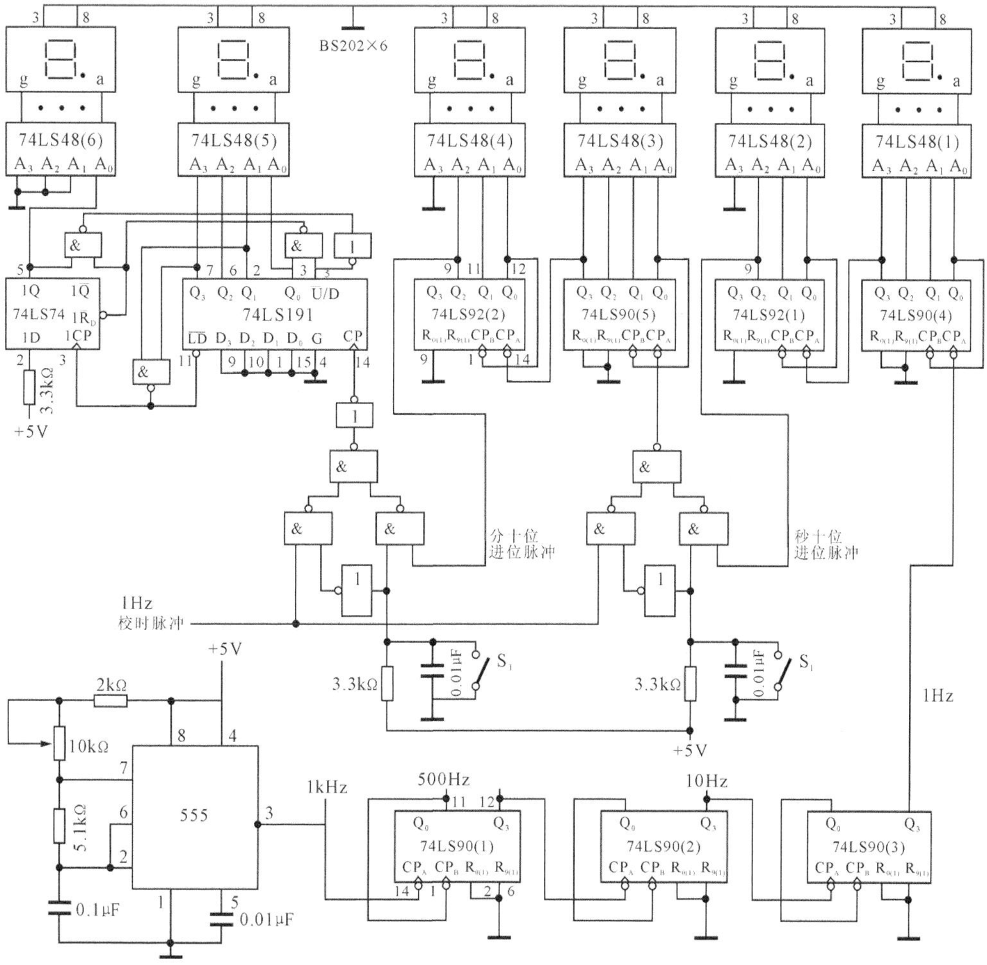

图 3-116　数字钟的总体逻辑电路图

5. 设计功能扩展电路

（1）定时控制电路的设计。数字钟在指定的时刻发出信号，或驱动音响电路"闹时"，或对某装置的电源进行接通、断开"控制"。不管是闹时还是控制，都要求时间准确，即信号的开始时刻与持续时间必须满足规定的要求。例如要求上午 7 点 59 分发出闹时信号，持续时间为 1min。因为 7 点 59 分对应数字钟的时个位计数器的状态为 $(Q_3Q_2Q_1Q_0)_{H1}=0111$，分十位计数器的状态为 $(Q_3Q_2Q_1Q_0)_{M2}=0111$，分个位计数器的状态为 $(Q_3Q_2Q_1Q_0)_{M1}=1001$。若将上述计数器输出为 1 的所有输出端经过与门电路控制音响电路，则可以使音响电路正好在 7 点 59 分有声响，持续 1min 后（即 8 点时）停响。所以闹时控制信号 Z 的表达式为

$$Z=(Q_2Q_1Q_0)_{H1}\cdot(Q_2Q_0)_{M2}\cdot(Q_3Q_0)_{M1}\cdot M$$

式中，M 为上午的信号输出，要求 M=1。

如果用与非门实现上式所表示的逻辑功能，则可以将 Z 进行布尔代数变换，即

$$Z = \overline{\overline{(Q_2Q_1Q_0)_{H1}\cdot M}\cdot\overline{(Q_2Q_0)_{M2}\cdot(Q_3Q_0)_{M1}}}$$

实现上式的逻辑电路如图 3-117 所示，其中 74LS20 为 4 输入二与非门，74LS03 为集电极开

139

路（OC 门）的 2 输入四与非门，因 OC 门的输出端可以进行"线与"，所以使用时在它们的输出端与电源+5V 端之间应接一电阻 R_L，取 R_L=3.3kΩ。如果控制 1kHz 高音和驱动音响电路的两级与非门也采用 OC 门，则 R_L 的值应重新计算。

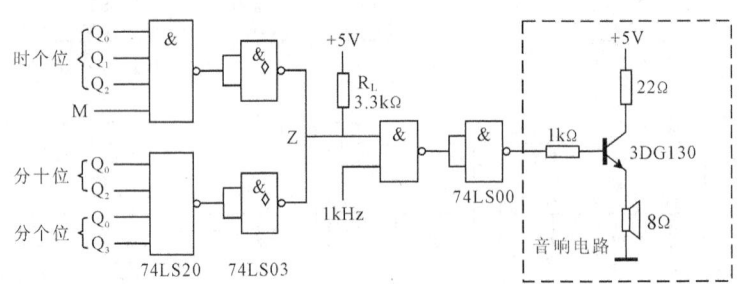

图 3-117 闹时电路

如图 3-117 所示，在上午 7 点 59 分时，音响电路的晶体管导通，扬声器发出 1kHz 的声音。当持续 1min 到 8 点整时，晶体管因输入端为 0 而截止，此时电路停响。

（2）仿广播电台整点报时电路的设计。仿广播电台整点报时电路的功能要求是，每当数字钟计时快要到整点时发出声响，通常按照 4 低音 1 高音的顺序发出间断声响，以最后一声高音结束的时刻为正点时刻。

设 4 声低音（约 500Hz）分别发生在 59 分 51 秒、53 秒、55 秒及 57 秒，最后一声高音（约 1kHz）发生在 59 分 59 秒，它们的持续时间均为 1s。计数器的状态如表 3-51 所示。

表 3-51　　　　　　　　　　　　　　　　　秒个位计数器的状态

CP（秒）	Q_{3S1}	Q_{2S1}	Q_{1S1}	Q_{0S1}	功能
50	0	0	0	0	
51	0	0	0	1	鸣低音
52	0	0	1	0	停
53	0	0	1	1	鸣低音
54	0	1	0	0	停
55	0	1	0	1	鸣低音
56	0	1	1	0	停
57	0	1	1	1	鸣低音
58	1	0	0	0	停
59	1	0	0	1	鸣高音
00	0	0	0	0	停

由表 3-51 可得

$$Q_{3SI} = \begin{cases} \text{"0" 时，500Hz输入音响} \\ \text{"1" 时，1kHz输入音响} \end{cases}$$

只有当分十位的 $Q_{2M2}Q_{0M2}$=11，分个位的 $Q_{3M1}Q_{0M1}$=11，秒十位的 $Q_{2S2}Q_{0S2}$=11 及秒个位的 Q_{0S1}=1 时，音响电路才能工作。仿电台整点报时的电路如图 3-118 所示。这里采用的都是 TTL 与非门，如果用其他器件，则报时电路还会更简单一些。

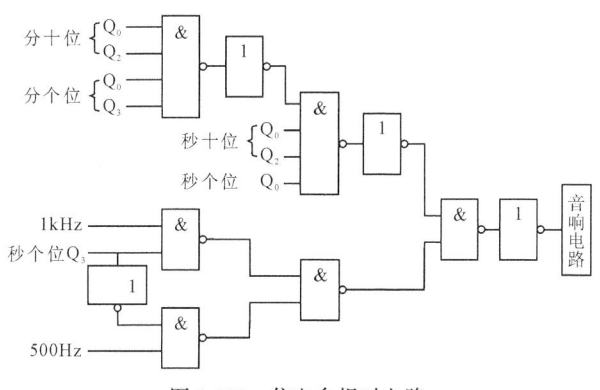

图 3-118 仿电台报时电路

（3）报整点时数电路的设计。报整点时数电路的功能是，每当数字钟计时到整点时发出声响，且几点响几声。实现这一功能的电路主要由以下几部分组成。

① 减法计数器：完成几点响几声的功能。即从小时计数器的整点开始进行减法计算，直到零为止。

② 编码器：将小时计数器的 5 个输出端 Q_4、Q_3、Q_2、Q_1、Q_0 按照"12 翻 1"的编码要求转换为减法计数器的 4 个输入端 D_3、D_2、D_1、D_0 所需的 BCD 码。编码器的真值表如表 3-52 所示。

表 3-52 　　　　　　　　　　　　　　　　编码器真值表

分进位脉冲	小时计数器输出					减法计数器输入			
CP	Q_4	Q_3	Q_2	Q_1	Q_0	D_3	D_2	D_1	D_0
1	0	0	0	0	1	0	0	0	1
2	0	0	0	1	0	0	0	1	0
3	0	0	0	1	1	0	0	1	1
4	0	0	1	0	0	0	1	0	0
5	0	0	1	0	1	0	1	0	1
6	0	0	1	1	0	0	1	1	0
7	0	0	1	1	1	0	1	1	1
8	0	1	0	0	0	0	0	0	0
9	0	1	0	0	1	1	0	0	1
10	1	0	0	0	0	1	0	1	0
11	1	0	0	0	1	1	0	1	1
12	1	0	0	1	0	1	1	0	0

③ 逻辑控制电路：控制减法计数器的清零与置数，控制音响电路的输入信号。

根据以上要求，逻辑控制电路采用了图 3-119 所示的报整点时数的电路，其中编码器是由与非门实现的组合逻辑电路。由 5 变量的卡诺图可得 D_1 的逻辑表达式

$$D_1 = \overline{Q_4}Q_1 + Q_4\overline{Q_1} = Q_4 \oplus Q_1$$

如果用与非门实现上式，则

$$D_1 = \overline{\overline{\overline{Q_4}Q_1} \cdot \overline{Q_4\overline{Q_1}}}$$

D_2 的逻辑表达式

$$D_2 = Q_2 + Q_4Q_1 = \overline{\overline{Q_2} \cdot \overline{Q_4Q_1}}$$

D_0、D_3 的逻辑表达式分别为

$$D_0 = Q_0$$

$$D_3 = Q_3 + Q_4 = \overline{\overline{Q_3} \cdot \overline{Q_4}}$$

减法计数器选用 74LS191，各控制端的作用如下。

$\overline{LD}$ 为置数端，当 $\overline{LD} = 0$ 时，将小时计数器的输出经数据输入端 $D_0D_1D_2D_3$ 置入。$\overline{RC}$ 为溢出负脉冲输出端。当减计数到 "0" 时，$\overline{RC}$ 输出一个负脉冲。$\overline{U}/D$ 为加/减控制器。$\overline{U}/D = 1$ 时进行减法计数。CP_A 为减法计数脉冲，兼作音响电路的控制脉冲。

逻辑控制电路由 D 触发器 74LS74 与多级与非门组成，如图 3-119 所示。电路的工作原理是，接通电源后接触发开关 S，使 D 触发器清零，即 1Q=0。该清零脉冲有两个作用：其一，使 74LS191 的置数端 $\overline{LD} = 0$，即将此时对应的小时计数器输出的整点时数置入 74LS191；其二，封锁 1kHz 的音频信号，使音响电路无输入脉冲。当分十位计数器的进位脉冲 Q_{2M2} 的下降沿来到时，经 G_1 反相，小时计数器加 1，新的小时数置入 74LS191。Q_{2M2} 的下降沿同时又使 74LS74 的状态翻转，1Q 经 G_3、G_4 延时后使 $\overline{LD} = 1$，此时 74LS191 进行减法计数，计数脉冲由 CP_0 提供。$CP_0 = 1$ 时音响电路发出 1kHz 声音，$CP_0 = 0$ 时停响。当减法计数到 0 时，D 触发器的 1CP=0，但触发器状态不变。当 $\overline{RC} = 1$ 时，Q_{2M2} 仍为 0，$CP_H = 1$，使 D 触发器翻转至零，74LS191 又回到置数状态，直到下一个 Q_{2M2} 的下降沿来到。这样就实现了自动报整点时数的功能。如果出现某些整点数不准确，其主要原因可能是逻辑控制电路中的与非门延时时间不够，产生了竞争冒险现象。此问题可以通过适当增加与非门的级数或接入小电容滤波来解决。

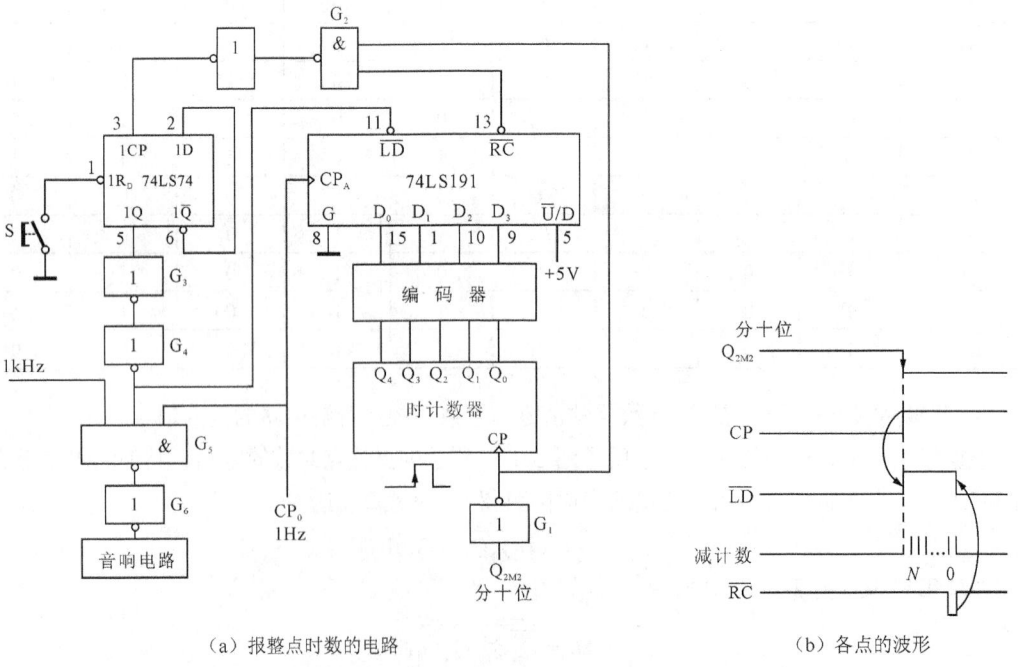

(a) 报整点时数的电路　　　　　　　　(b) 各点的波形

图 3-119　自动报整点时数的电路及波形关系

6．专用芯片石英数字钟套件装配说明

下面介绍专用芯片石英数字钟套件的装配，数字钟专用集成块一般有 LM8361、TMS3450 和 MM5459。其中 MM5459 的静态功能最低，数字钟套件采用的专用芯片即为 MM5459。整机电路如图 3-120 所示。

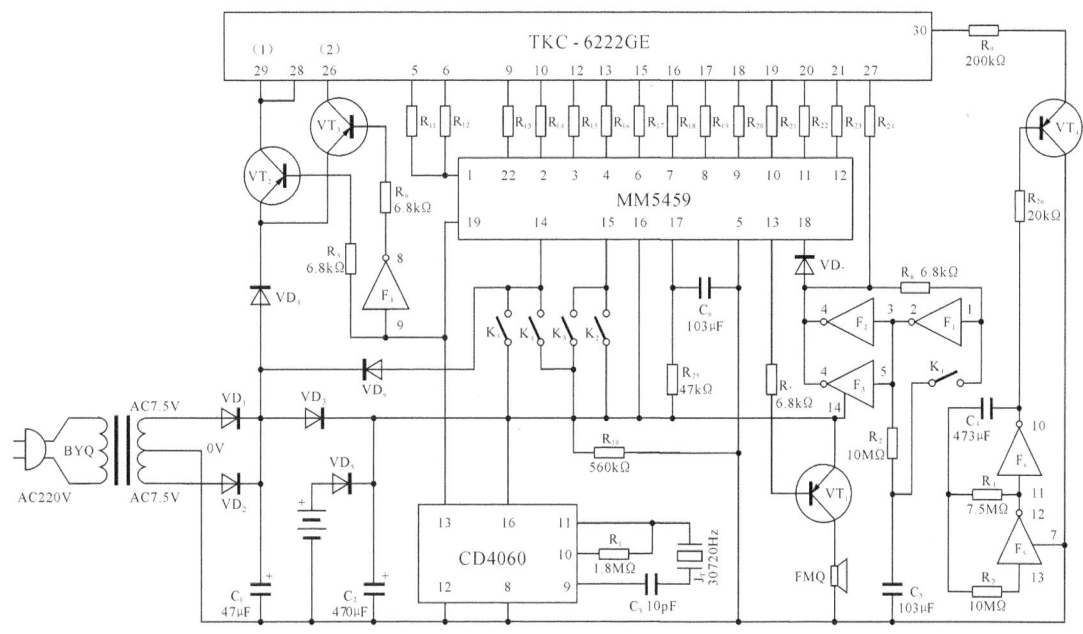

$R_{11} \sim R_{24}$ 为 560Ω；$VD_1 \sim VD_7$ 为 1N4001；$VT_1 \sim VT_3$ 为 CS9015

图 3-120　整机电路图

（1）电路原理

电源变压器输出交流电压为双 7.5V，其中，变压器的中间插头为电源负极。交流电压经整流滤波后输出两路直流电源，其中一路电源给主电路供电；另一路电源给显示屏供电。当交流电停电时，其备用电池只给主电路供电，不给显示屏供电，以降低功耗。若需要显示时，则按下 K_5 按钮即可显示当时的时间。

CD4060 是 14 位二进制串行计数器芯片（其外引线排列可手机扫描二维码"常用集成电路外引线的排列"查阅）。如果改变电容 C_3 的值，则可以微调振荡器输出脉冲信号的频率。脉冲信号经 CD4060 分频后，由其⑬脚输出 60Hz 秒信号。秒信号分为两路，其中一路作为 MM5459 专用数字钟芯片输入时基信号；另一路驱动显示屏同步电路。

MM5459 是数字钟 60Hz 时基专用芯片，集计数、译码和驱动电路为一体。其管脚图如图 3-121 所示。其管脚①～④、⑥～⑫、㉒显示笔画输出，每个脚输

PM.10Hb	1	22	10Hc、He
H.bg	2	21	空
H.cd	3	20	睡眠输出(直流)
H.af	4	19	60Hz 输入
V-	5	18	闹关∥睡眠显示
10M.af	6	17	RC 振荡输入
10M.bg	7	16	V+
10M.cd	8	15	调钟-秒置∥零闹显-闹关
10MeMe	9	14	快进-暂停∥慢进
M.bg	10	13	闹钟音频输出
M.cd	11	12	M.af

图 3-121　MM5459 引脚功能

常用集成电路外引线的排列

出两个笔画；⑤脚接电源负极，⑯脚接电源正极；⑰脚是 RC 振荡输入；⑬脚是闹钟音频输出；⑳脚是睡眠信号输出；⑱脚是启动和关闭开关；⑲脚是60Hz 时基信号输入；⑭脚、⑱脚和⑮脚是操作控制端。

　　CC4069 是六反相器（其外引线排列可用手机扫描二维码"常用集成电路外引线的排列"查阅。它主要由 F4、VT2 和 VT3 组成显示屏驱动电路。显示屏的亮度可通过改变电阻 R11 ~ R24 的阻值大小来调整。一般由 VT1 组成闹钟输出放大器。显示屏引脚图如图 3-122 所示。

　　（2）各按钮开关功能

　　K1 表示闹钟开关；K2 表示调钟/秒置零；K3 表示闹钟时间显示；K4 表示慢调；K5 表示快调/暂停/显示。

　　（3）整机安装方法

　　数字钟主板印制板电路图如图 3-123 所示。

　　数字钟主板上元器件焊接完成后，在整机装配时应注意以下几方面：变压器应装在外壳辅板的两个较高的支座上，蜂鸣器应装在共振腔座孔上，用胶水或烙铁固定；电路板用 3 只短螺钉固定；电路板与显示屏之间的排线应折成 S 形；变压器初级电源线的接点焊接完成后应用热缩套管套住，再在外面套黄蜡管；电池弹簧按顺序装好，其外壳用长螺钉固定。

课题五　函数信号发生器的设计

　　按照下述实训设计要求与技术指标，设计函数发生器。

　　（1）产生正弦波、方波和三角波。

　　（2）频率范围 1Hz ~ 10MHz。

　　（3）频率可调——每次小于 10Hz。

　　（4）幅度范围为 2 ~ 10mV。

　　（5）示波器在观察时无明显失真。

　　函数信号发生器一般是指能自动产生正弦波、三角波、方波及锯齿波等电压波形的电路或仪器。组成函数信号发生器使用的器件可以是分立器件，也可以是集成电路。产生正弦波、方波和三角波的方案有多种：一种常用的方案是，首先产生正弦波，然后通过整形电路将正弦波变换成方波，再由积分电路将方波变成三角波，如图 3-124 所示；另外一种常用的方案是，首先产生方波，再将三角波变成正弦波，如图 3-125 所示。

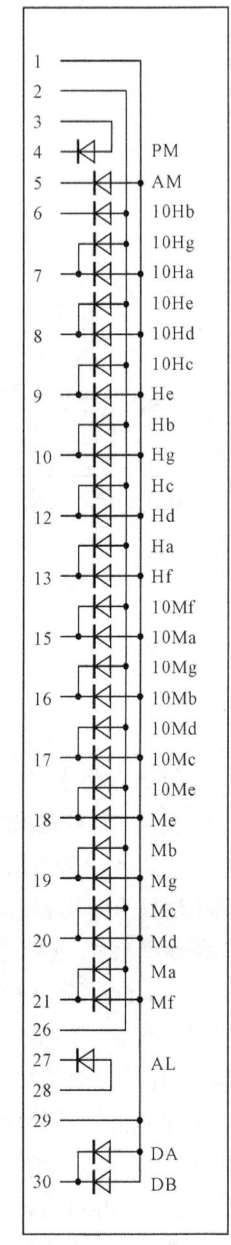

图 3-122　显示屏引脚

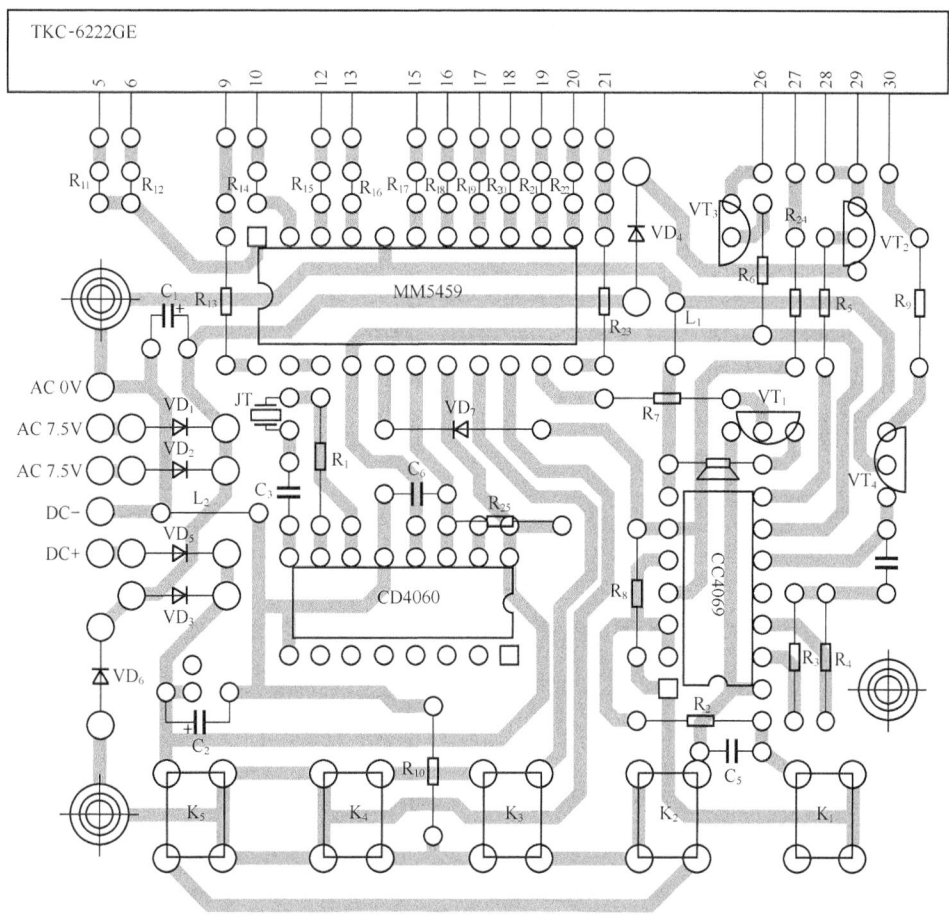

图 3-123　印制板电路图

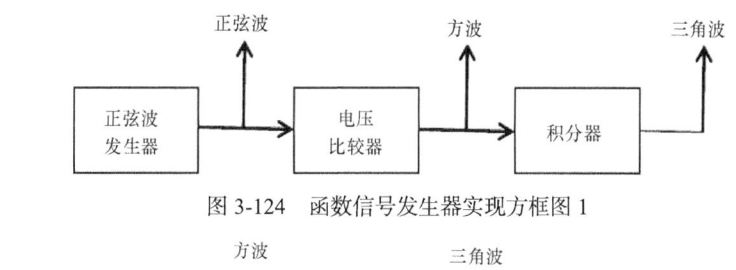

图 3-124　函数信号发生器实现方框图 1

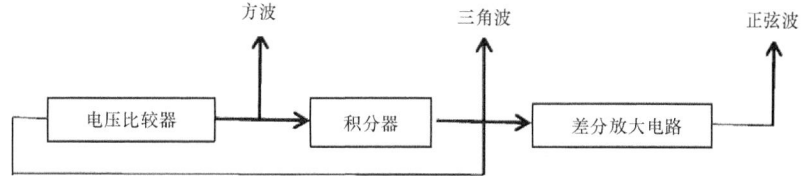

图 3-125　函数信号发生器实现方框图 2

1．正弦波信号发生电路的设计

一种常见的正弦波信号发生电路如图 3-126 所示。图中 R_1、C_1 和 R_2、C_2 为串、并联选频网络，接于运算放大器的输出与同向输入端之间，构成正反馈，以产生正弦自激振荡。R_3、R_P 及 R_4 组成负反馈网络，调节 R_w 可改变负反馈的反馈系数，从而调节放大电路的电压增益，使电压增益满足振荡的幅度条件。

为了使振荡幅度稳定，通常在放大电路的负反馈回路里加入非线性元件来自动调整负反馈放大电路的增益，从而维持输出电压幅度的稳定。图 3-126 中的两个二极管 VD_1 与 VD_2 是稳幅元件。当输出电压的幅度较小时，电阻 R_4 两端的电压低，二极管 VD_1 和 VD_2 截止，负反馈系数由 R_3、R_P 和 R_4 决定；当输出电压的幅度增加到一定程度时，二极管 VD_1 和 VD_2 在正负半周轮流工作，其动态电阻与 R_4 并联，使负反馈系数加大，电压增益下降。输出电压的幅度越大，二极管的动态电阻 r_D 越小，电压增益也越小，输出电压的幅度基本保持稳定。

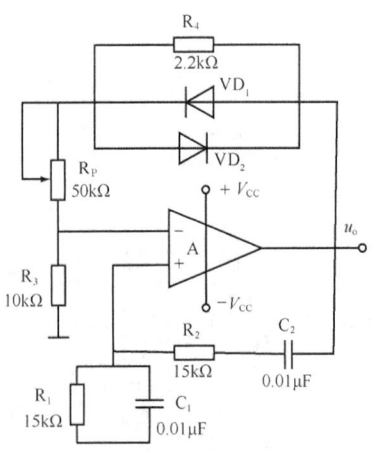

图 3-126 RC 桥接式正弦振荡电路

为了维持振荡输出，必须保证：

$$1+R_f/R_3=3$$

$$R_f=R_w+(R_4//r_D)$$

为了保证电路起振：

$$1+R_f/R_3 > 3$$

当 $R_1=R_2=R$，$C_1=C_2=C$ 时，电路的振荡频率：

$$f=1/2\pi RC$$

2. 方波-三角波发生器的设计

由集成运算放大器构成的方波-三角波发生器，一般包括比较器和积分器两部分。由滞回比较器和积分电路所构成的方波-三角波发生器如图 3-127 所示。

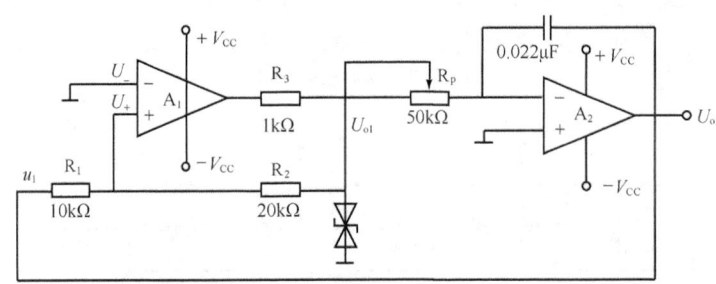

图 3-127 方波-三角波发生器

A_1 构成迟滞比较器，同向端电位 U_+ 由 U_{o1} 和 U_{o2} 决定。

利用叠加定理可得

$$U_+=R_1/(R_1+R_2) \cdot U_{o1}+R_2/(R_1+R_2) \cdot U_{o2}$$

当 $U_+ > 0$ 时，A_1 输出为正，即 $U_{o1}=+U_z$；当 $U_+ < 0$ 时，A_1 输出为负，即 $U_{o1}=-U_z$。

A_2 构成方向积分器，当 U_{o1} 为负时，U_{o2} 向正向变化，U_{o1} 为正时，U_{o2} 向负向变化。假设电源接通时 $U_{o1}=-U_z$，线性增加。

① 当 $U_{o2}=R_1/R_2 \cdot U_z$ 时，可得

$$U_+=R_1/(R_1+R_2) \cdot (-U_z)+R_2/(R_1+R_2) \cdot (R_1/R_2 \cdot U_z)=0$$

U_{o2} 上升到使 U_+ 略高于 0V 时，A_1 的输出翻转到 $U_{o1}=+U_z$。

② 当 $U_{o2}=-R_1/R_2 \cdot U_z$ 时：U_{o2} 下降到使 U_+ 略低于 0 时，$U_{o1}=-U_z$。这样不断地重复，就可以得到方波 U_{o1} 和三角波 U_{o2}。其输出的波形如图 3-128 所示。输出方波的幅值由稳压管 VD_z 的稳定

电压决定，即被限制在稳压值±U_z之间。

电路的振荡频率：

$$f_0 = R_2/4R_1R_wC$$

方波幅值：

$$U_{o1} = \pm U_z$$

三角波幅值：

$$U_{o2} = R_1/R_2 \cdot U_z$$

调节 R_w 可改变振荡频率，但三角形的幅值也随之而变化。

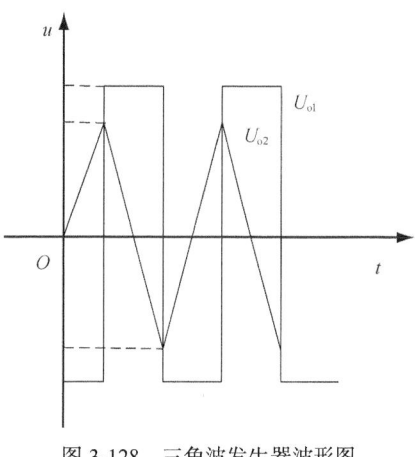

图 3-128　三角波发生器波形图

课题六　直流稳压电源与充电电源

1．稳压电源

（1）输出电压：3V、6V 两挡，正负极性可以转换。

（2）输出电流：额定电流 150mA。

最大电流 500mA。

（3）额定电流输出时，$\Delta U_o/U_o$小于±10%。

（4）能对 4 节 5 号或 7 号可充电电池"慢充"或"快充"。慢充的充电电流为 50 ~ 60mA，快充的充电电流为 110 ~ 130mA。

2．设计整机直流稳压电源与充电电源整体框图

整体电路组成框图如图 3-129 所示。

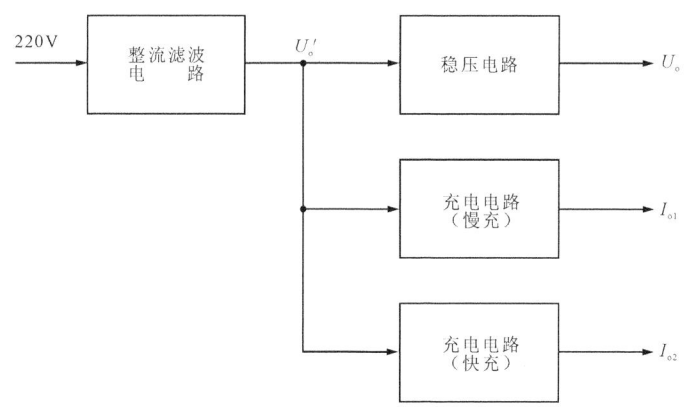

图 3-129　整体电路框图

直流稳压电源与充电电源电路的设计方案如下。

（1）整流滤波电路采用桥式整流电容滤波电路。

（2）稳压电路采用带有限流型保护电路的晶体管串联型稳压电路。

（3）充电电路采用两个晶体管恒流源电路。

3．设计单元电路

整体电路的设计应由后级往前级进行。即先设计稳压电路，再设计充电电路，最后设计整流滤波电路。

（1）稳压电路部分设计。稳压电路采用带有限流型保护电路的晶体管串联型稳压电路，其方框图如图 3-130 所示。

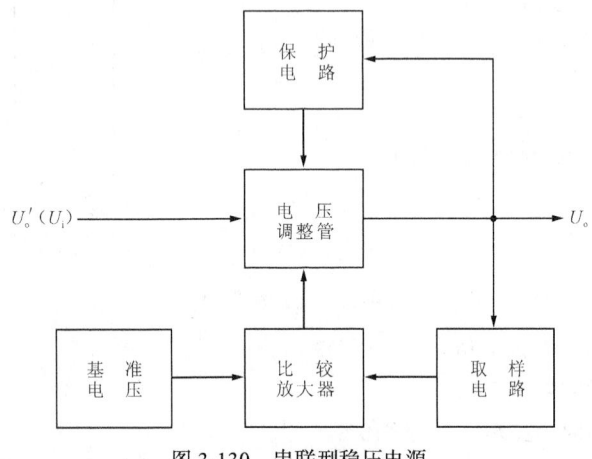

图 3-130　串联型稳压电源

稳压电路基本设计方案如下。

① 由于稳压输出电流 $I_o > 100\text{mA}$，调整管应采用复合管。

② 提供基准电压的稳压管可以用发光二极管（LED）代替（工作电压约 2V），兼作电源指示灯使用。

③ 由于 U_o 为 3V 和 6V 两挡固定值，且不要求可调，因此可将取样电路的上取样电阻分为两个，用 1×2 波段开关转换。

④ 输出端用 2×2 波段开关来转换 U_o 的正负极性。

⑤ 过载保护电路采用二极管限流型，且二极管用发光二极管代替，兼作过流指示灯使用。

（2）电路元件参数计算。稳压电路原理图如图 3-131 所示。

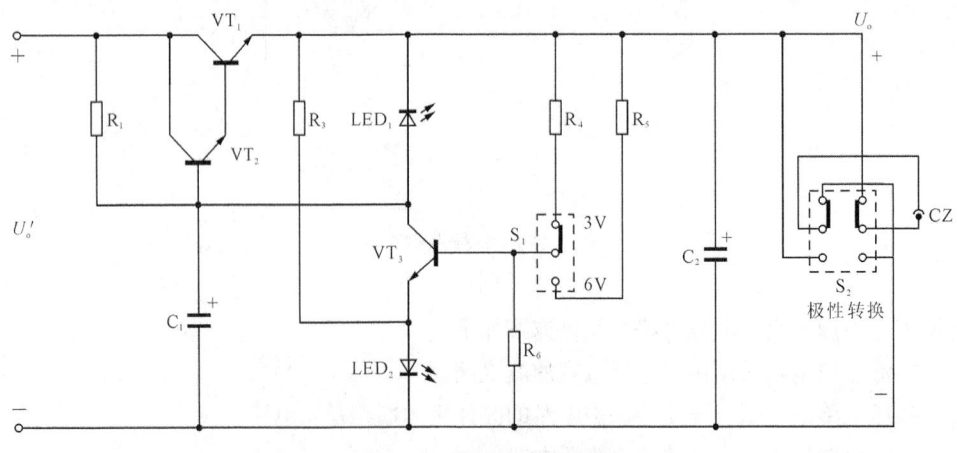

图 3-131　稳压电路原理图

电路元件参数的计算方法如下。

① 确定输入电压 U_i（整流滤波电路的输出电压 U_o'）。当忽略检测电阻 R_2 上的电压时，有

$$U_i = U_o' = U_{omax} + U_{CEI} = 6V + U_{CEI}$$

式中，调整管压降 U_{CEI} 一般在 3～8V 选取，以保证 VT_1 能工作于放大区。当市电电网电压波动不大时，U_{CEI} 可选小一些，此时调整管和电源变压器的功耗也可以小一些。

② 确定晶体管。估算出晶体管的 I_{cmax}、U_{cemax} 和 P_{cmax} 值，再根据晶体管的极限参数 I_{CM}、U_{CEO}、P_{CM} 来选管。

$$I_{cmax} \approx I_o = 150mA$$

$$U_{cemax} = U_i - U_{omin} = U_i - 3V$$

$$P_{cmax} = I_{cmax} U_{cemax}$$

查晶体管手册，只要 I_{CM}、BU_{CEO}、P_{CM} 大于上述计算值的晶体管都可以作为调整管 VT_1 使用。VT_2、VT_3 由于电流电压都不大，功耗也小，故不需要计算其值。一般可选用小功率管。

③ 确定基准电压电路的基准电压。

因为 $U_o = \dfrac{1}{n}\left(U_z + U_{BE3}\right)$，故 $U_z = nU_o - U_{BE3}$，则

$$U_z < nU_o$$

式中，n 为取样电路的取样比（分压比），且 $n \leqslant 1$。

所以 U_z 应小于 U_{omin}（3V）。发光二极管的工作电压为 1.8～2.4V，且其正向特性曲线较陡，故它可以代替稳压管提供基准电压。

④ 计算基准电压电路的限流电阻 R_3 的阻值。

限流电路如图 3-132 所示。

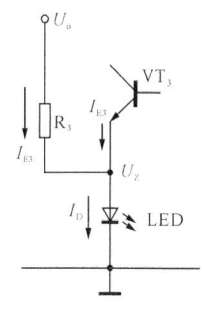

图 3-132　限流电路

$$I_D = I_{R3} + I_{E3} = \frac{U_o - U_z}{R_3} + I_{E3}$$

式中，U_z 为发光二极管（LED）的工作电压，其值可取 2V；I_D 为发光二极管（LED）的工作电流，在 2～10mA 间取值。I_{E3} 为 VT_3 的工作电流，可在 0.5～2mA 间取值。

当 I_{E3} 的值选定后，为保证 LED 能安全可靠地工作，R_3 的取值应满足条件：2mA $< I_D <$ 10mA。

当 $U_o = U_{omin} = 3V$ 时，I_D 最小，即

$$I_D = \frac{U_{omax} - U_z}{R_3} + I_{E3} = \frac{3V - U_z}{R_3} + I_{E3} > 2mA$$

得

$$R_3 < \frac{3V - U_z}{2mA - I_{E3}}$$

当 $U_o = U_{omax} = 6V$ 时，I_D 最大，即

$$I_D = \frac{U_{omax} - U_z}{R_3} + I_{E3} = \frac{6V - U_z}{R_3} + I_{E3} < 10mA$$

得

$$R_3 > \frac{6V - U_z}{10mA - I_{E3}}$$

因此有

$$\frac{6V - U_z}{10mA - I_{E3}} < R_3 < \frac{3V - U_z}{2mA - I_{E3}}$$

在取值范围内，R_3 应尽量取大一点，这样有利于 U_z 的稳定。另外，计算出的电阻值还应该取标称值。

⑤ 计算基准电压电路的功率。可依据以下公式计算出相关功率的值：

$$P_{R_3} = \frac{(U_{o\max} - U_z)^2}{R_3} = \frac{(6V - U_z)^2}{R_3}$$

需要注意的是，计算出的电阻功率也应该取标称值。

⑥ 计算取样电路。首先，选取取样电路工作电流 I_1（流过取样电阻的电流）。若 I_1 取得过大，则取样电路的功耗也大，若 I_1 取得过小，则取样比 n 会因 VT_3 基极电流的变化而不稳定，从而 U_o 也就不稳定。

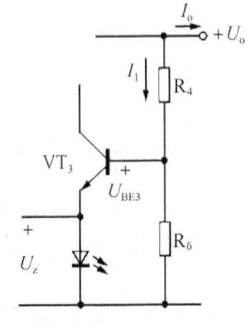

图 3-133　取样电路

在实际应用中，一般取 $I_1 = (0.05 \sim 0.1) I_o$，然后计算取样电阻。

当 $U_o = 3V$ 时，取样电路如图 3-133 所示。

由 $\qquad\qquad I_1(R_4 + R_6) = 3V$

得取样电路总电阻 $\qquad R = R_4 + R_6 = \dfrac{3V}{I_1}$

又因 $\qquad\qquad \dfrac{R}{R_6}(U_z + U_{BE3}) = 3V$

所以 $\qquad\qquad R_6 = \dfrac{R(U_z + U_{BE})}{3V}$

$$R_4 = R - R_6$$

当 $U_o = 6V$ 时，将图 3-133 中的电阻 R_4 换为 R_5。计算方法与 $U_o = 3V$ 时相同。

取样电路总电阻

$$R = R_5 + R_6 = \frac{6V}{I_1}$$

$$R_5 = R - R_6$$

此时，计算出的电阻值应取标称值，然后利用公式 $U_o = \dfrac{R}{R_6}(U_z + U_{BE3})$ 计算 U_o 并观察 U_o 是否接近设计指标。如 U_o 与设计指标相差太远，则应重新取值计算。最后，还要对所取电阻进行功率计算，并取标称值。

⑦ 计算比较放大器集电极电阻 R_1，比较放大器如图 3-134 所示。R_1 的值取决于稳压电源的 U_o 与 I_o，由此可得

$$I_{R_1} = \frac{U_1 - U_{B2}}{R_1} = I_{B2} + I_{C3}$$

式中

$$U_{B2} = U_o + U_{BE1} + U_{BE2}$$
$$\approx U_o + 1.4V$$
$$I_{B2} \approx \frac{I_o}{\beta_1 \beta_2}$$

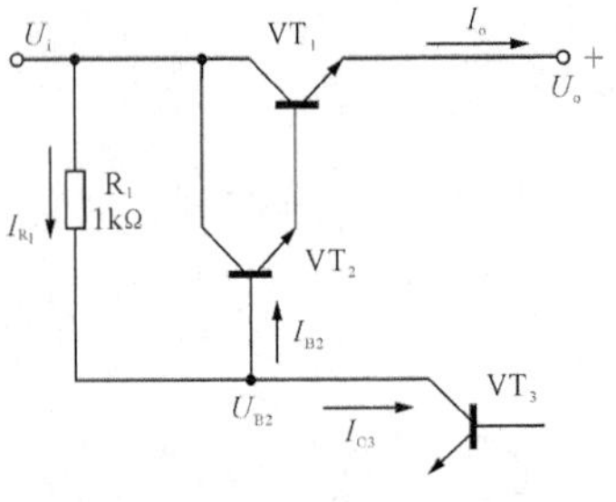

图 3-134　比较放大器

若 R_1 的值太大，则 I_{R_1} 的值变小，I_{B2} 也小，因此提供不出额定电流 I_o；若 R_1 的值太小，则比较放大器增益变低，会造成稳压性能不好。

当 $U_o = U_{omax} = 6V$ 时，R_1 的值应满足条件：

$$\frac{U_1 - 7.4V}{R_1} \approx I_{B2} + I_{C3}$$

或

$$R_1 \approx \frac{U_i - 7.4V}{I_{B2} + I_{C3}}$$

式中，I_{B2} 由 $I_{B2} \approx \dfrac{I_o}{\beta_1 \beta_2}$ 确定（$I_o = 150mA$）。

其中，β_1 的取值范围为 20～50（大功率管取 20，中功率管取 50）；β_2 的取值范围为 50～100。
I_{C3} 用前面计算 R_3 时已选定的值（I_{E3}）。

R_1 的功耗估算：

$$P_{R_1} = \frac{\left[\left(U_i - \left(U_{omin} + 1.4V \right) \right) \right]^2}{R_1}$$

需要注意的是，阻值和功率应取标称值。

⑧ 计算限流保护电路。限流保护电路如图 3-135 所示。检测电阻 R_2 的计算方法如下：

因
$$U_D = 2U_{BE} + I_{omax}R_2$$

故
$$R_2 = \frac{U_D - 2U_{BE}}{I_{omax}} \approx \frac{(2 - 1.4)V}{I_{omax}}$$

式中，U_D 取 2V，U_{BE} 取 0.7V，最大输出电流 I_{omax} 取 500mA。电阻功耗的估算为 $P_{R_2} = I_{omax}^2 \cdot R_2$。
需要注意的是，阻值和功率应取标称值。

（3）充电电路部分设计。充电电路采用晶体管恒流源电路。以下将介绍慢充电路与快充电路。

① 慢充电路。慢充电路原理如图 3-136 所示，LED 给晶体管发射结提供约 2V 的直流稳定电压，再利用 R_e 的电流负反馈作用使集电极电流（即 I_{o1}）保持恒定。

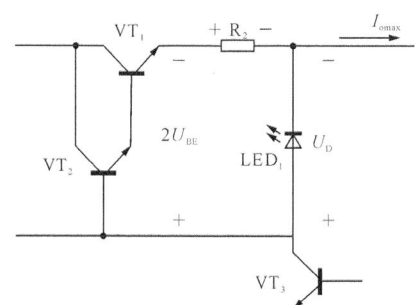

图 3-135 限流保护电路

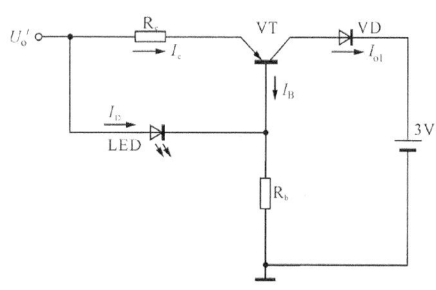

图 3-136 慢充电路原理图

充电电流 I_{o1} 由下式决定：

$$I_{o1} = I_c \approx I_e = \frac{U_D - U_{BE}}{R_e}$$

元件参数的计算如下。

a. 晶体管：$I_{cmax} = I_{o1}$；$U_{ccmax} \approx U_o' - 3V$；$P_{omax} = I_{cmax}U_{cemax}$。
所选用的晶体管参数 I_{CM}、U_{CEO}、P_{CM} 应大于上述计算值。

b. LED：用红色发光二极管，工作电压 $U_\mathrm{D} \approx 2\mathrm{V}$，兼作过流报警指示灯使用。

c. 二极管 VD：可采用普通二极管，正向额定电流大于 I_o1 即可。

d. 电阻计算：

$$R_\mathrm{e} = \frac{U_\mathrm{D} - U_\mathrm{BE}}{I_\mathrm{o1}}\ ; \quad P_{R_\mathrm{e}} = I_\mathrm{o1}^2 R_\mathrm{e}$$

$$R_\mathrm{b} = \frac{U_\mathrm{o}' - U_\mathrm{D}}{I_\mathrm{D} + I_\mathrm{B}}\ ; \quad P_{R_\mathrm{b}} = I_{R_\mathrm{b}}^2 R_\mathrm{b}$$

式中，I_D 为 LED 的工作电流，在 5～10mA 间取值；I_B 为晶体管基极电流，$I_\mathrm{B} = \dfrac{I_\mathrm{o1}}{\beta}$（$\beta$ 的取值在 50～100 之间）。

② 快充电路。快充电路原理如图 3-137 所示，由于快充时，充电电流 I_o2 很大，因此晶体管管耗也变大。为降低管耗，可在集电极回路上增加一个降压电阻 R。则 $U_\mathrm{ce} = U_\mathrm{o}' - 3 - U_\mathrm{D} - I_\mathrm{o2}(R_\mathrm{e} + R)$ 减小，管耗也随之减小。式中，R_e、R_b 的计算与慢充电路相同，在此不再赘述。

降压电阻阻值 R 的计算方法是，首先，根据所选晶体管的 P_CM 和充电电流 I_o2 确定 U_ce：$U_\mathrm{ce} < \dfrac{P_\mathrm{CM}}{I_\mathrm{o2}}$，且 $U_\mathrm{ce} > 1V$（保证工作于放大区）；其次，U_ce 选定后，再用下式计算电阻 R 的值：

$$R = \frac{U_\mathrm{o}' - 3 - U_\mathrm{ce} - 0.7}{I_\mathrm{o1}} - R_\mathrm{e}$$

（4）整流滤波电路部分的设计。整流滤波电路采用桥式整流、电容滤波电路，如图 3-138 所示。

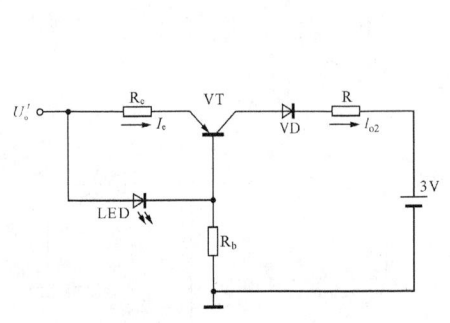

图 3-137　快充电路原理图　　　　　图 3-138　整流滤波电路

① 确定整流电路的输出电流 I_o'。整流输出电路如图 3-139 所示。

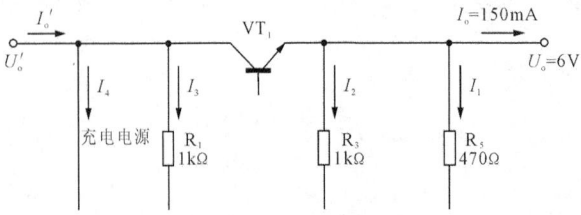

图 3-139　整流输出电路

当稳压电源和充电电源同时工作时

$$I'_o = I_o + (I_1 + I_2 + I_3) + I_4 \approx (1.1 \sim 1.2) I_o + (I_{o1} + I_{o2})$$

式中，$(I_1 + I_2 + I_3)$ 的取值范围是 $(0.1 \sim 0.2) I_o$，I_{o1}、I_{o2} 为慢充和快充时的充电电流。

② 确定电源变压器参数。

次级线圈电压：
$$U_2 = \frac{U'_o}{1.1 \sim 1.2}$$

次级线圈电流：
$$I_2 \approx (1.0 \sim 1.1) I'_o$$

功率：
$$P = U_2 I_2$$

③ 确定整流二极管。

额定整流电流：
$$I_{DM} > 0.5 I'_o$$

最高反向工作电压：
$$U_{RM} > \sqrt{2} U_2$$

④ 确定滤波电容。

a. 容量：
$$C_1 \geqslant (3 \sim 5) \frac{T}{2 R_L}$$

式中，$T = 20\text{ms}$（输入交流电流的周期）；$R_L = \dfrac{U'_o}{I'_o}$（整流滤波电路的负载）。

b. 耐压：$U \approx 1.5 U'_o$ 和 C_1 的容量度耐压均应取标称值。

4．设计整机电路

直流稳压电源与充电电源主体电路如图 3-140 所示。

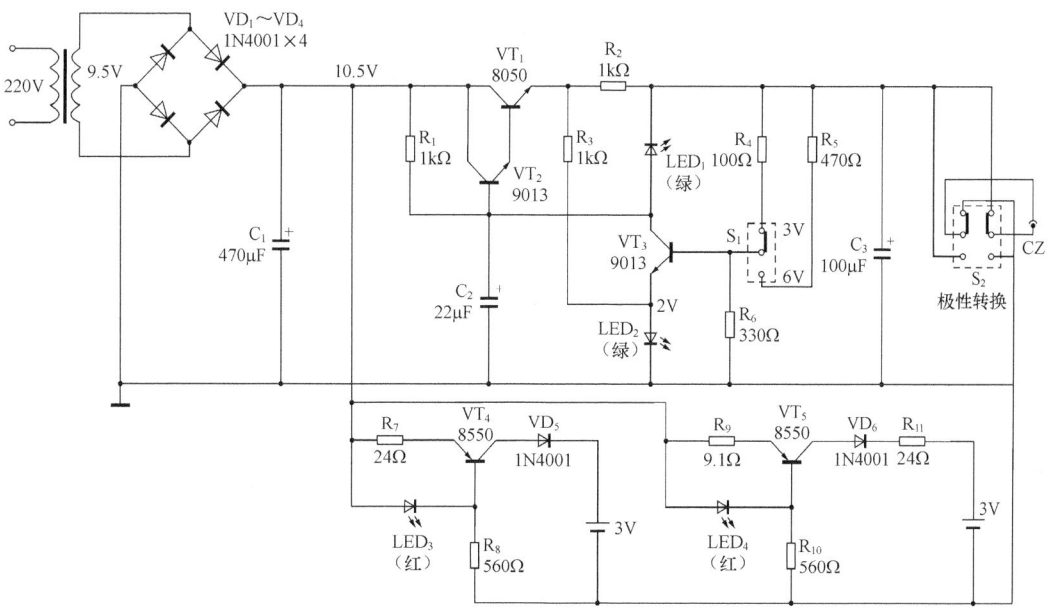

图 3-140　直流稳压电源与充电电源主体电路

第4篇

电子电路仿真

仿真 1　虚拟仪器的认识与使用（一）

一、实验目的

1. 熟悉和学习电子仿真软件 Multisim 10 中虚拟仪器的使用方法。
2. 了解数字万用表、函数信号发生器、双踪示波器的工作原理。

二、实验准备

熟悉仿真软件 Multisim 10 相关内容，可用手机扫描二维码"电子仿真软件 Multisim 10 简介"查阅相关资料。

电子仿真软件
Multisim 10 简介

三、计算机仿真实验内容

1. 认识虚拟仪器

电子仿真软件 Multisim 10 的虚拟仪器、仪表工具条中共有虚拟仪器、仪表 18 种，电流检测探针 n 个，LabVIEW 采样仪器 4 种和动态测量探针 1 个。

（1）数字万用表

数字万用表（Multimeter）是一种多用途的数字显示仪器，用来测量交直流电压、交直流电流、电阻以及电路中两点之间的分贝损耗，可以自动调整量程（不需要指定量程，其内阻和电流事先都按理想状态设定）。

双击图 4-1（a）所示的数字万用表的图标，可以得到图 4-1（b）所示的数字万用表的面板。单击面板上的各按钮可进行的操作或设置如下。

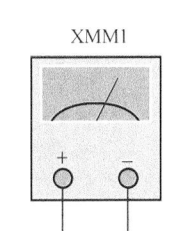

XMM1

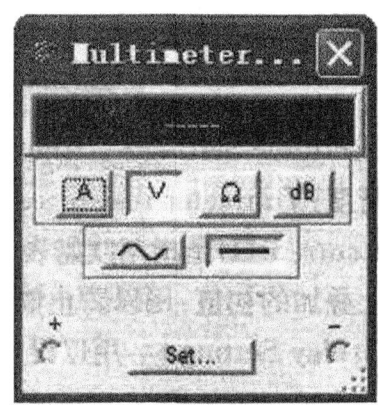

（a）数字万用表的图标　　　　（b）数字万用表的面板

图 4-1　数字万用表的图标与面板

"A"按钮：测量电流，需将万用表串联到被测电路中，并注意电流的极性和被测信号的模式。

"V"按钮：测量电压，需将万用表并联到被测电路中，并注意电压的极性和被测信号的模式。

"Ω"按钮：测量电阻，需将万用表连接到待测电阻元件的两端，此时，应保证元件周围没有电源连接，没有其他元件或元件网络并联到被测元件中。欧姆表可以产生一个 10mA 的电流，该值可以通过单击面板上的"Set"按钮进行修改。

"dB"按钮：测量分贝，需将万用表连接到需要测试衰减的负载上，分贝的默认计算是按照 774.597mV 进行的。

"~"按钮：按下此按钮表明万用表测量的是交流信号或 RMS 电压。

"—"按钮：按下此按钮表明被测的电压或电流信号是直流信号。

若要测量包含直流信号和交流信号的 RMS 电压，则需要用一个直流电压表和一个交流电压表分别测量直流电压 V_{AC} 和交流电压 V_{DC}，其计算公式为

$$V_{RMS} = \sqrt{V_{DC}^2 + V_{AC}^2}$$

单击面板上的"Set"按钮，可设置数字万用表内部的参数，万用表参数设置对话框如图 4-2 所示。

"Electronic Setting"选项组："Ammeter resistance（R）"用于设置电流表内阻，其大小影响电流的测量精度；"Voltmeter resistance（R）"用于设置电压表内阻，其大小影响电压的测量精度；"Ohmmeter current（I）"是指用欧姆表测量时，流过欧姆表的电流；"dB Relative Value（V）"是指输入电压上叠加的初值，用以防止输入电压为零时，无法计算分贝值的错误。

"Display Setting"选项组：用以设定被测值自动显示单位的量程。

（2）函数信号发生器

① 电子仿真软件 Multisim 10 基本界面的虚拟仪器工

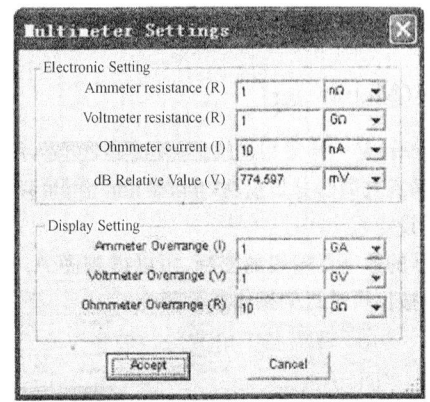

图 4-2　数字万用表参数设置对话框

具条中，单击"Function Generator（函数信号发生器）"按钮，如图 4-3（a）所示，鼠标箭头将带出一个函数信号发生器图标，如图 4-3（b）所示，将光标移到电子平台窗口中，单击鼠标左键即可将函数信号发生器调出放置在电子平台窗口上，如图 4-3（c）所示。

② 单击函数信号发生器图标"XFG1"，出现图 4-4 所示的函数信号发生器放大面板。

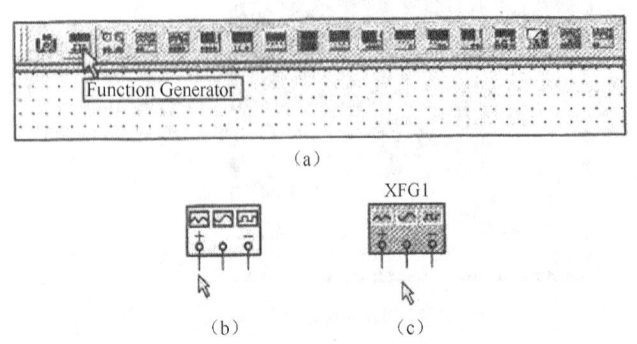

(a)

(b)　　(c)

图 4-3　调出虚拟函数信号发生器

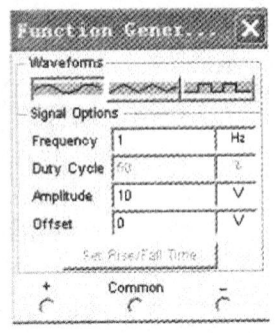

图 4-4　虚拟函数信号发生器放大面板

③ 函数信号发生器面板上方有 3 个选择波形按钮，从左到右分别是正弦波、三角波和方波，在此以选取正弦波为例进行说明，先用鼠标左键单击"正弦波"按钮，再将光标移至"Frequency"（频率）栏（见图 4-5（a））空白处，光标呈手指状，单击鼠标左键会出现上、下箭头，如图 4-5（b）所示，用鼠标左键单击上、下箭头可"递增"或"递减"信号频率的数值，用以设置正弦波频率的高低，或直接在文本框输入数据设置其正弦波频率高低。前一种方法适合微调频率，后一种方法适合大范围调整频率。

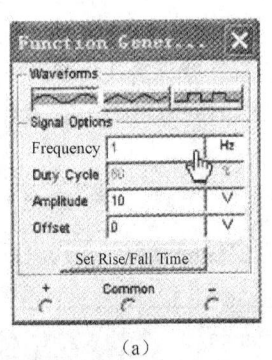
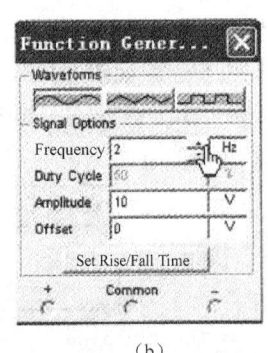

(a)　　　　　　　(b)

图 4-5　虚拟函数信号发生器设置（一）

④ 设置好正弦波频率后，再将光标移至图 4-6（a）所示的位置，单击鼠标左键会出现选择正弦波频率单位的下拉列表，如图 4-6（b）所示，从中可选取正弦波频率单位。

⑤ 将光标移到"Amplitude"（幅值）栏空白位置，如图 4-7（a）所示，单击鼠标左键会出现上、下箭头，单击它可设置正弦波幅值大小，同样也可以直接在文本框输入数据设置正弦波幅值大小；将光标移到图 4-7（b）所示的位置，单击鼠标左键可设置正弦波幅值电压单位的大小。

⑥ 当选择三角波和方波信号时，"Duty Cycle"（占空比）和"Set Rise/Fall Time"（设置上升/下降时间）栏才会显示。"Offset"（偏置电压）栏可设置正弦波、三角波和方波信号叠加在设置的偏置电压上输出。

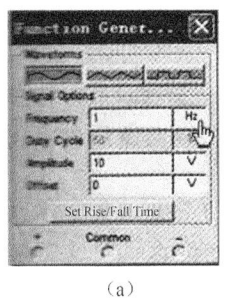 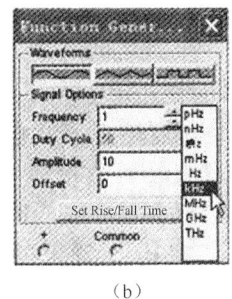 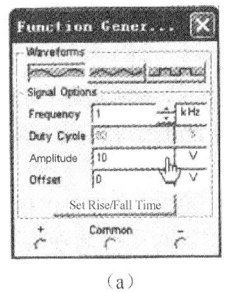 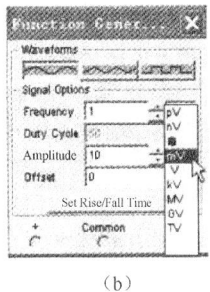

（a）　　　　　　　（b）	（a）　　　　　　　（b）
图 4-6　虚拟函数信号发生器设置（二）	图 4-7　虚拟函数信号发生器设置（三）

⑦ 放大面板下方为虚拟函数信号发生器输出端。若"Common"（公共端）接地，"+"端将输出正极性信号；"－"端将输出负极性信号；若公共端接地，"+"端和"－"端可同时输出一对差模信号。

⑧ 虚拟函数信号发生器各项内容设置完成后，即使关闭了放大面板窗口，其设置的内容仍保持不变。

（3）示波器

示波器（Oscilloscope）是用来显示电信号波形的形状、大小、频率等参数的最为常用的仪器之一。示波器的图标和面板如图 4-8 所示。

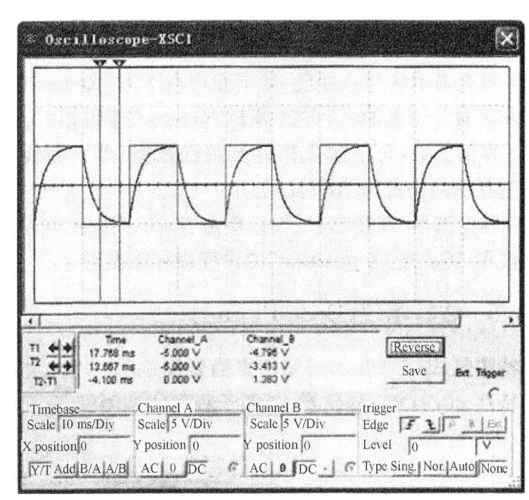

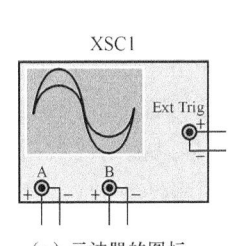

（a）示波器的图标　　　　　　　　　　　（b）示波器的面板

图 4-8　示波器的图标与面板

示波器有 A、B 两个通道，通道 A、B 分别引出"+""－"两个端子，应跨接在被测电路的两侧。

下面介绍示波器面板的功能及操作。

① "Timebase"选项组：用于设置 x 轴方向扫描线和扫描速率，该设置应与信号源的频率设置成一定的比例关系。

"Scale"：选择 x 轴方向每一个刻度代表的时间。单击该栏后将出现刻度翻转列表，根据所测

信号频率的高低，上下翻转可选择适当的值。

"X position"：x 轴位置控制 x 轴的起始点。当 x 轴的位置调到 0 时，信号从显示区的左边缘开始，正值使起始点右移，负值使起始点左移。

"Y/T"表示 y 轴方向显示 A、B 通道的输入信号，x 轴方向显示扫描线，并按设置时间扫描。常采用这种方式显示随时间变化的信号波形。

"B/A"（或"A/B"）：表示将 A（或 B）通道信号作为 x 轴扫描信号，将 B（或 A）通道信号作为 y 轴扫描信号。

"Add"：表示 x 轴按设置时间进行扫描，而 y 轴方向显示 A、B 通道的输入信号之和。

② "Channel A"选项组（或"Channel B"选项组）：用来设置 y 轴方向 A（或 B）通道输入信号的刻度。

"Scale"：表示 A（或 B）通道输入信号的每格电压值。单击该栏后将出现刻度翻转列表，根据所测信号电压的大小，上下翻转可选择适当的值。

"Y position"：表示扫描线在显示区中的上下位置。当其值大于零时，扫描线在显示区中线上侧，反之在下侧。改变 A、B 通道的 y 轴位置有助于比较或分辨两通道的波形。

"AC"表示交流耦合，测量信号中的交流分量（相当于实际电路中加入了隔直电容）。

"DC"表示直流耦合，测量信号中的直流分量。

③ "Trigger"选项组：用来设置示波器的触发方式。

"Edge"：表示边沿触发（上升沿或下降沿）。

"Level"：用于选择触发电平的电压大小（阈值电压）。

"Sing"：单次扫描方式按钮，按下该按钮后示波器处于单次扫描等待状态，触发信号来到后开始一次扫描。

"Nor"：常态扫描方式按钮，这种扫描方式是没有触发信号时就没有扫描线。

"Auto"：自动扫描方式按钮，这种扫描方式不管有无触发信号，均有扫描线，一般情况下使用"Auto"方式。

"A"或"B"：表示用 A 通道或 B 通道的输入信号作为同步 x 轴时基扫描的触发信号。

④ 测量波形参数：在显示区有 T1、T2 两条可以左右移动的读数指针，指针上方标有倒置的▽▽，用以读取所显示波形的具体数值，并将其显示在面板下方的测量数据显示区。数据显示区显示 T1 时刻、T2 时刻、T2-T1 时段所读取的 3 组数据，每一组数据都包括时间值（Time）、信号 1 的幅值（Channel A）和信号 2 的幅值（Channel B）。用户可以拖动读数指针左右移动，或通过单击数据显示区 T1、T2 的左右箭头"←""→"按钮移动指针线的方式读取数值。

通过以上操作，可以测量信号的周期、脉冲信号的宽度、上升时间及下降时间等参数。为了测量方便，单击"Pause"按钮，使波形"冻结"，然后再测量。

⑤ 设置信号波形显示颜色：只要设置 A、B 通道连接线的颜色，则波形显示的颜色便与连接线的颜色相同。方法是选中所要更改颜色的连接线，单击鼠标右键，选中对话框中的"Segment Color"然后更改颜色。

⑥ 更改显示区背景颜色：单击面板右下方"Reverse"按钮，即可改变显示区背景颜色。若将显示区背景恢复原色，再次单击"Reverse"按钮即可。

⑦ 存储读数：对于读数指针测量的数据，单击面板右下方的"Save"按钮即可储存数据。数据存储的格式为 ASCII 码。

⑧ 移动波形：在动态显示时，单击"Pause"按钮，可以通过拖动显示区下沿的滚动条左右移动波形，或改变"X position"的设置而移动波形。

2．信号电压的测量

（1）打开函数信号发生器电源开关，选择正弦波，通过选择频率挡级及调整频率调节旋钮与输出幅度调节旋钮，获得 200Hz、10V 的正弦交流信号。

（2）打开示波器电源开关，垂直方式开关置 CH1，CH1 耦合方式开关置 GND，扫描方式置 Auto，关闭灵敏度、扫描速率微调旋钮，适当调节亮度、聚焦、垂直和水平位移、扫描速率等控件，使示波器屏幕上出现一条清晰稳定的水平亮线。

（3）将信号发生器测试夹与示波器 CH1 测试夹对接，选择示波器 CH1 耦合方式为 AC 方式，调节垂直和水平位移、扫描速率等，使屏幕上出现稳定的正弦波，读取信号电压的峰峰值 u_{p-p}，并记录至表 4-1。

（4）保持信号发生器的状态，分别将衰减开关置 20dB、40dB、60dB，用示波器分别测量读取信号电压的峰峰值 u_{p-p}，并记录至表 4-1。

表 4-1　　　　　　　　　　　　　　电压幅值参数记录

	0dB	20 dB	40 dB	60 dB
u_i/V				
u_{p-p}/V				

四、实验报告要求

1．完成表 4-1 的填写，记录测量的电压幅值。
2．熟悉虚拟仪器的使用方法。

五、思考题

自学虚拟仪器交流毫伏表的使用。

仿真2 虚拟仪器的认识与使用（二）

一、实验目的

1．熟悉和学习电子仿真软件 Multisim 10 中虚拟仪器的使用方法。
2．学习用虚拟仪器函数信号发生器、双踪示波器等测量数据。

二、实验准备

1. 可手机扫描二维码"电子仿真软件 Multisim 10 简介"查阅相关资料，熟悉电子仿真软件 Multisim 10。

2. 熟悉正弦波幅值、周期和频率，方波周期、频率和占空比。

电子仿真软件
Multisim 10 简介

三、计算机仿真实验内容

学习 Multisim 10 仿真软件相关内容；熟悉 Multisim 10 中元器件属性的设置及虚拟仪器仪表的作用和参数设置。

（1）参阅"电子仿真软件 Multisim 10 简介"（用手机扫描二维码"电子仿真软件 Multisim 10 简介"）中调用虚拟仪器的相关内容，从电子仿真软件 Multisim 10 基本界面窗口调出虚拟函数信号发生器和虚拟双踪示波器各一台；从电子仿真软件 Multisim 10 基本界面窗口调出地线符号，在电子平台窗口根据图 4-9 连好仿真电路。

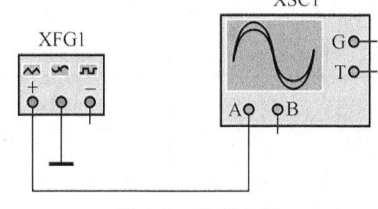

图 4-9　仿真电路

（2）双击虚拟函数信号发生器图标"XFG1"，将函数信号发生器设置成频率为 5kHz、振幅为 10mV 的正弦波信号。

（3）开启仿真开关，双击虚拟双踪示波器图标"XSC1"，打开虚拟双踪示波器放大面板，单击黑色屏幕右下方的"Reverse"按钮，使屏幕变白；调整"Timebase"和"Channel A"的"Scale"栏数据，使屏幕上显示出大小、疏密合适的正弦波信号，并根据表 4-2 填写相关数据。

（4）利用屏幕上的"读数指针"读出正弦波信号的"幅值""周期"并计算出正弦波信号频率，将它们填入表 4-2 中。

表 4-2　　　　　　　　　　　虚拟示波器中正弦波信号数据记录

"Channel A"下"Scale"栏数据（AC）	
正弦波幅度占垂直方向虚线格数	
正弦波幅值	
"Channel A"中"T1"栏数据	
时基栏"Timebase"下"Scale"栏数据	
"T2-T1"栏"Time"数据	
正弦波信号周期	
正弦波信号频率	

（5）将函数信号发生器设置改成频率为 1kHz、振幅为 50mV、占空比为 70% 的方波信号，开启仿真后，根据表 4-3 填写有关数据；将屏幕上的"读数指针"拉到适当位置，读出方波信号的"周期""幅值"和"占空比"，并将它们填入表 4-3 中。

表 4-3　　　　　　　　　　　虚拟示波器中方波信号数据记录

"Channel A"下"Scale"栏数据（AC）	
方波幅度占垂直方向虚线格数	

续表

方波幅值	
"Channel A" 中 "T1" 栏数据	
时基栏 "Timebase" 下 "Scale" 栏数据	
"T2-T1" 栏 "Time" 数据	
方波信号周期	
方波信号频率	
方波信号高电平所占宽度时间	
计算出的方波信号占空比	

四、实验报告要求

1. 记录仿真实验测量的正弦波幅值、周期和频率。
2. 记录仿真实验测量的方波周期、频率和占空比。

五、思考题

在实验中，所有仪器与实验电路必须共地（所有的地接在一起），这是为什么？

仿真3　三极管特性曲线测试

一、实验目的

1. 学会用电子仿真软件 Multisim 10 进行仿真测试。
2. 掌握在输出特性曲线上求三极管电流放大倍数 $\bar{\beta}$ 和 β 的方法。

二、实验准备

电子仿真软件
Multisim 10 简介

1. 可用手机扫描二维码 "电子仿真软件 Multisim 10 简介" 查阅相关资料，熟悉电子仿真软件 Multisim 10。
2. 参阅电子电路实训 3 相关内容。

三、计算机仿真内容实验

1. 组建三极管输出特性曲线测试仿真电路

（1）启动电子仿真软件 Multisim 10，进入基本界面。

（2）调出 NPN 型三极管。单击电子仿真软件 Multisim 10 界面元器件工具条中的 "Place

Transistor"（放置三极管）按钮，如图 4-10 所示，从弹出的"Select a Component"对话框中，先选中左侧"Family"栏中的"BJT＿NPN"，然后在"Component"栏选中"2N2222"，如图 4-11 所示，最后单击对话框右上角的"OK"按钮，将 NPN 型三极管调出，置于电子平台窗口中，如图 4-12 所示。

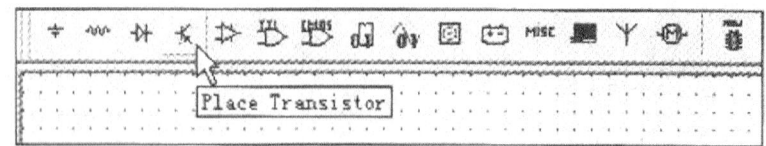

图 4-10　单击"Place　Transistor"按钮

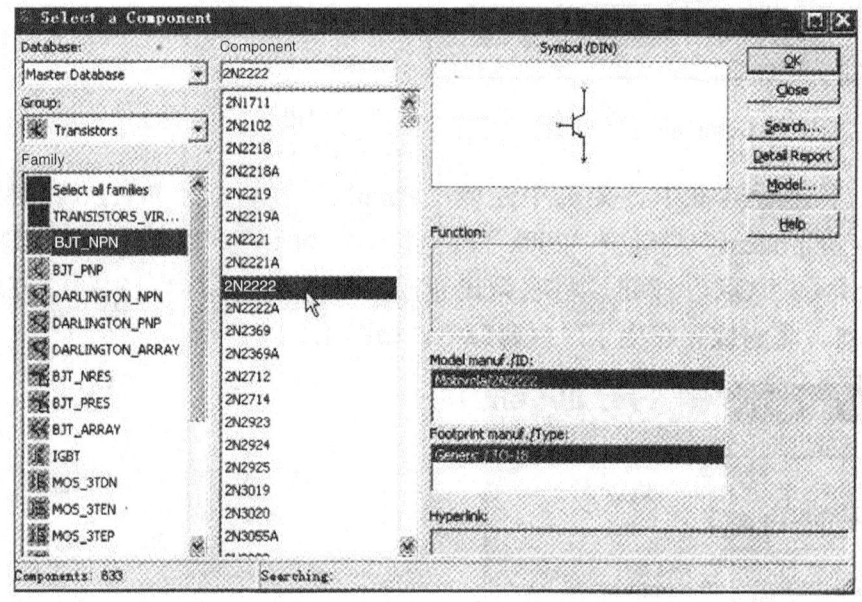

图 4-11　选取 NPN 型三极管

（3）调出电阻。单击电子仿真软件 Multisim 10 界面元器件工具条中的"Place Basic"按钮，如图 4-13 所示，在弹出的"Select a Component"对话框中（局部），先选中左侧"Family"栏中的"RESISTOR（电阻）"，再拉动"Component"栏的滚动条，选中"10k"的电阻，如图 4-14 所示（局部截图），最后单击对话框右上角的"OK"按钮，将 10kΩ电阻调出置于电子平台窗口，如图 4-15 所示。

图 4-12　电子平台上放置三极管

图 4-13　单击"Place Basic"按钮

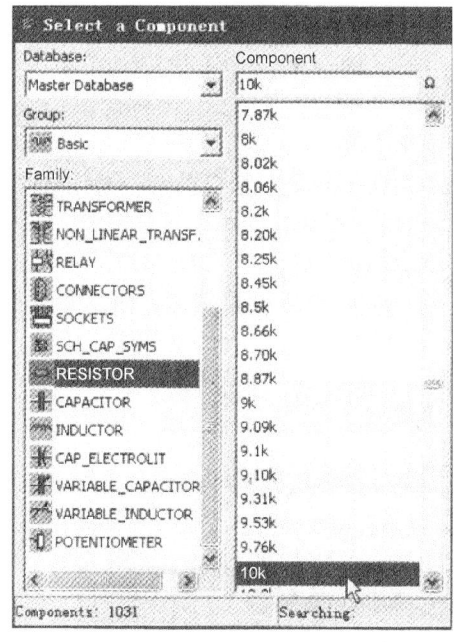

图 4-14　"Select a Component"对话框（局部截图）

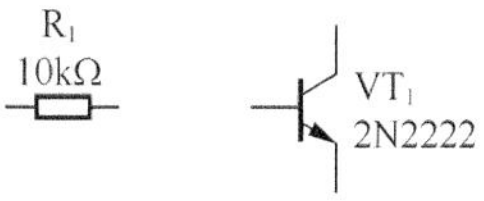

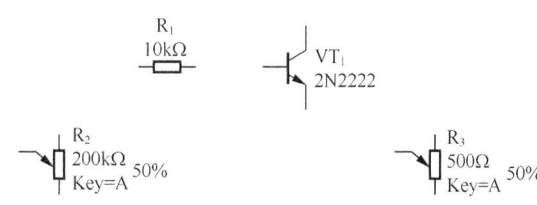

图 4-15　放置三极管和电阻后的截图

（4）调出电位器。仍在上述对话框中，先选中左侧"Family"栏中的　"POTENTIOMETER
（电位器）"，再在"Component"栏选中"200k"的电位器，如图 4-16 所示（局部截图），最后单
击对话框右上角的"OK"按钮，将它调出置于电子平台窗口；用相同的方法再调出一个"500"
的电位器，将它放置在电子平台窗口中，如图 4-17 所示。

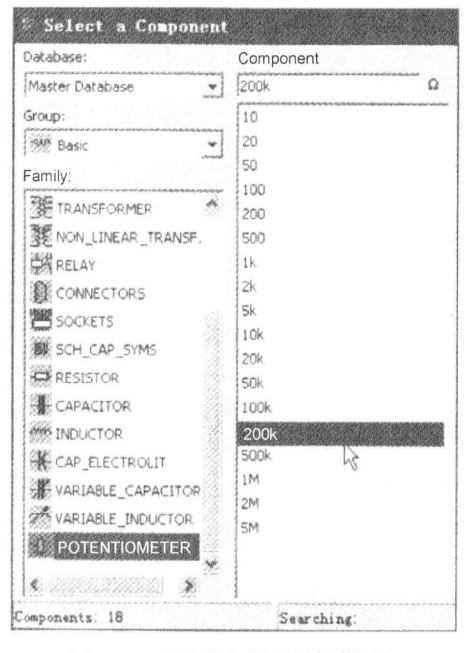

图 4-16　选取电位器（局部截图）

图 4-17　放置电位器后的截图

（5）调出直流电源、地线。单击电子仿真软件 Multisim 10 基本界面元器件工具条中的"Place

电子电路实训与仿真

Source"按钮，如图 4-18 所示，在弹出的"Select a Component"对话框中，先选中左侧"Family"栏中的"POWER_SOURCE"，然后在"Component"栏选中"DC_POWER"，如图 4-19 所示（局部截图），最后单击对话框右上角的"OK"按钮，调出直流电源（两个）并将它置于电子平台窗口中。然后仍在"Select a Component"对话框中，选中"Component"栏中的"GROUND"，再单击对话框右上角的"OK"按钮，调出地线符号放置在电子平台窗口中，如图 4-20 所示。

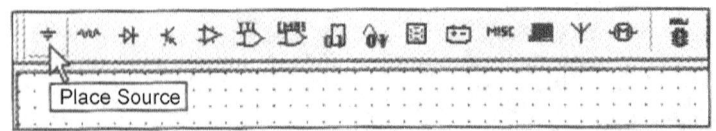

图 4-18　单击"Place　Source"按钮

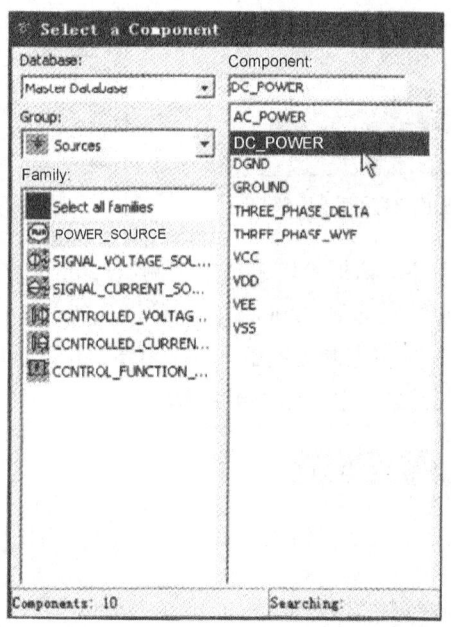

图 4-19　调出直流电源和地线的对话框（局部截图）

图 4-20　调出两个直流电源和地线符号后的截图

（6）调出直流电压表、直流电流表，整理排列元器件。单击电子仿真软件 Multisim 10 基本界面元器件工具条中的"Place Indicator"按钮，如图 4-21 所示，在弹出的"Select a Component"对话框中，先选中左侧"Family"栏中的"VOLTMETER"，然后在"Component"栏选中"VOLTMETER_V"，

164

如图 4-22 所示（局部截图），最后单击对话框右上角的"OK"按钮，调出直流电压表并将它置于电子平台窗口中，用相同的方法共需要调出两个直流电压表。

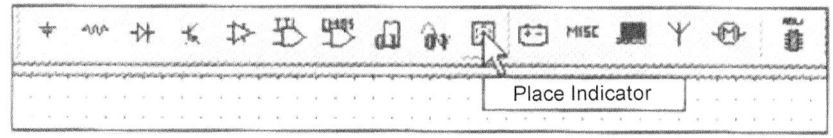

图 4-21　单击"Place　Indicator"按钮

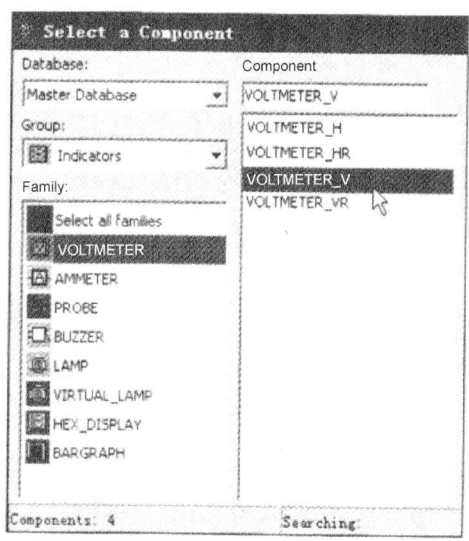

图 4-22　选取电压表和电流表（局部截图）

然后，仍在上述对话框中，先选中左侧"Family"栏中的"AMMETER"，然后在"Component"栏选中"AMMETER＿H"，最后单击对话框右上角的"OK"按钮，调出直流电流表并将它置于电子平台窗口中，用相同的方法共调出两个直流电流表。

调出电压表和电流表后，所有的元器件都已调齐，将它们重新整理排列，如图 4-23 所示。

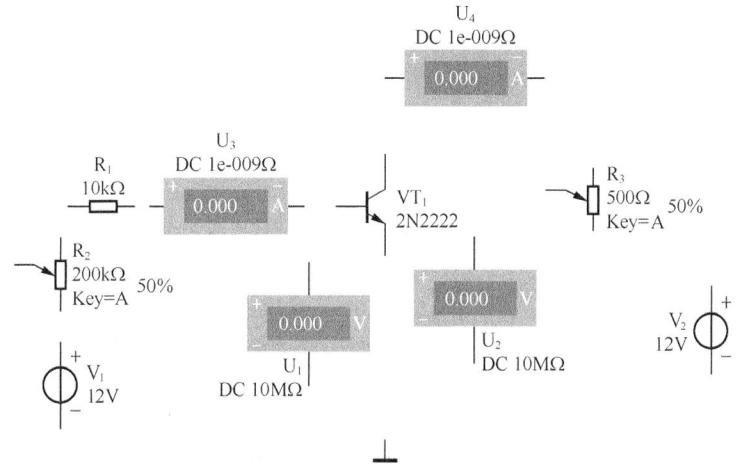

图 4-23　调整元器件排列后的截图

（7）设置参数。双击直流电源"V_1"图标，将弹出图4-24所示的"DC_POWER"对话框，将默认打开的"Value"选项卡中"Voltage（V）"栏电压"12"V 修改成"3"V，最后单击对话框下方的"OK"按钮退出。

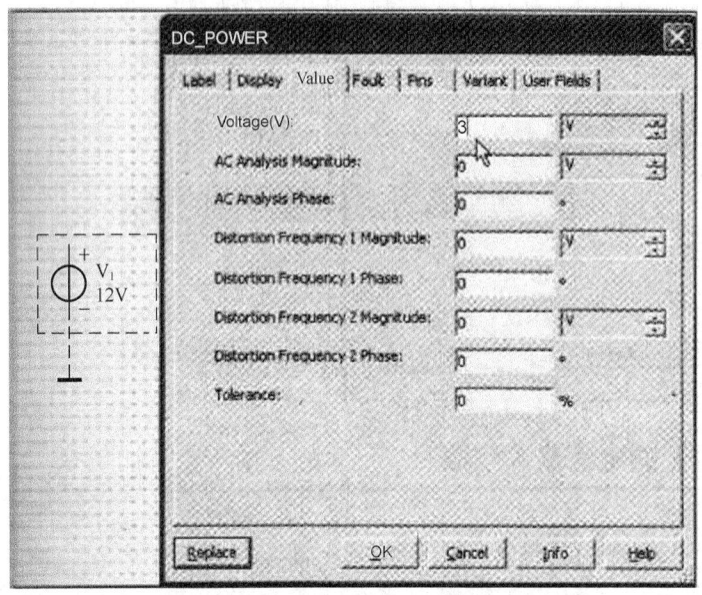

图4-24 修改电源参数

（8）设置"Increment"参数。双击电位器 R_2 图标，将弹出"Potentiometer"对话框，将默认显示的"Value"选项卡中"Increment"栏改成"1"，如图4-25所示，最后单击对话框下方的"OK"按钮退出。

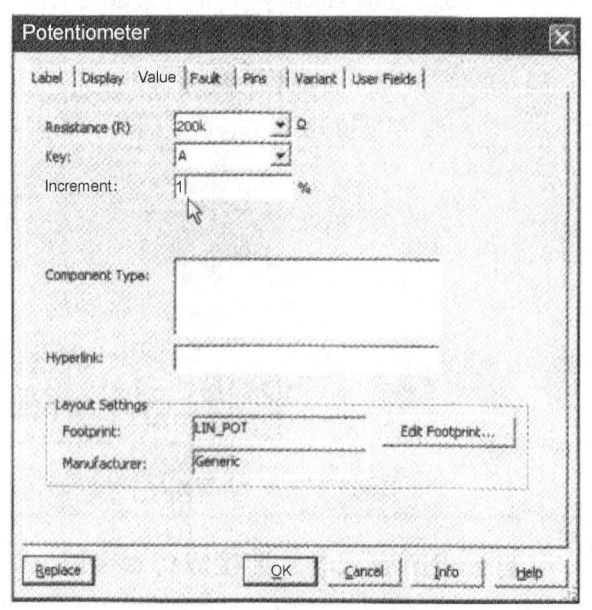

图4-25 修改电位器 R_2 的参数

（9）设置"Key"的数值。双击电位器 R_3 图标，将弹出"Potentiometer"对话框，除将默认

显示的"Value"选项卡中"Increment"栏改成"1"之外，还要单击"Key"栏右侧的下拉箭头，从中选取"B"，最后单击对话框下方的"OK"按钮退出，如图 4-26 所示。

（10）设置三极管电流放大倍数参数。双击三极管 VT$_1$ 图标，将弹出"BJT＿NPN"对话框，单击右下角"Edit Model"按钮，如图 4-27 所示。将弹出"Edit Model"按钮，如图 4-28 所示。单击第 2 行的"BF"两次，将原来的"153.575"修改成"80"，再单击一下该数据，然后单击对话框下方的"Change Part Model"按钮，如图 4-28 所示。退回到"BJT＿NPN"对话框，最后单击"BJT＿NPN"对话框下方的"OK"按钮退出。这个操作是将三极管的电流放大倍数（β）修改为 80。

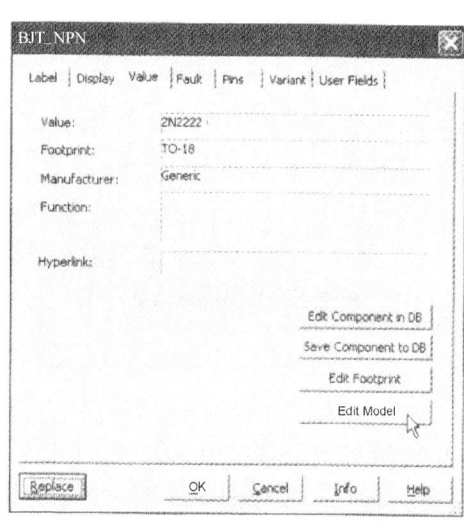

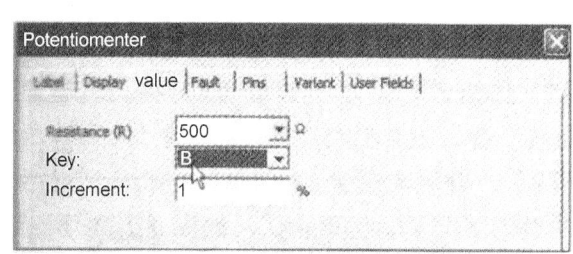

图 4-26　修改电位器 R$_3$ 的参数　　　　　图 4-27　"BJT＿NPN"对话框

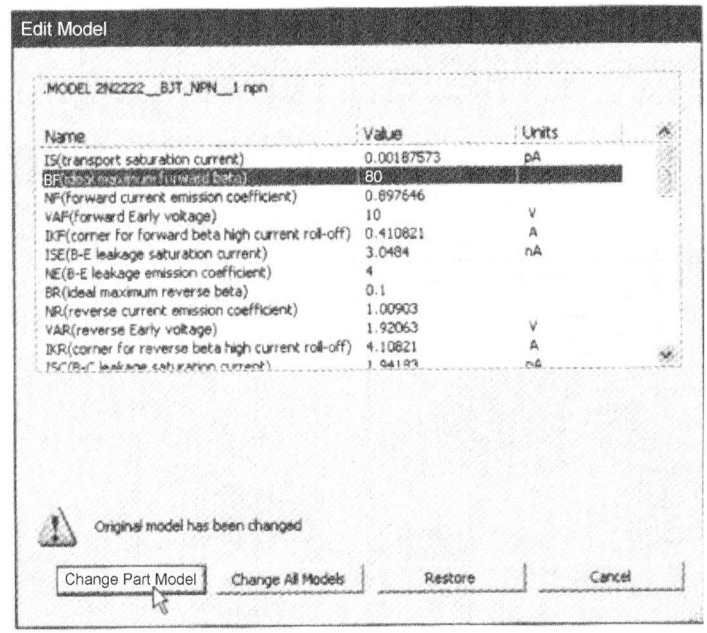

图 4-28　修改三极管的电流放大倍数

（11）将所有元器件连接成仿真电路，如图 4-29 所示。

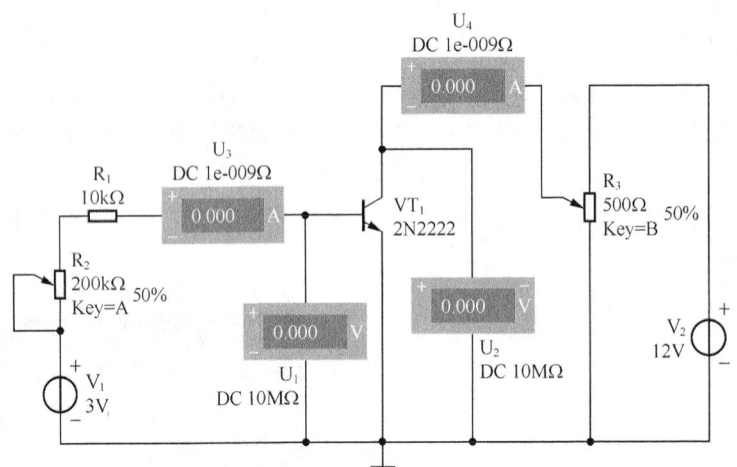

图 4-29　连接完成的仿真电路

2．三极管输出特性的仿真

（1）测试三极管的集电极电压。先按住键盘上"Shift"键，再连续按键盘上的"B"键，这时可以看到 R_3 的百分比以 1% 的比率逐渐减小，直至为 0，这意味着加到三极管的集电极电压等于 0V，即 $U_{CE}=0V$。

（2）测试晶体管输出特性曲线。单击电子仿真软件 Multisim 10 基本界面右上角的仿真开关，如图 4-30 所示。这时可以看到接在三极管集电极和地之间的电压表 U_2 指示为 $1.200\mu V$，基本上等于 0V；再按住键盘上的"Shift"键，然后连续按键盘上的

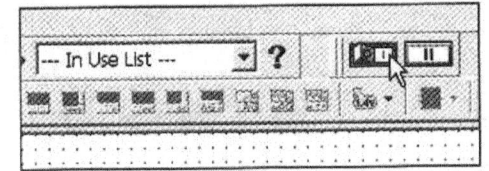

图 4-30　开启仿真开关

"A"键，这时可以看到电位器 R_2 的百分比以 1% 的比率减小，并且电流表 U_3 的数值也相应减小，当电位器 R_2 的百分比降到 43% 时，电流表 U_3 的数值下降至 0.02mA，如图 4-31 所示，这时表示 $U_{CEQ}=0V$，$I_{BQ}=20\mu A$，记下电流表 U_4 的数据（I_{CQ}），填入表 4-4 中。

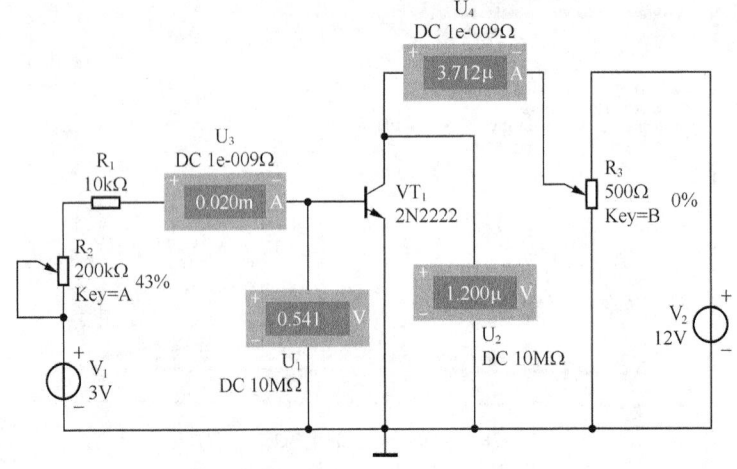

图 4-31　仿真结果（一）

表 4-4　　　　　　　　　　　　　　　　测试晶体管输出特性曲线数据表

I_{BQ} ＼ U_{CEQ} I_{CQ}	≈0V	≈2V	≈4V	≈6V	≈8V
20μA	3.712μA	−1.180mA			
40μA					
60μA					
80μA					
100μA					
120μA					

连续按"B"键，当 R_3 的百分比递增变成 18%左右时，U_2 显示 2.074V，即 $U_{CEQ}≈2V$，这时 U_4 显示−1.180mA，表示 I_{CQ}= −1.180mA，如图 4-32 所示，将数据填入表 4-4 中。

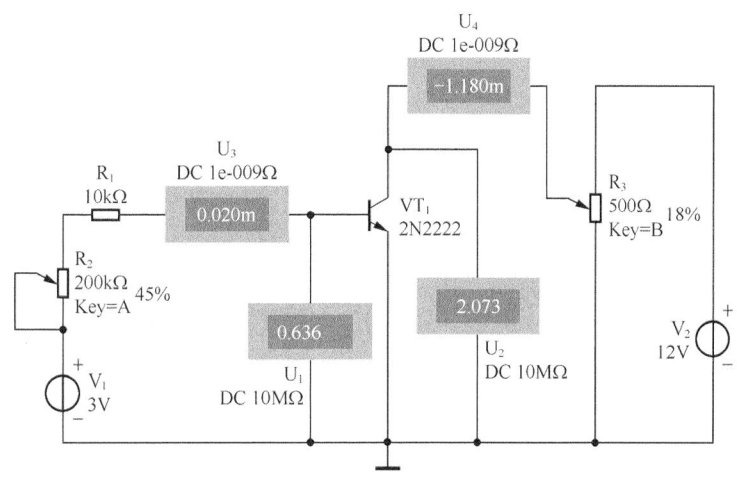

图 4-32　仿真结果（二）

（3）仿真实验。根据表 4-4 中 U_{CEQ} 和 I_{CQ} 给定的条件，按上述方法逐步进行仿真实验，并将结果填入表 4-4 中（注意：表中所给条件是近似值，实际操作中尽可能接近即可），实验顺序可以先调整 I_{BQ} 值，再改变 U_{CEQ} 值，得到每个对应的 I_{CQ}，每行完成后应注意将 R_3 的百分比恢复到 0，再重新开始下一个仿真实验。

（4）根据在仿真实验中得到的表 4-4 中的数据，在方格纸上画出三极管输出特性曲线簇，并在曲线上求三极管的 β 和 $\overline{\beta}$。

四、实验报告要求

1. 完成仿真实验报告内容中表 4-4 各项数据的填写，在方格纸上画出三极管的输出特性曲线簇，并在曲线上求晶体管的 β 和 $\overline{\beta}$。

2. 在绘图方格纸上画出三极管的输出特性曲线簇，在坐标轴上标明量程刻度，并在曲线上求出电流放大倍数 β 和 $\overline{\beta}$。

五、思考题

为什么可以用万用表的电阻挡检测晶体管的引脚极性？

仿真4 单级阻容耦合放大电路

一、实验目的

1. 学会用电子仿真软件 Multisim 10 分析单管电压放大电路的主要性能指标。
2. 掌握测量放大器的电压增益的方法。
3. 了解不同的负载对电压增益的影响。
4. 学会测量放大器输入、输出电阻的方法。

二、实验准备

1. 可手机扫描二维码"电子仿真软件 Multisim 10 简介"查阅相关资料，熟悉电子仿真软件 Multisim 10。
2. 参阅电子电路实训 4 相关内容。

电子仿真软件
Multisim 10 简介

三、计算机仿真实验内容

1. 静态工作点的测试

（1）组建仿真电路。在电子仿真软件 Multisim 10 基本界面的平台上组建图 4-33 所示的仿真电路，双击电位器图标，将弹出对话框的"Value"选项卡的"Increment"栏改成"1"，将"Label"选项卡的"RefDes"栏改成"Rp"。

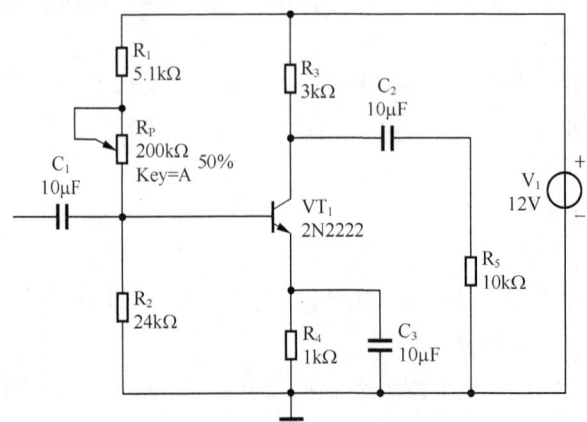

图 4-33　单级阻容耦合放大电路仿真电路图

（2）调出虚拟万用表并连接、设置。从电子仿真软件 Multisim 10 基本界面虚拟仪器工具条中调出虚拟万用表，并将它们并联在集电极电阻 R_3 两端，如图 4-34 所示。开启仿真开关，双击虚拟万用表图标，先按住键盘上的"Shift"键，再连续按键盘上的"A"键，此时电位器的百分比在减小，大约在 35% 左右时，虚拟万用表放大面板屏幕上显示 6V 左右的电压。根据欧姆定律，可知电路的静态工作点

$$I_{CQ} = \frac{U_{R_C}}{R_C} = \frac{5.957V}{3k\Omega} \approx 2mA$$

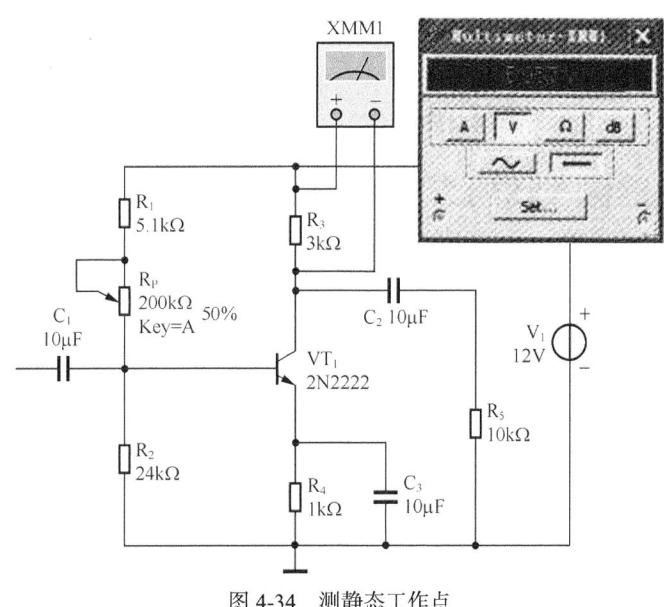

图 4-34　测静态工作点

（3）测试。先关闭仿真开关，将虚拟万用表分别接入电路相关位置，然后重新开启仿真开关，测出 U_{CEQ} 和 U_{BEQ}，并将测试结果填入表 4-5 中。

表 4-5　　　　　　　　　　　　　静态工作点数据

V_1/V	U_{R_C} /V	I_{CQ}/mA	U_{CEQ}/V	U_{BEQ}/V
		2		

2．电压增益的测试

（1）调出虚拟函数信号发生器和虚拟双踪示波器并连接、设置。先关闭仿真开关，然后删除虚拟万用表，再从电子仿真软件 Multisim 10 基本界面虚拟仪器工具条中，调出虚拟函数信号发生器和虚拟双踪示波器，将虚拟函数信号发生器接到电路输入端，将虚拟示波器两个通道分别接到电路的输入端和输出端，如图 4-35 所示。

（2）选取参数。开启仿真开关，双击虚拟函数信号发生器图标"XFG1"，将打开虚拟函数信号发生器放大面板，首先确认"Waveforms"栏下选取的是正弦信号，然后确认"Frequency"栏频率为"1"，将鼠标移到右侧空白位置，单击鼠标在下拉列表中选取"kHz"；再确认"Amplitude"栏幅度为"10"，将鼠标移到右侧空白位置，单击鼠标在下拉列表中选取"mVp"，如图 4-36 所示。

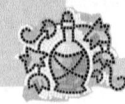
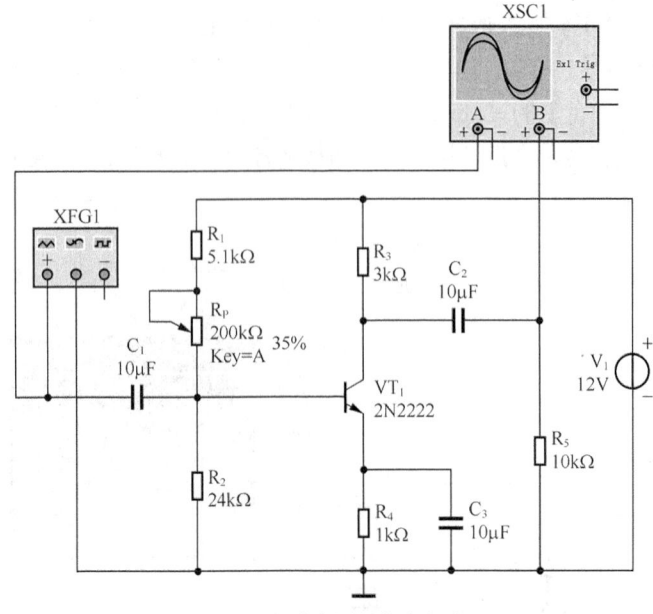

图 4-35　动态测量仿真电路

（3）观察输入信号和输出信号。双击虚拟示波器图标"XSC1"，打开虚拟双踪示波器放大面板，可以看到输入信号和放大后的输出信号波形如图 4-37 所示（注意：须保持电位器的百分比为35%不变），放大面板屏幕下方各栏设置如图 4-37 所示。

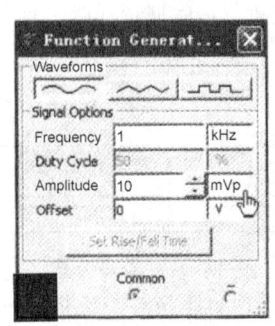

图 4-36　虚拟函数信号发生器放大面板

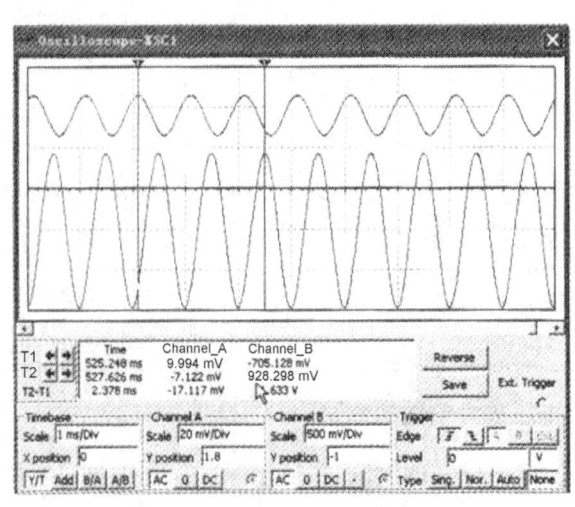

图 4-37　虚拟双踪示波器放大面板

（4）测试电压增益。用鼠标按住屏幕左上角的两个读数指针，将它们分别拉到图 4-37 所示的输入和输出正弦波的波峰位置，从屏幕下方"T1"右侧"Channel＿A"下方可以读出输入信号的幅值为"9.994mV"，从屏幕下方"T2"右侧"Channel＿B"下方可以读出输出信号的幅值为"928.298mV"，从而得到该单级阻容耦合放大电路的电压增益约为 93dB。

（5）仿真并计算。先关闭仿真开关，在电路输出端再并联一个负载电阻 R_6（R_6=10kΩ），然后开启仿真开关进行仿真。关闭仿真开关后，重新调整读数指针位置并读出电路输出的正弦波幅值，算出电压增益 A_V（输入信号不变），将它们填入表 4-6 中。

表 4-6　　　　　　　　　　　　　　　　　　测试电压增益数据

$R'_L/k\Omega$	$U_i/mV(mVp)$	$U_{oL}/mV(mVp)$	A_V
$3/\!/10$			
$3/\!/5$			

3．观察静态工作点变化对放大器输出波形的影响

（1）仿真实验。关闭仿真开关，先删除并联的负载电阻 R_6（R_6=10kΩ），再开启仿真开关，改变电位器 R_P 百分比为 15%左右时，屏幕出现图 4-38 所示的波形，此波形属于何种失真？说出判别理由。

（2）仿真实验。将电位器 R_P 百分比调到 100%，然后将虚拟函数信号发生器的信号幅度增加到 30mV，虚拟示波器屏幕将出现图 4-39 所示的波形，此波形属于何种失真？说出判别理由。

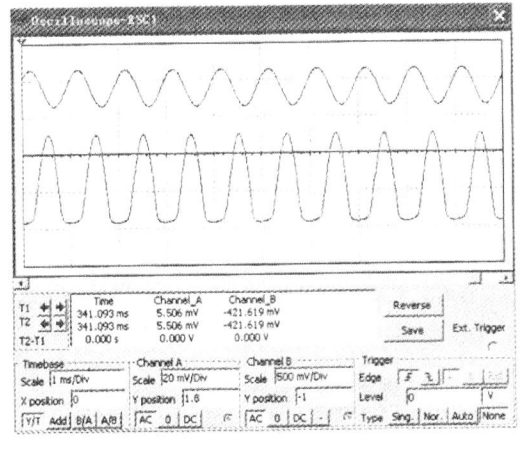 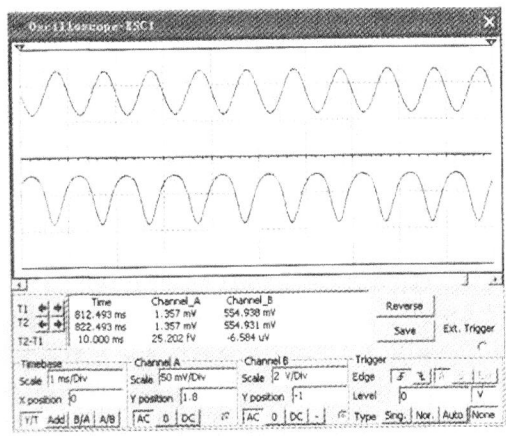

图 4-38　电位器 R_P 百分比为 15%左右时的失真波形　　图 4-39　电位器 R_P 百分比为 100%左右时的失真波形

4．测量放大器的输入、输出电阻

（1）测量放大器的输入电阻。

① 在图 4-35 所示的电路中，改变仿真开关，删除虚拟示波器；虚拟信号发生器的信号幅度恢复到 10mV（mVp）；电位器 R_P 的百分比恢复到 35%。

② 在放大器输入端串接一个 5.1kΩ 的电阻，再调出两个万用表，按图 4-40 所示将仿真电路连好。

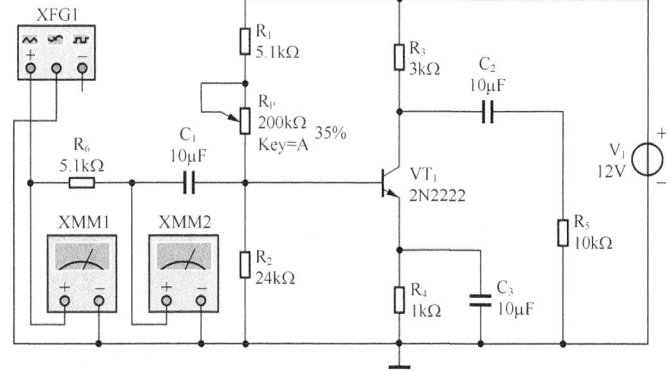

图 4-40　测量输入电阻输入仿真电路

③ 仿真并填表。开启仿真开关，双击虚拟万用表"XMM1"和"XMM2"图标，将它们切换在交流电压挡，再双击虚拟函数信号发生器图标，连续单击"Amplitude"右侧箭头，直到虚拟万用表"XMM2"屏幕显示"10mV"左右为止，如图4-41所示；双击虚拟万用表"XMM1"图标，读出它们的值，将它们填入表4-7中，并求出输入电阻。

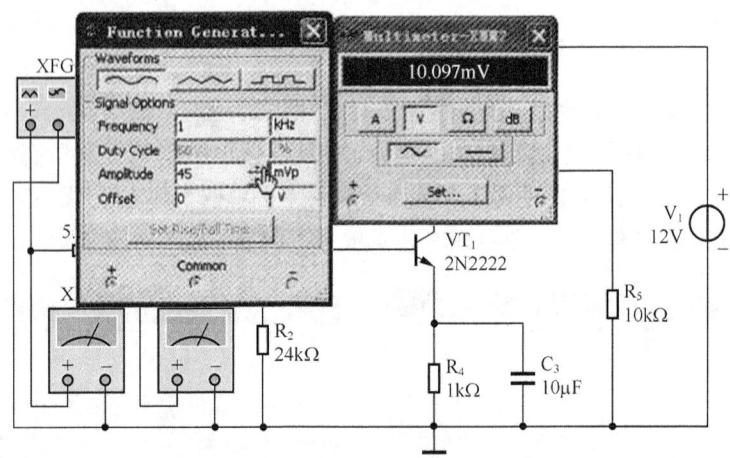

图4-41　函数信号发生器和虚拟万用表放大面板

表4-7　　　　　　　　　　　　　　　　　　测量放大器输入电阻和输出电阻数据

U_S/mV	U_i/mV	R_i/kΩ	U_o/V	U_{oL}/V	R_o/kΩ

（2）测量放大器的输出电阻。

在图4-35所示的仿真电路中，删除原负载电阻R_5（R_5=10kΩ），电位器百分比调整为35%。

开启仿真开关，用示波器屏幕上的读数指针读出空载时的输出电压U_o，将它填入表4-7中。关闭仿真开关，然后将负载电阻R_5（R_5=10kΩ）接回输出端，再开启仿真开关，读出带负载时的输出电压U_{oL}，将它填入表4-7中，并求出输出电阻。

四、实验报告要求

1. 完成仿真实验中3个表格（表4-5～表4-7）内容的测试和计算。

2. 根据每个表格的结果，叙述自己对实验的体会及得出的结论。

3. 详细说明仿真实验内容3中波形属于何种失真，如何调整。

五、思考题

1. 负载变化对电路的直流静态工作点有无影响？是否负载无穷大时，电压增益也为无穷大？

2. 怎样才有利于放大器不失真？

3. 改变静态工作点对输入电阻有无影响？改变负载电阻对输出电阻有无影响？

仿真5　负反馈放大电路

一、实验目的

1. 掌握用 Multisim 10 软件对负反馈放大电路进行仿真分析的方法。
2. 研究负反馈对放大电路性能的影响。
3. 掌握负反馈放大电路的测试方法。

二、实验准备

1. 可用手机扫描二维码"电子仿真软件 Multisim 10 简介"查阅相关资料，熟悉电子仿真软件 Multisim 10。
2. 参阅电子电路实训 5 相关内容。

电子仿真软件
Multisim 10 简介

三、计算机仿真实验内容

1. 调出元器件及组建负反馈放大仿真电路

（1）调出电容。鼠标左键单击电子仿真软件 Multisim 10 基本界面虚拟仪器工具条中的"Place Basic"按钮，在弹出的对话框中"Family"栏下选取"CAP _ ELECTROLIT"（电解电容），再在"Component"栏下选取"10μ"的电容，将它调入电路中，如图 4-42 所示，共调入 5 个"10μ"的电容。

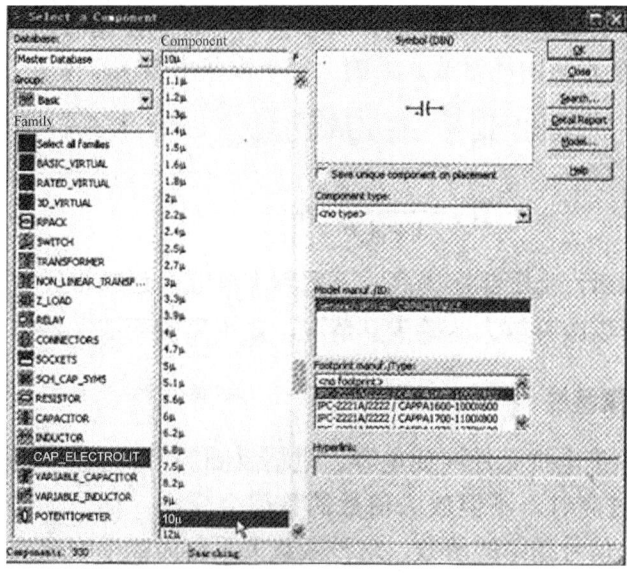

图 4-42　将电解电容调入电路中

（2）组建仿真电路。在电子仿真软件 Multisim 10 基本界面的电子平台上组建图 4-43 所示的两级阻容耦合放大仿真电路（可以一次性调出 9 个某阻值的电阻，然后逐个双击电阻图标，在弹出的对话框中修改它们的阻值）。

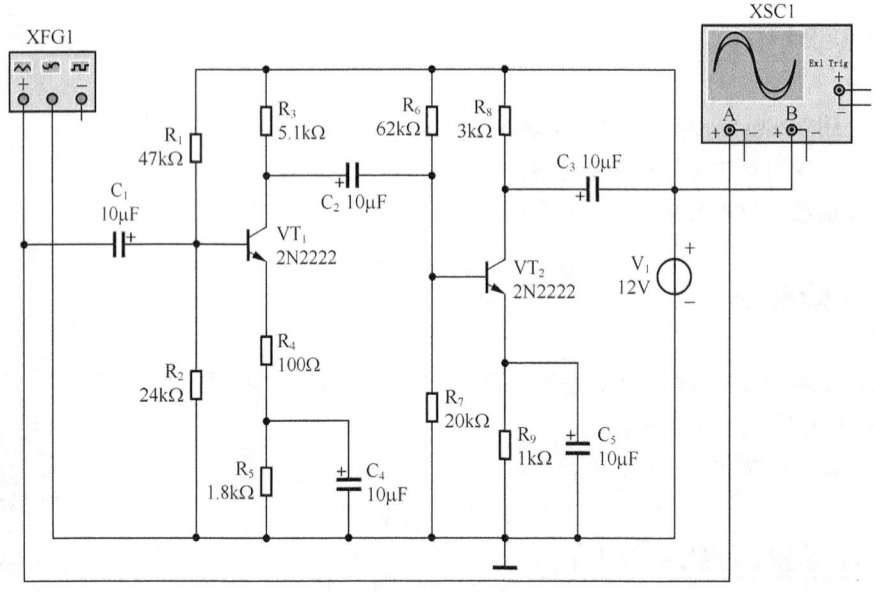

图 4-43　两级阻容耦合放大仿真电路

（3）仿真测试。开启仿真开关，双击虚拟函数信号发生器图标，将它设置为 1kHz、1mV 的正弦信号；双击虚拟示波器图标，从放大面板上可以看到放大前、后的波形，如图 4-44 所示，放大面板各栏参数的设置可参考图 4-44。

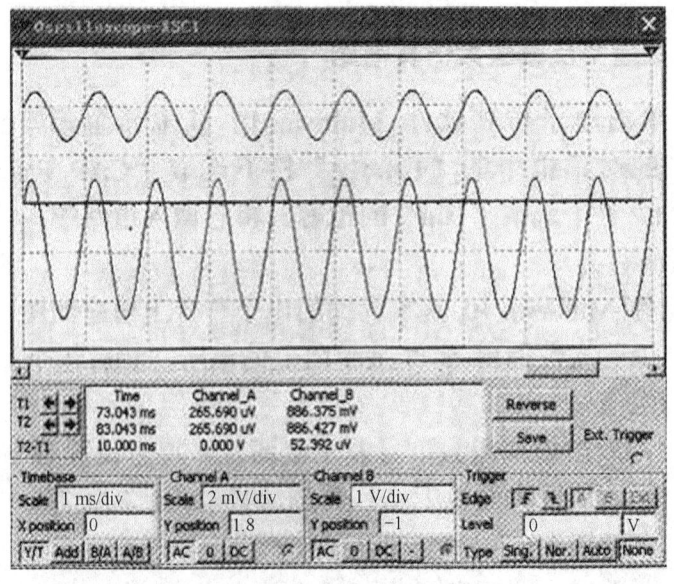

图 4-44　放大前、后的波形

2．负反馈放大电路开环、闭环电压增益的测试

（1）开环电路测试。

① 在图 4-44 所示的虚拟示波器放大面板屏幕上，分别拉出屏幕左上角和右上角的两个读数指针到输入、输出波形的峰顶上，从屏幕下方"Channel ＿ A"和"Channel ＿ B"列可以分别读出输入、输出波形的峰值为"999.722μV（约为 1mV）"和"1.485V"，如图 4-45 所示，从而可以得到该两级放大电路在没有加负反馈电路时的开环电压增益 A_V（$R_L=\infty$)约为 1485，将数据填入表 4-8 中。

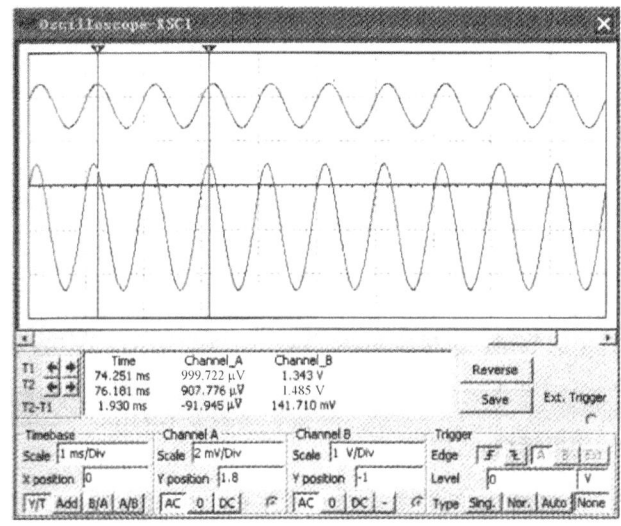

图 4-45　两级放大电路在没有加负反馈时的输入、输出波形

表 4-8　　　　　　　　　　　　　　　测试开环、闭环电路电压增益数据

	$R_L/k\Omega$	U_i/mV	U_o/mV	A_V（或 A_{VF}）
开环	∞	1		
	10	1		
闭环	∞	1		
	19	1		

② 关闭仿真开关，在输出端接上 $R_L=10k\Omega$ 的电阻，重新开启仿真开关，利用读数指针读出输出波形的峰值，并求出该两级放大电路在没有加负反馈电路时的开环电压增益 A_V（$R_L=10k\Omega$），将数据填入表 4-8 中。

（2）闭环电路测试。

① 关闭仿真开关，先将输出端 10kΩ 的负载电阻删除，再根据图 4-46 将负载元器件 C_6（$C_6=10\mu F$）和 R_{10}（$R_{10}=22k\Omega$）接入，即构成闭环电路。开启仿真开关，重做上述开环电路各实验的内容，读出虚拟示波器显示的输入、输出波形的幅值，并计算出电路的闭环电压增益 A_{VF}，将它们填入表 4-8 中。

② 关闭仿真开关，将输出端 10kΩ 的负载电阻接上；开启仿真开关，做带负载的闭环电路测试，并将结果填入表 4-8 中。

③ 根据表 4-8 中的数据，分析电路在开环和闭环及有负反馈和无负反馈时电压增益的变化情况。

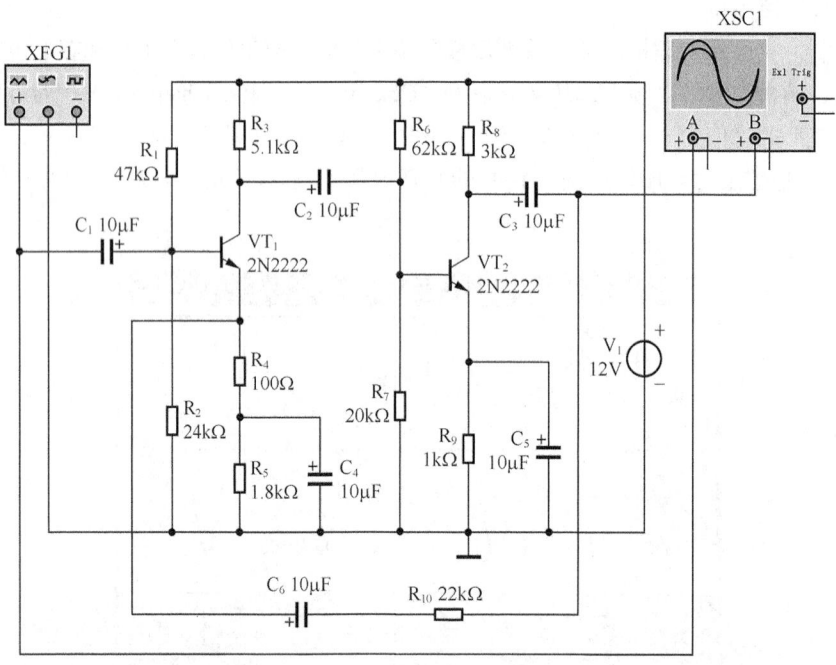

图 4-46　加负反馈电路后的仿真电路

3．测放大电路的频率特性

（1）调出虚拟波特仪。关闭仿真开关，将图 4-46 中负反馈元器件 C_6（$C_6 = 10\mu F$）和 R_{10}（$R_{10}=22k\Omega$）以及虚拟示波器删除；输出端接上 $10k\Omega$ 的负载电阻；再单击电子仿真软件 Multisim 10 基本界面虚拟仪器工具条中的 "Bode Plotter" 按钮，如图 4-47（a）所示，鼠标箭头将带出一个虚拟波特仪（即扫描仪）"XBP1" 图标，如图 4-47（b）所示，在电子平台上单击鼠标即可将虚拟波特仪调出，如图 4-47（c）所示。

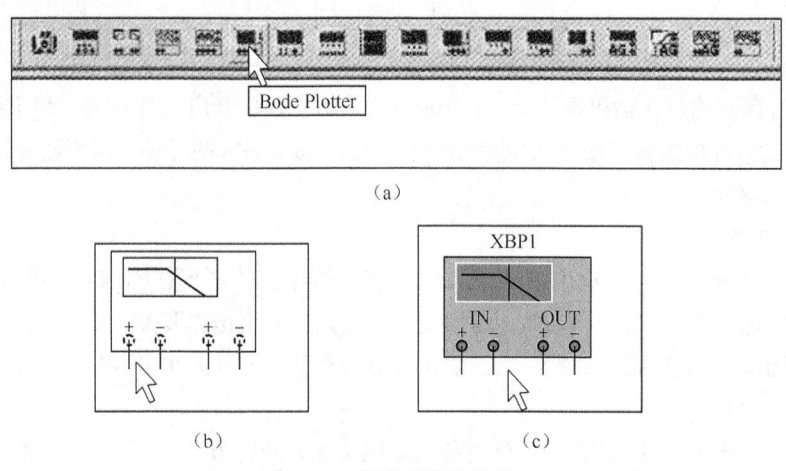

图 4-47　调出虚拟波特仪

（2）将调出的虚拟波特仪按图 4-48 所示接入电路，重新组建仿真电路。

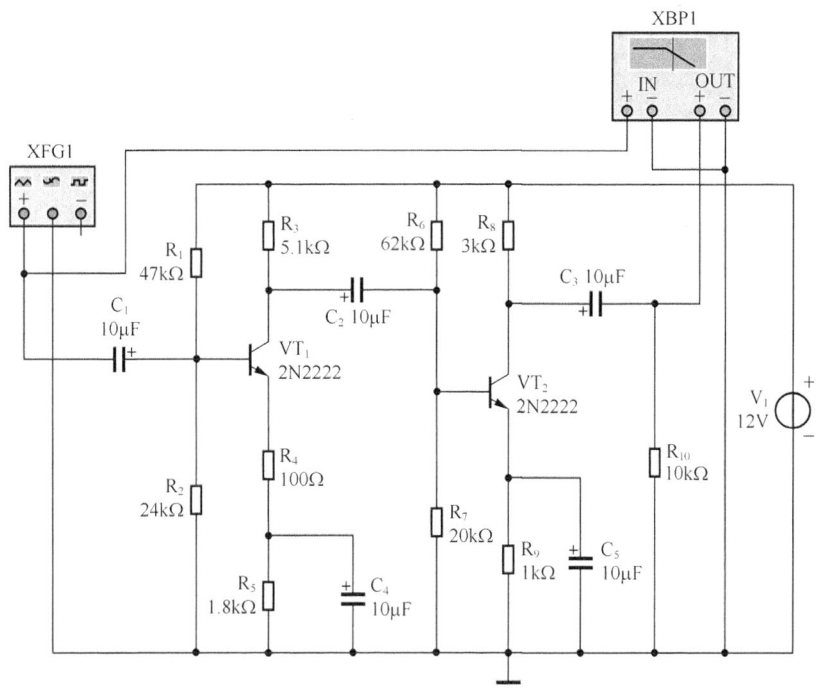

图 4-48　重新组建的仿真电路

（3）设置参数仿真。开启仿真开关，双击虚拟波特仪"XBP1"图标，将弹出图 4-49 所示虚拟波特仪放大面板，放大面板右侧参数栏按图 4-49 进行设置，从波特仪放大面板左侧屏幕上可以看到放大电路的频率特性曲线。

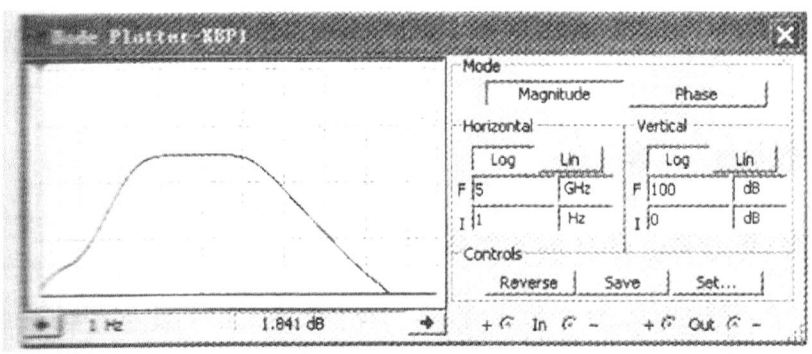

图 4-49　虚拟波特仪放大面板

（4）仿真测试。用鼠标左键按住屏幕左上角的读数指针，将它拉到图 4-50 所示的位置，从屏幕下方显示的数据中，我们可以看到：频率特性曲线中间平坦部分为放大电路中频段，放大电路增益基本不变且最大；左侧为频率低端，右侧为频率高端，它们的增益都会降低。图 4-50 中读数指针所在的位置表示频率 5.375kHz 处，电路增益为 62.166dB。

（5）将读数指针分别移到图 4-51 所示的下截止频率点和上截止频率点，分别读出电路的下截止频率为 f_L=76.375Hz，上截止频率 f_H=1.4MHz，将它们填入表 4-9 中。

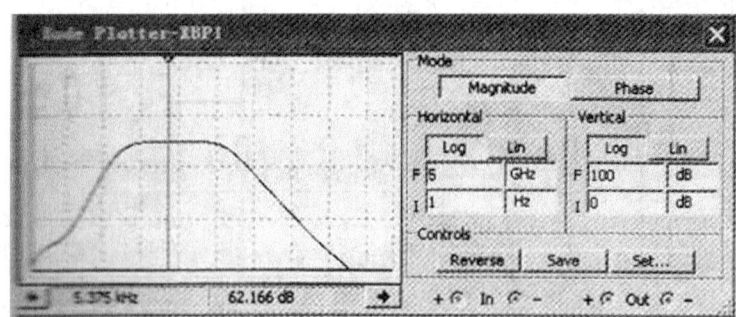

图 4-50　移动屏幕左上角的读数指针

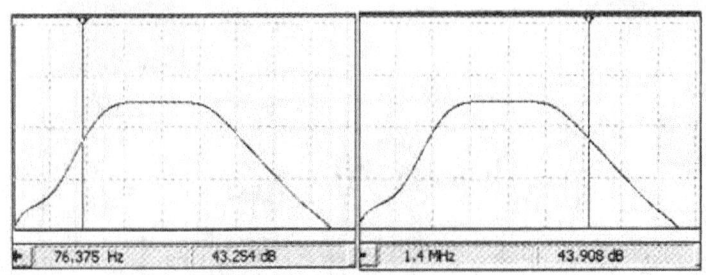

图 4-51　上、下截止频率

表 4-9　　　　　　　　　　　　　　开环、闭环电路通频带

	f_H/MHz	f_L/Hz	通频带
开环			
闭环			

（6）关闭仿真开关，将电路图接成闭环状态（即接上反馈元器件 C₆ 和 R₁₀），用上述方法重新测出下截止频率点和上截止频率点，并将数据填入表 4-9 中。

（7）根据表 4-9 中的数据，进行比较分析，说明电路加了负反馈后，放大电路的通频带提高了多少。

四、实验报告要求

1. 根据仿真实验数据计算并完成两个表格（表 4-8 和表 4-9）内容的填写。
2. 根据实验内容总结负反馈对放大电路的影响。

五、思考题

1. 如何根据信号源和负载，选择负反馈放大电路的种类？
2. 若本实验的反馈电路是深度负反馈，试估计其电压增益。

仿真6 微分电路

一、实验目的

1. 掌握用 Multisim 10 软件进行微分电路仿真实验的方法。
2. 熟悉微分电路的测试和分析方法。
3. 了解微分电路的设计方法。

二、实验准备

1. 理解理想运算放大器的概念,复习理想运算放大器工作在线性区和非线性区的特点。

(1)理想运算放大器的概念。理想的运放(以下均将集成运算放大器简称为运放)就是将集成运放的各项技术指标理想化。理想的运放有如下性质:

① 开环差模电压增益 $A_{od}=\infty$;

② 差模输入电阻 $R_{id}=\infty$;

③ 输出电阻 $R_o=0$;

④ 共模抑制比 $K_{CMR}=\infty$;

⑤ 上截止频率 $f_H=\infty$;

⑥ 输入失调电压 U_{IO}、失调电流 I_{IO} 及它们的温漂均为零,且无任何内部噪声。

在分析运放电路工作原理和输入输出关系时,运用理想运放的概念,有利于抓住事物的本质,简化分析的过程。

(2)理想运放工作在线性区时有两个重要特点。

① 理想运放的差模输入电压等于零。

由于理想运放的 $A_{od}=\infty$,即 $A_{od}=\dfrac{U_o}{U_+ - U_-}$,所以 $U_+ - U_-=0$,即

$$U_+=U_-$$

上式表示运放同相输入端与反相输入端的电压相等,如同将该两点短路一样。但是这两点实际上并非真正短路,故称之为"虚短"。

② 理想运放的输入电流等于零。

由于理想运放的差模输入电阻 $R_{id}=\infty$,因此在它的两个输入端均没有电流流入,所以有

$$I_+=I_-=0$$

此时,理想运放的同相输入端与反相输入端的电流都等于零,如同这两点被断开一样,故称为"虚断"。

运放的一个重要应用就是实现模拟信号的运算,利用上述两个重要结论,可以对运放组成的比例、求和等电路进行分析和计算。

(3)理想运放工作在非线性区时也有两个重要特点。

① 理想运放的输出电压 U_o 的值只有两种可能:或等于运放的正向最大输出电压 $U_{op-p(+)}$,或

等于其负向最大输出电压 $U_{\text{op-p(-)}}$。

当 $U_+ > U_-$ 时 $U_{\text{o}} = U_{\text{op-p(+)}}$

当 $U_+ < U_-$ 时 $U_{\text{o}} = U_{\text{op-p(-)}}$

在非线性区，理想运放的净输入电压 $U_+ - U_-$ 可能很大，即 $U_+ \neq U_-$，也就是说，此时"虚短"现象不复存在。

② 理想运放的输入电流等于零。在非线性区，虽然理想运放两个输入端的电压不等，即 $U_+ \neq U_-$，但因为理想运放的 $r_{\text{id}} = \infty$，故仍认为此时的输入电流等于零，即 $I_+ = I_- = 0$。

电压比较器中的运放通常工作在非线性区。它是一种模拟信号的处理电路，它的作用是与输入端的模拟信号的电平进行比较，然后将比较的结果反映在输出端。多数情况下，比较器有两个输入端和一个输出端。其中的一个输入端通常接固定不变的电压，称为参考电压，而另一个输入端则是变化的信号电压。比较器的输出端只有两种可能的状态：高电平或低电平。

2. 复习各类运算放大电路的分析和计算方法。

三、计算机仿真实验内容

在电子仿真软件 Multisim 10 基本界面的平台上构建微分电路，如图 4-52 所示。

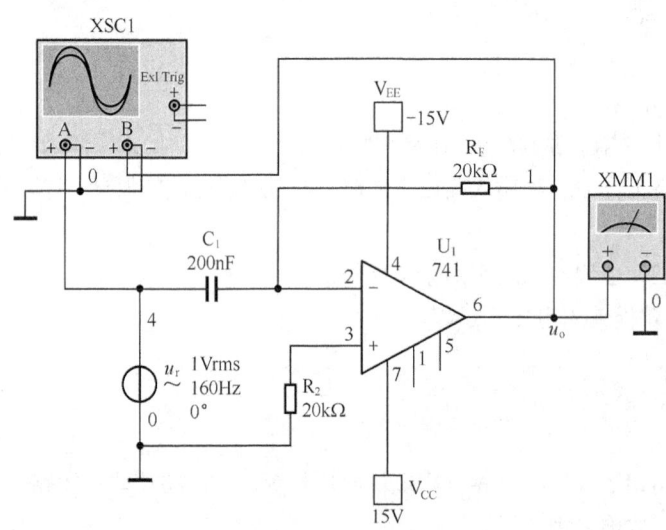

图 4-52　微分电路仿真电路图

（1）输入端接入频率为 $f = 160\text{Hz}$、幅值为 1V 的正弦波信号，用示波器观察 u_{r} 和 u_{o} 波形并测量输出电压。

（2）改变正弦波频率（20 ~ 400Hz）观察 u_{r} 和 u_{o} 的相位、幅值变化情况并记录。

（3）输入 $f = 200\text{Hz}$、幅值为 5V 的方波信号，用示波器观察 u_{r} 和 u_{o} 波形。

四、实验报告要求

1. 分析实验数据并与理论值进行对比分析。

2. 整理实验数据，绘制设计电路输入输出波形。

五、思考题

简述微分电路的特点与性能。

仿真 7　集成运算放大器

一、实验目的

1. 掌握用 Multisim 10 软件进行集成运放的仿真实验方法。
2. 了解集成运算放大电路组成比例、求和电路的特点及性能。
3. 了解用集成运算放大电路组成电压比较器电路的特点和性能。
4. 掌握上述电路的测试和分析方法。

二、实验准备

在分析集成运算放大器的各种应用电路时，常常将集成运算放大器看作是一个理想的运算放大器。理想的运放（以下均将集成运算放大器简称为运放）具有的性质详见本篇仿真 6。

在分析、估算运放的应用电路时，利用这些性质有利于抓住事物的本质，忽略次要因素，简化分析过程，可以直截了当地得出结论。

1. 理想运放工作在线性区时有两个重要特点

（1）理想运放的差模输入电压等于零（详见仿真 6）。

（2）理想运放的输入电流等于零（详见仿真 6）。

运放的一个重要应用就是实现模拟信号的运算，利用上述两个重要结论，可以对运放组成的比例、求和等电路进行分析和计算。

2. 理想运放工作在非线性区时也有两个重要特点

（1）理想运放的输出电压 $U_\circ$ 的值只有两种可能：或等于运放的正向最大输出电压 $U_{\text{op-p}(+)}$，或等于其负向最大输出电压 $U_{\text{op-p}(-)}$（详见仿真 6）。

（2）理想运放的输入电流等于零（详见仿真 6）。

三、计算机仿真实验内容

1. 反相比例放大器

（1）选取 "741" 运放。鼠标左键单击电子仿真软件 Multisim 10 基本界面元器件工具条中的

"Place Analog"按钮，如图4-53所示，在弹出的对话框中的"Family"栏下选取"OPAMP"，再在"Component"栏下选取"741"运放，将它调入电路，如图4-54所示。

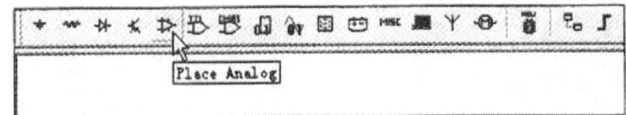

图4-53 单击"Place Analog"按钮

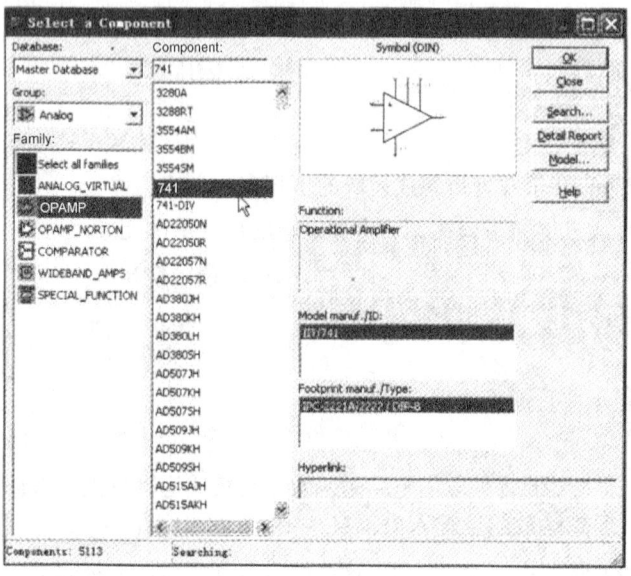

图4-54 将"741"调入运放电路

（2）在电子仿真软件Multisim 10基本界面的电子平台上建立图4-55所示的反相比例放大仿真电路。

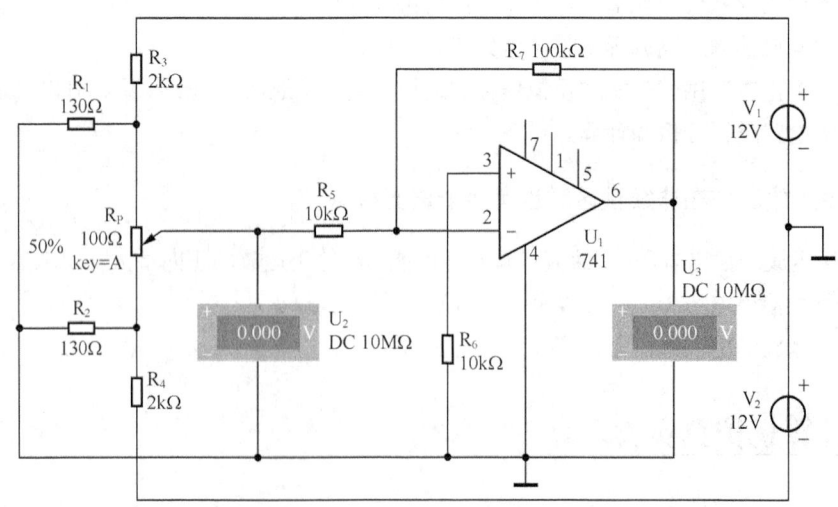

图4-55 反相比例放大仿真电路

（3）仿真并记录。开启仿真开关，先按住键盘上的"Shift"键，再连续按"A"键，使电位

器 R_P 的百分比为 5%，如图 4-56 所示。记下电压表 U_2（U_i）和 U_3（U_o）的值，填入表 4-10 中；根据表 4-10 中电位器 R_P 的百分比完成仿真实验并记录，同时与理论估算值比较。

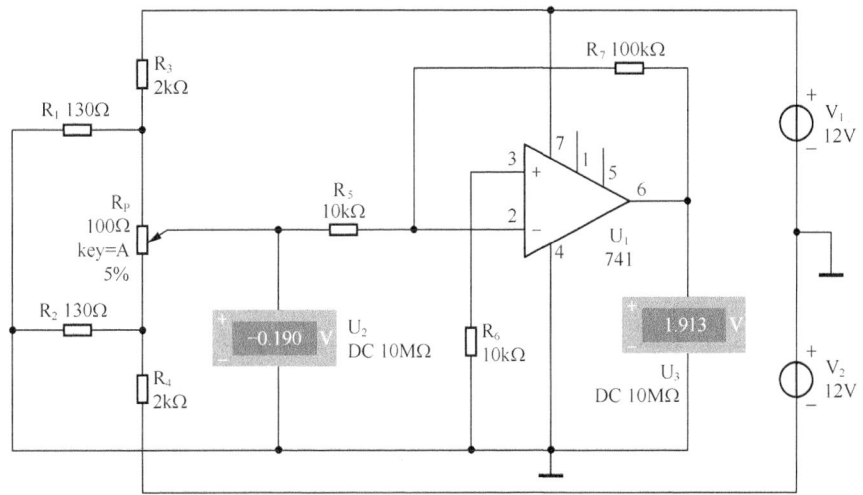

图 4-56　电位器 R_P 的百分比为 5% 时的反相比例放大仿真电路

表 4-10		测试反相比例放大电路数据					
电位器百分比		5%	25%	40%	65%	80%	95%
输入电压	U_i/V						
输出电压	U_o 的理论估算值/V						
	U_o 的实验测量值/V						

2．反相求和放大电路

（1）在电子仿真软件 Multisim 10 基本界面的电子平台上建立图 4-57 所示的反相求和放大仿真电路。

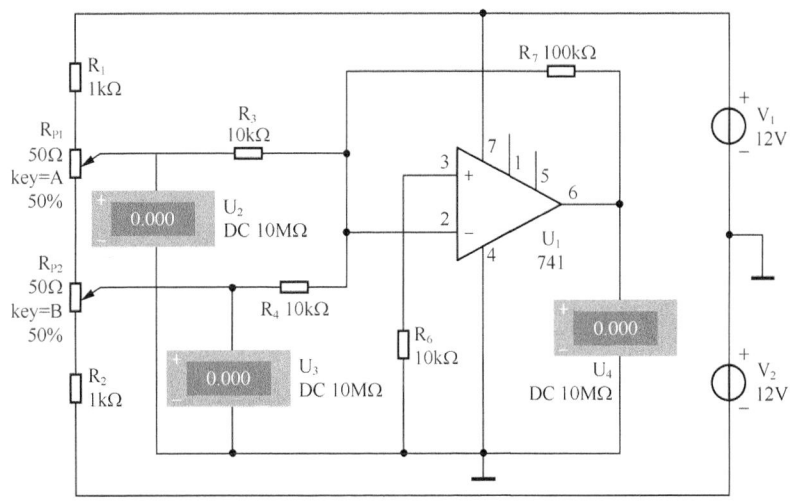

图 4-57　反相求和放大仿真电路

（2）测试并填表。开启仿真开关，连续按"A"键（或"Shift＋A"组合键）和"B"键（或"Shift＋B"组合键），使两个电位器的百分比如表 4-11 所示，将 3 个电压表的数据填入表 4-11 中，并根据表 4-11 中数据计算电压增益。

表 4-11　　　　　　　　　　　　　　测试反相求和放大电路数据

电位器 R_{P1} 百分比	90%	30%
电位器 R_{P2} 百分比	55%	10%
输入电压 U_{i1}（即 U_2）/V		
输入电压 U_{i2}（即 U_3）/V		
输出电压 U_o（即 U_4）/V		
U_o 的理论计算值/V		

3. 过零比较电路

（1）选取稳压管。用鼠标左键单击电子仿真软件 Multisim 10 基本界面元器件工具条中的"Place Diode"按钮，如图 4-58 所示，在弹出的对话框中的"Family"栏下选取"ZENER"，再在"Component"栏下选取"1Z6.2"稳压管，共调出两个稳压管到电子平台窗口中，如图 4-59 所示。

图 4-58　单击元器件工具条中的"Place Diode"按钮

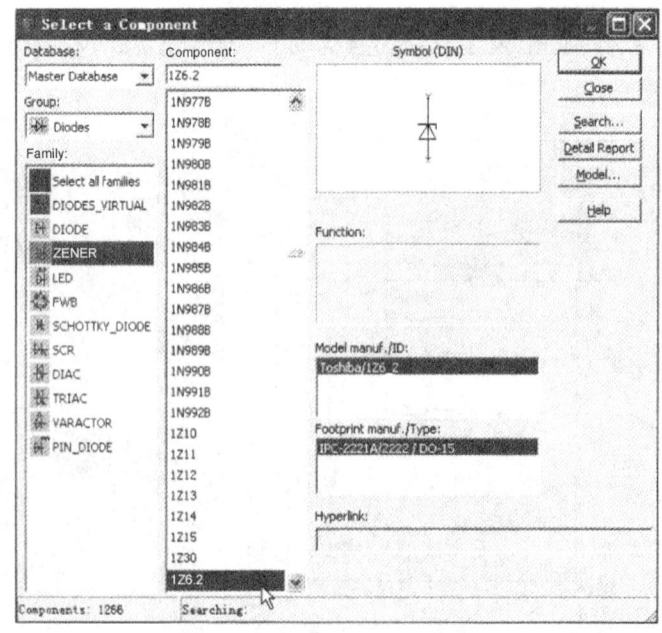

图 4-59　选取"1Z6.2"稳压管

（2）整理仿真电路。其他元器件的调出与反相比例电路相同。再从电子仿真软件 Multisim 10 基本界面调出虚拟函数信号发生器和虚拟双踪示波器，经重新整理组成过零比较仿真电路，如图 4-60 所示。

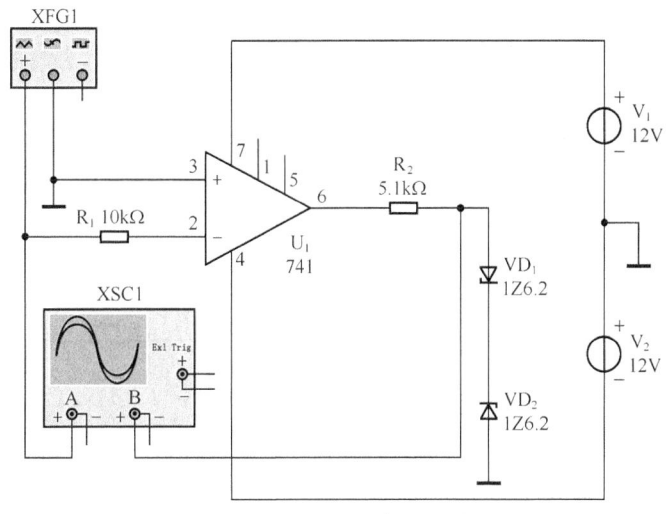

图 4-60　过零比较仿真电路

（3）仿真实验。将虚拟函数信号发生器设置成幅值为 1V、频率为 500Hz 的正弦波，开启幅值开关，双击虚拟示波器图标，在放大面板的屏幕上将观察到过零比较仿真电路波形，如图 4-61 所示。

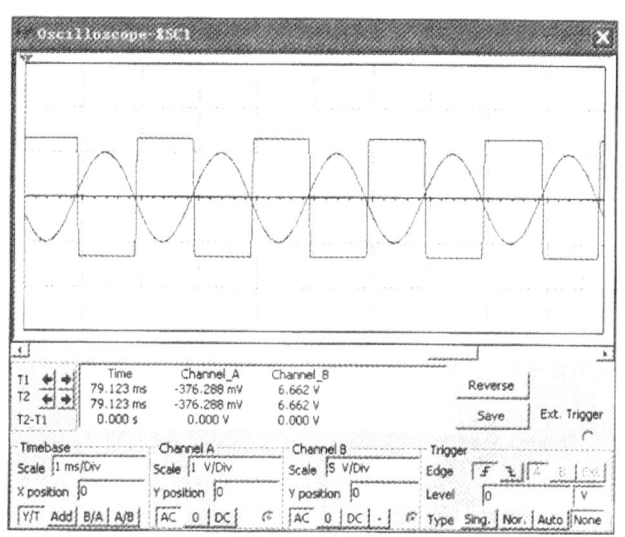

图 4-61　过零比较仿真电路波形

4．同相滞回比较电路

（1）建立同相滞回比较仿真电路。在电子仿真软件 Multisim 10 基本界面的平台上建立图 4-62 所示的同相滞回比较仿真电路。其中，须将电位器 R_P 的"Increment"栏设置成"1"。

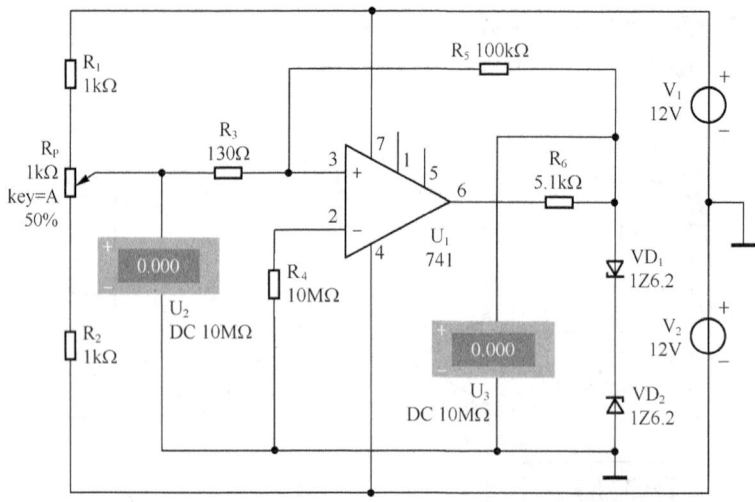

图 4-62　同相滞回比较仿真电路

（2）仿真实验。开启仿真开关，每按一次键盘上的"Shift＋A"组合键，电位器 R_P 的百分比按 1%递减，同时电压表 U_2 的数值也减小，而电压表 U_3 基本保持正值不变。当电位器的百分比和电压表 U_2 的数值减小到某一值时，电压表 U_3 的正值突然变成负值，这时电压表 U_2 的值就是临界值（ U_o 由 $U_{op-p(+)}$ 变成 $U_{op-p(-)}$ ）。

接着每按一次键盘上的"A"键，电位器 R_P 的百分比按 1%递增，同时电压表 U_2 的数值也增大，而电压表 U_3 基本保持负值不变。当电位器的百分比和电压表 U_2 的数值增大到某一值时，电压表 U_3 的负值突然变成正值，这时电压表 U_2 的值就是临界值（ U_o 由 $U_{op-p(-)}$ 变成 $U_{op-p(+)}$ ），此时将临界值记录下来。

（3）按要求设置幅值，观察并记录同相滞回比较仿真电路的输入、输出波形。

关闭仿真开关，删除 R_P、R_1、R_2、U_2 及 U_3；从电子仿真软件 Multisim 10 基本界面将虚拟函数信号发生器设置成幅值为 1V、频率为 500Hz 的正弦波并接入同相滞回比较仿真电路，如图 4-63所示。开启仿真开关，观察并记录同相滞回比较仿真电路的输入、输出波形。

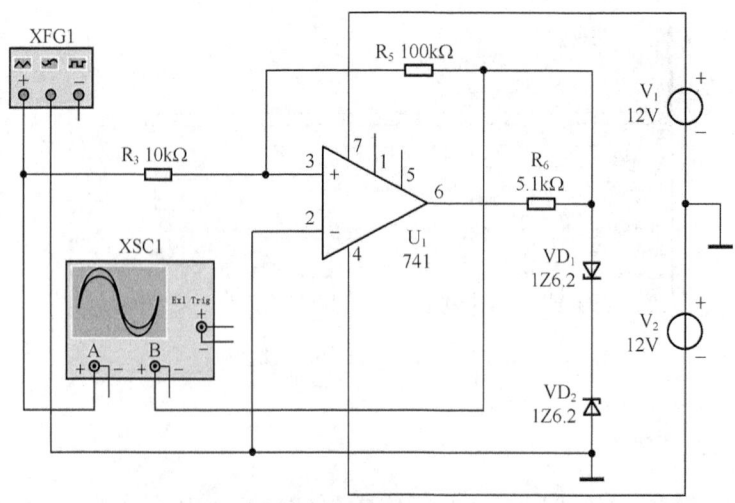

图 4-63　设置后的同相滞回比较仿真电路

四、实验报告要求

1. 总结本实验中两种运算电路的特点及性能。
2. 整理仿真实验的两个表格（表 4-10 和表 4-11）及过零比较器和同相滞回比较器的输入波形和输出波形。

五、思考题

1. 什么是集成运算放大器的电压传输特性?
2. 在反相求和放大电路实验中，输入直流电压 U_{i1}=1.6V、U_{i2}=1.6V 是否可行? 为什么?
3. 为什么在反相比例放大器电路中存在"虚地"现象? "虚地"与常说的"地"有什么不同?

仿真8　整流与滤波电路

一、实验目的

1. 掌握用 Multisim 10 软件对整流滤波电路进行仿真分析的方法。
2. 了解整流滤波电路的工作原理。
3. 了解桥式整流电路的工作原理。
4. 了解元件参数对整流滤波电路的影响。

二、实验准备

1. 整流电路的工作原理

整流电路的作用是将交流电变换为直流电。
单相桥式整流电路的工作原理图如图 4-64 所示。
单相桥式全波整流滤波电路波形图如图 4-65 所示。

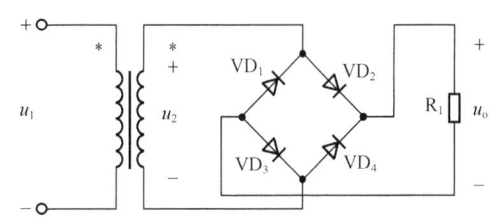

图 4-64　单相桥式整流电路的原理图

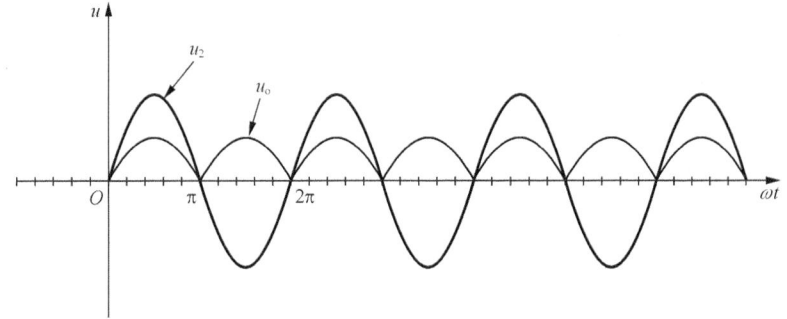

图 4-65　单相桥式全波整流滤波电路波形图

2．滤波电路工作原理

整流电路虽然可以将交流电变成直流电，但输出的电压是脉动的，在许多设备中，这种脉动是不允许的，因此还必须设计出减小脉动程度的电路，这就是滤波电路。滤波电路有很多种，下面介绍3种情况。

（1）电容滤波。在整流电路的输出端与负载并联一个电容，就构成了简单的电容滤波器，其电容滤波电路如图4-66所示。

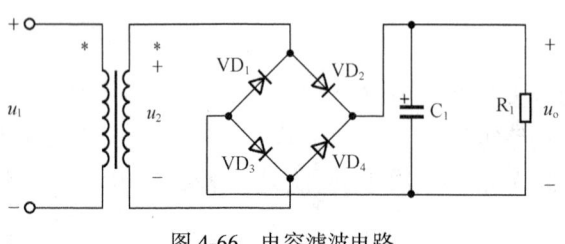

图4-66　电容滤波电路

电容滤波的工作原理：电容为储能元件，利用电容两端的电压在电路状态改变时不能跳变的原理使输出电压趋于平滑。

调整电容及电阻参数，即可调整 RC 电路的充电及放电的时间参数，来改变输出脉动电压波形的波纹，其电容滤波的波形如图4-67所示。为了得到比较好的滤波效果，在实际工作中经常根据下式来选择滤波电容的容量（桥式整流）：

$$R_{\mathrm{L}}C \geqslant (3 \sim 5)\frac{T}{2}$$

式中，T 为电源电压的周期。

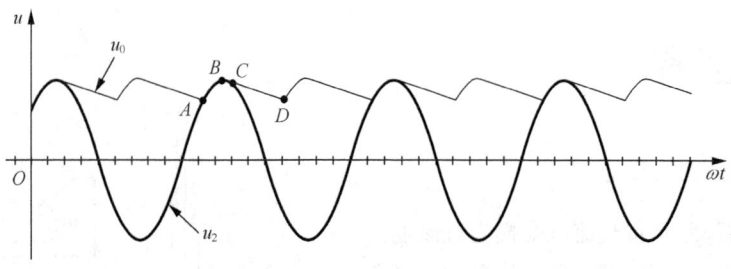

图4-67　电容滤波的波形图

（2）电感滤波。电感元件也是储能元件，它有通直流阻交流的作用，当它与负载电阻串联起来就能起到滤波的作用，即只需将电感串联在负载电路中即可。电感滤波值适合于负载电流较大、变化也较大的情况。当电感越大，电感线圈的匝数就越多，这使得线圈的电阻不能忽略，电源电压将有一部分损耗在线圈上，在滤波的同时也降低了负载电压的平均值。电感滤波工作原理图如图4-68所示。

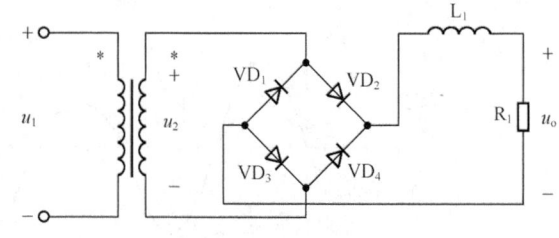

图4-68　电感滤波电路

（3）复式滤波。为了得到更好的滤波效果，可以将电容滤波和电感滤波混合使用，这就是复

式滤波电路。如图 4-69 所示的复式滤波电路是一种典型的 π 型复式滤波电路。

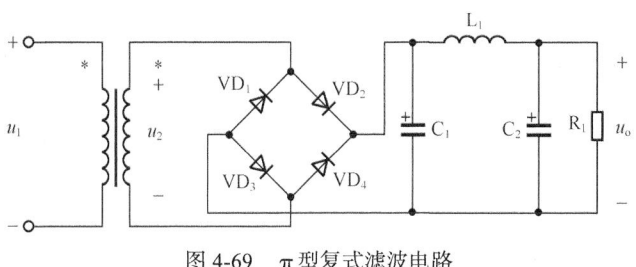

图 4-69　π 型复式滤波电路

三、计算机仿真实验内容

1．单相桥式全波整流电路

选择信号源、变压器、整流桥、电容、负载电阻、示波器等，创建单相桥式全波整流电路，如图 4-70 所示，其中，R_1=500 Ω。运行并双击示波器图标"XSC1"，观察示波器中整流前后的输入及输出电压波形。

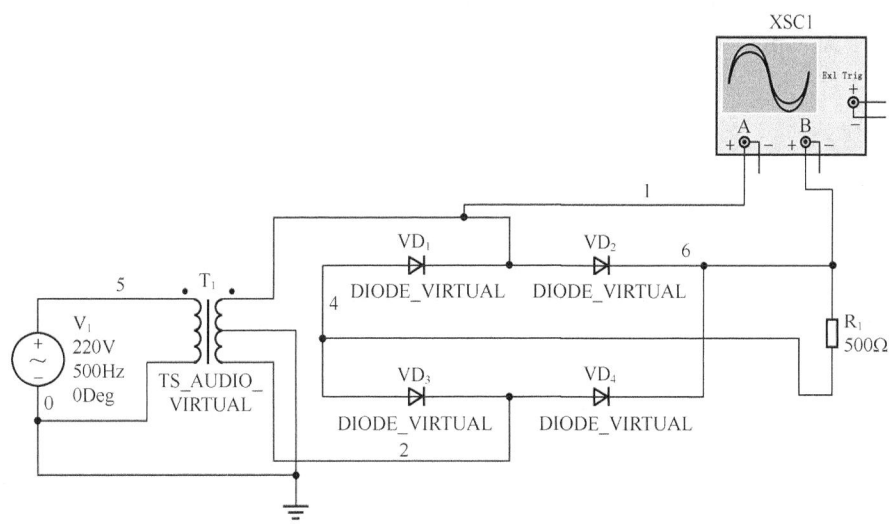

图 4-70　单相桥式全波整流电路

2．滤波电路

（1）电容滤波。在图 4-70 单相桥式全波整流电路中的负载电阻 R_1 两端接入电容 C_1，变成图 4-71 所示的单相桥式全波整流电容滤波电路，选择电路参数 R_1=500 Ω，C_1 = 4.7 μF，运行并双击示波器图标"XSC1"，观察示波器中电容滤波后的电压波形。

在图 4-71 单相桥式全波整流电容滤波电路中，保持负载电阻阻值 R_1（取 R_1=500 Ω）不变，改变电容 C_1，运行并双击示波器图标"XSC1"，观察滤波电容变化所引起的整流滤波电压波形的变化。

在图 4-71 单相桥式全波整流电容滤波电路中，保持电容 C_1（取 C_1=4.7 μF）不变，改变负载电阻

阻值 R_1，运行并双击示波器图标"XSC1"，观察负载电阻变化所引起的整流滤波电压波形的变化。

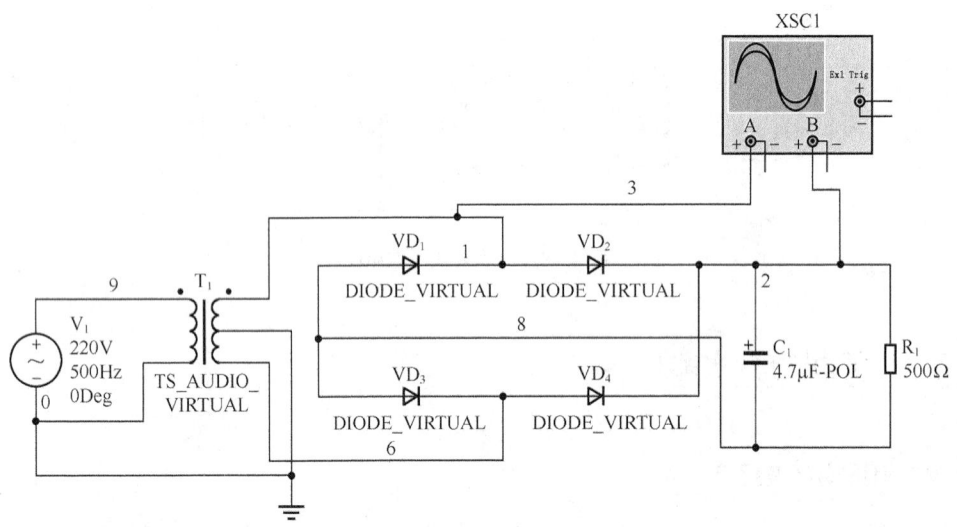

图 4-71 单相桥式全波整流电容滤波电路

（2）电感滤波。根据图 4-68 电感滤波电路的工作原理，创建单相桥式全波整流电感滤波电路，如图 4-72 所示，选择电路参数 $R_1=1\text{k}\Omega$，$L_1=500\text{mH}$，运行并双击示波器图标"XSC1"，观察示波器中电感滤波后的电压波形。

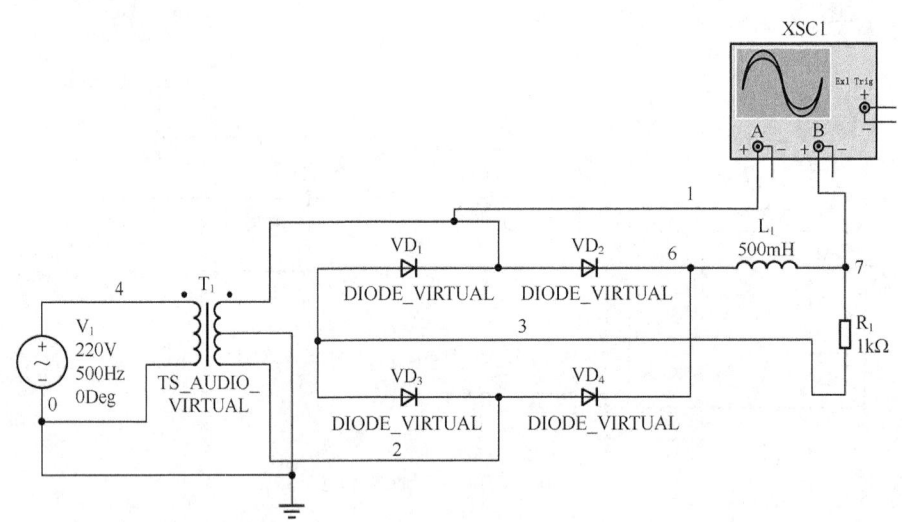

图 4-72 单相桥式全波整流电感滤波电路

在图 4-72 单相桥式全波整流电感滤波电路中，保持负载电阻阻值 R_1（取 $R_1=1\text{k}\Omega$）不变，改变电感 L_1，运行并双击示波器图标"XSC1"，观察滤波电感变化所引起的整流滤波电压波形的变化。

在图 4-72 单相桥式全波整流电感滤波电路中，保持滤波电感 L_1（取 $L_1=100\text{mH}$）不变，改变负载电阻阻值 R_1，运行并双击示波器图标"XSC1"，观察滤波负载电阻变化所引起的整流滤波电压波形的变化。

（3）复式滤波。根据图 4-69 所示的 π 型复式滤波电路的工作原理，创建单相桥式全波整流复式滤波电路，如图 4-73 所示，选择电路参数 $R_1=1\text{k}\Omega$，$C_1 = 47\mu\text{F}$，$C_2 = 4.7\mu\text{F}$，$L_1=500\text{mH}$，运行

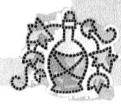

并双击示波器图标"XSC1"，观察示波器中复式滤波后的电压波形。

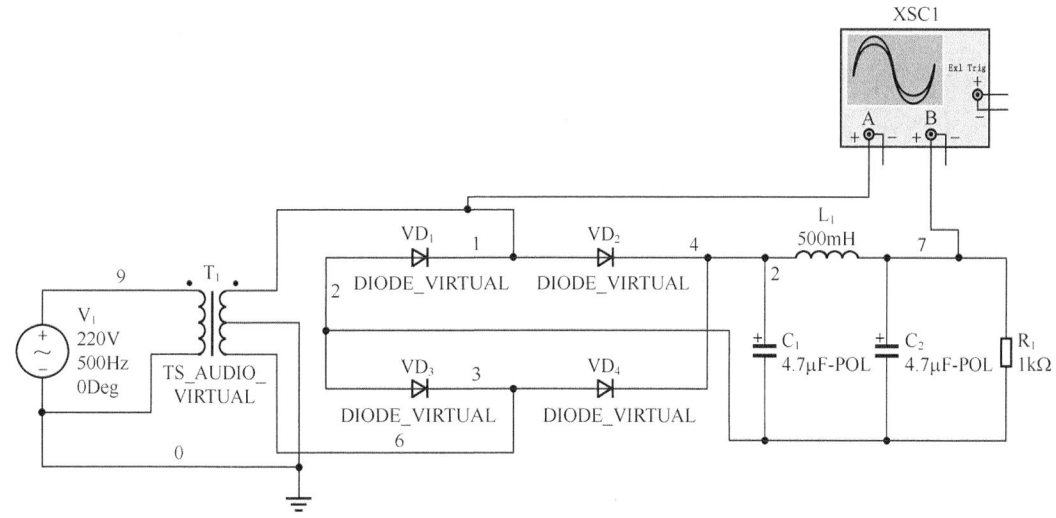

图 4-73　单相桥式全波整流复式滤波电路

　　在图 4-73 单相桥式全波整流复式滤波电路中分别改变滤波电容、电感参数，观察滤波电容、电感参数变化对复式滤波电路输出电压的影响。

　　（4）单相半波整流滤波。创建单相半波整流滤波电路，选择电路参数 R_1=500 Ω，C_1=4.7μF，如图 4-74 所示，运行并双击示波器图标"XSC1"，分别在开关断开和闭合时观察示波器中单相半波整流滤波电路滤波后的电压波形，观察滤波电容变化所引起的单相半波整流滤波电压波形的变化。

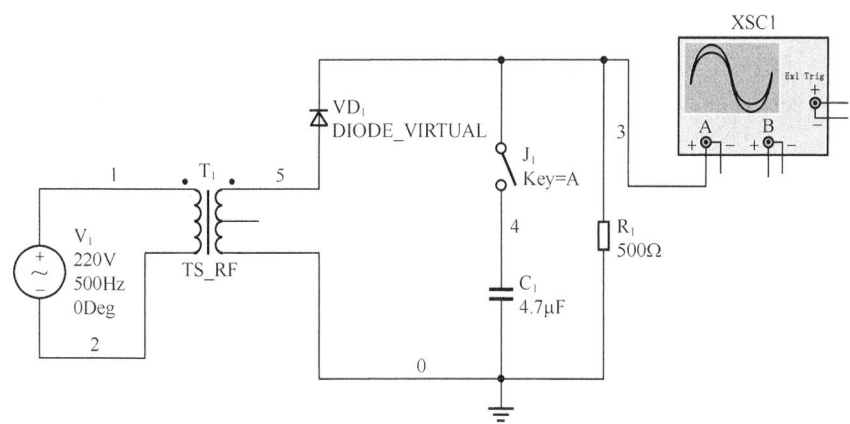

图 4-74　单相半波整流滤波电路

3．注意事项

（1）连接单相桥式全波整流电路时，要注意 4 个二极管的连接方向。

（2）在观察电源的输入电压波形时，要注意示波器的连接及变压器副边的连接。

（3）当调整负载电阻或滤波电容时，要注意示波器的扫描时间及幅值的大小。

（4）当利用 π 型复式滤波电路进行滤波时，要注意 C_1、C_2、L_1 的取值大小。

四、实验报告要求

1. 通过观察，绘制出负载电阻 R_1=500Ω时，单相桥式全波整流电路的输入及输出电压波形图。

2. 选择电路参数 R_1=500Ω，C_1=50μF，绘制出单相桥式全波整流电容滤波电路的输入及输出电压波形图。

3. 选择电路参数 R_1=500Ω，C_1=100μF，绘制出单相桥式全波整流电容滤波电路的输入及输出电压波形图，并分析滤波电容的大小对输出电压波形的影响。

4. 选择电路参数 R_1=1kΩ，C_1=50μF，绘制出单相桥式全波整流电容滤波电路的输入及输出电压波形图，并分析负载的大小对输出电压波形的影响。

5. 选择电路参数 R_1=1kΩ，L_1=100mH，绘制出单相桥式全波整流电感滤波电路的输入及输出电压波形图，并观察滤波电感参数变化对输出电压的影响。

6. 选择电路参数 R_1=1kΩ，C_1=10μF，C_2=5μF，L_1=500mH，绘制出单相桥式全波整流 π 型复式滤波电路的输入及输出电压波形图，并观察滤波电容、电感参数变化对输出电压的影响。

7. 选择电路参数 R_1=500Ω，C_1=50μF，绘制出单相半波整流电容滤波电路的输入及输出电压波形图，并分析单相桥式全波整流滤波电路与单相半波整流滤波电路的不同。

五、思考题

1. 利用 4 个二极管构成的单相桥式全波整流电路仿真如图 4-73 所示，如将图中的 VD_1、VD_2 二极管反相，还能构成单相桥式全波整流电路吗？

2. 为什么增大电阻值或增大滤波电容值会减小脉动电压的纹波？

3. π 型复式滤波电路为什么比电容滤波电路效果要好？

4. 为什么在同样的负载和滤波电容参数下，半波整流滤波没有全波整流滤波的效果好？

仿真9　串联稳压电源

一、实验目的

1. 掌握用 Multisim 10 软件进行串联稳压电源的仿真实验。
2. 了解稳压电源的主要特性及串联稳压电源的工作原理。
3. 掌握串联稳压电源的调试及测量稳压系数和内阻的方法。

二、实验准备

1. 直流电源的稳压系数和内阻

由交流市电（变压）整流或进一步滤波、稳压而构成的直流电源，在电子设备中有广泛的应

用。这类电源输出的直流电压 U_o 会因市电电压 U_i 变化或负载电阻阻值变化而变化，反映它们在这两方面性能优劣的指标，常用到稳定系数 S_r 和内阻 R_o。

稳定系数 S_r 的定义：在负载电阻不变时，输出电压的相对变化量与输入电压的相对变化量之比，即

$$S_r = \frac{\Delta U_o / U_o}{\Delta U_i / U_i}\Big|_{R_L=常数}$$

S_r 值越小，则输出的电压受市电电压变化的影响越小。

内阻 R_o 的定义：在输入电压 U_i 不变时，输出电压的变化量与输出电流的变化量之比，即

$$R_o = -\frac{\Delta U_o}{\Delta I_o}\Big|_{U_i=常数}$$

R_o 值越小，则输出的电压受负载变化的影响越小。

2．串联式稳压电源

仅由整流滤波电路构成的直流电源，其 S_r 和 R_o 均较大，不能满足在这两方面都要求较高的电子设备的需求，采用稳压电路后，可以明显地提高这两个指标。

常用的稳压器为串联式稳压电路，如图 4-75 所示。它主要由调整环节、比较放大器、基准电压电路、采样环节 4 部分组成。

其工作原理：由于输入电压 U_i 或负载电阻 R_L 的原因而导致输出电压 U_o 下降时，经 R_1、R_2 取样后 VT_2 基极电压将下降，这个电压与基准电压 U_z 比较后，使 U_{BE2} 减小，从而使基极电流 i_{B2} 减小，使 VT_2 的集电极电流 i_{C2} 也减小，这样一来，VT_2 的集电极电压（VT_1 的基极

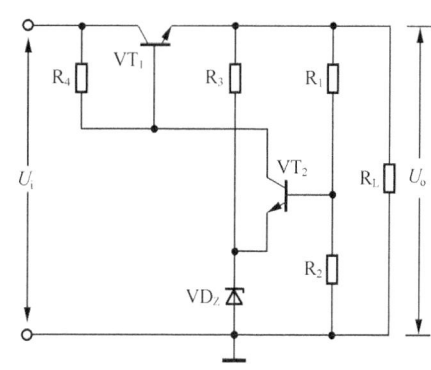

图 4-75　串联式稳压电路工作原理

电位）升高，VT_1 的基极电流 i_{B1} 增大，VT_1 管压降 U_{CE1} 下降，使输出电压 $U_o=U_i-U_{CE1}$ 的下降受到抑制。反之，当 U_o 上升时，VT_1 管压降 U_{CE1} 上升，抑制了 U_o 的上升。总之，由于反馈控制作用，使输出电压 U_o 维持稳定。此稳压器输出电压为

$$U_o = \frac{1}{n}U_z$$

其中取样比 n 为

$$n = \frac{R_2}{R_1 + R_2}$$

稳压管选定后，U_z 也就确定，所以此时要改变输出电压，可改变取样比。

三、计算机仿真实验内容

1．调出元器件及组建仿真电路

（1）调出红色发光二极管。单击电子仿真软件 Multisim 10 基本界面虚拟仪器工具条的 "Place

Diode"按钮，在弹出的对话框的"Family"栏中选取"LED"；再在"Component"栏中选取"LED_red"，如图 4-76 所示，最后单击对话框右上角的"OK"按钮，将红色发光二极管"LED1"调出。

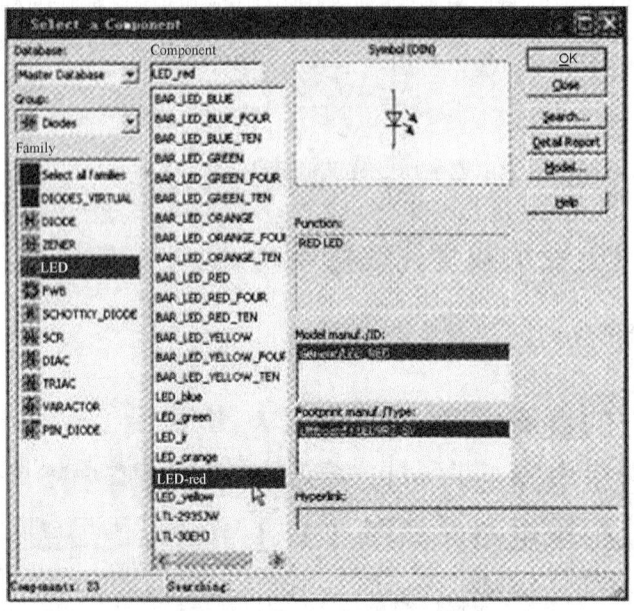

图 4-76　调出红色发光二极管

（2）组建串联稳压电源仿真电路。在电子仿真软件 Multisim 10 基本界面电子平台上组建串联稳压电源仿真电路，如图 4-77 所示，双击电位器图标，把弹出的对话框"Value"选项卡中的"Increment"栏改成"1"，再切换到"Label"选项卡，将"Reference ID"栏改成"R_{P1}"，然后单击对话框下方的"OK"按钮退出。

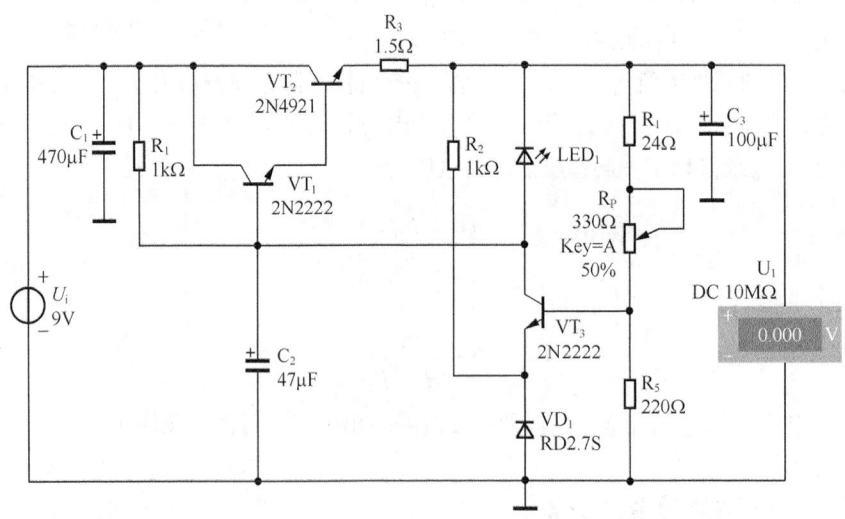

图 4-77　串联稳压电源仿真电路

2. 虚拟仿真内容

（1）开启仿真开关，调整电位器使其百分比分别为 0 和 100%，记下对应的电压表 U_1 的值，

即记录该稳压电源的输出电压范围。然后调整电位器百分比使电压表 U_1 的值约为 6V。

（2）关闭仿真开关，双击 9V 电压源图标，将输入电压 U_i 改成 10V，即模拟电网电压上升 10%，然后重新开启仿真开关，记录输出电压，计算 ΔU_o，并根据 $S_r = \dfrac{\Delta U_o / U_o}{\Delta U_i / U_i}\big|_{R_c = 常数}$ 计算稳压系数 S_r。

（3）组成新的仿真电路。恢复 U_i=9V，电压表 U_1 的值仍保持在 6V 左右；关闭仿真开关，从电子仿真软件 Multisim 10 基本界面工具条中再调出 6.8Ω 电阻一个、100Ω 电位器一个，并双击电位器图标，把弹出的对话框中"Value"选项卡中的"Key"栏改成"B"，"Increment"栏改成"1"，再切换到"Label"选项卡，将"Reference ID"栏改成"R_{P2}"，然后单击对话框下方的"OK"按钮退出；最后从电子仿真软件 Multisim 10 基本界面元器件工具条中调出一个电流表串联到输出端的负载电阻上，组成新的仿真电路，如图 4-78 所示。

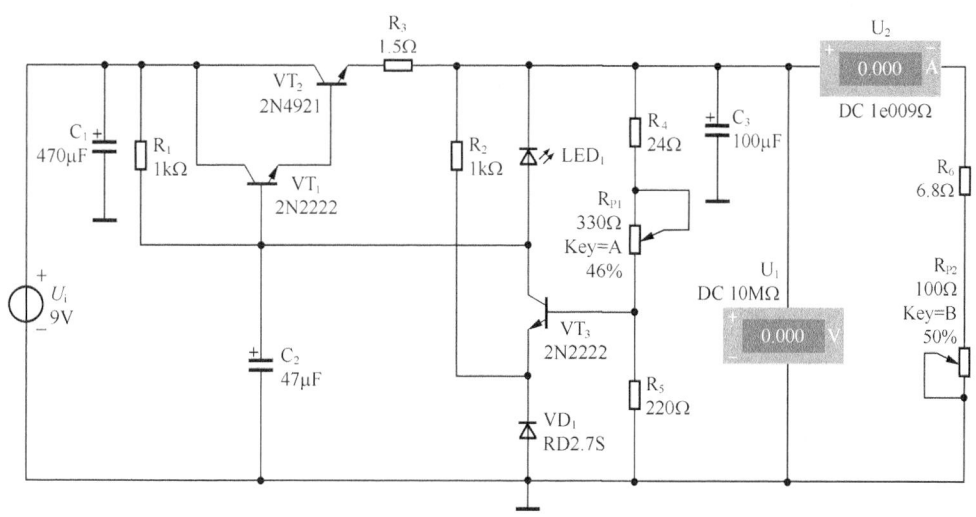

图 4-78　新的串联稳压电源仿真电路

（4）仿真测试。

开启仿真开关，先按住键盘上的"Shift"键，再按键盘上的"B"键，电流表显示的值将减小，当电流表 U_2 显示的值等于 100mA 时，记下电压表 U_1 的值；继续按"B"键，电位器 R_{P2} 的百分比进一步减小，电流表显示的值也减小，当电流表 U_2 显示的值等于 70mA 时，再记下电压表 U_1 的值，计算出稳压电源的内阻 R_o。

放开"Shift"键，连续按键盘上的"B"键，电位器 R_{P2} 的百分比逐渐增大，电流表 U_2 显示的值也逐渐增大，观察电位器 R_{P2} 的百分比增大到多少时，红色发光二极管 LED_1 开始闪亮，继续增大电位器 R_{P2} 的百分比，直到发光二极管 LED_1 稳定亮且为红色为止，这时观察并记录电压表 U_1 和电流表 U_2 的值。为什么会发生以上现象？电路中 R_3 起什么作用？请详细分析和解释这种现象。

四、实验报告要求

1. 整理仿真实验内容中的数据并计算稳压电源的两个参数，解释观察到的现象并回答有关问题。

2. 详细分析和解释电源保护工作原理。

五、思考题

1. 在桥式整流电路中，如果出现某个二极管发生开路、短路或反接 3 种情况，将会出现什么问题？

2. 为了使稳压电源的输出电压 U_o=6V，则其输入电压的最小值 U_{imin} 应为多少？

仿真10 音频功率放大器

一、实验目的

1. 掌握用 Multisim 10 软件进行音频功率放大器的仿真实验的方法。
2. 掌握音频功率放大器的工作原理和电路组成，加深对电路功能的理解和运用。
3. 进一步强化应用 Multisim 10 软件的技能，提高基本技能的综合运用能力。

二、实验准备

1. 复习分立元件放大电路结构和功能、集成运放结构和应用、滤波器结构和功能及功率放大电路。
2. 完成设计方案准备和基本电路设计。

三、计算机仿真实验内容

（1）在电子仿真软件 Multisim 10 基本界面的平台上构建由集成运放 TDA2030 组成的功率放大器，如图 4-79 所示。

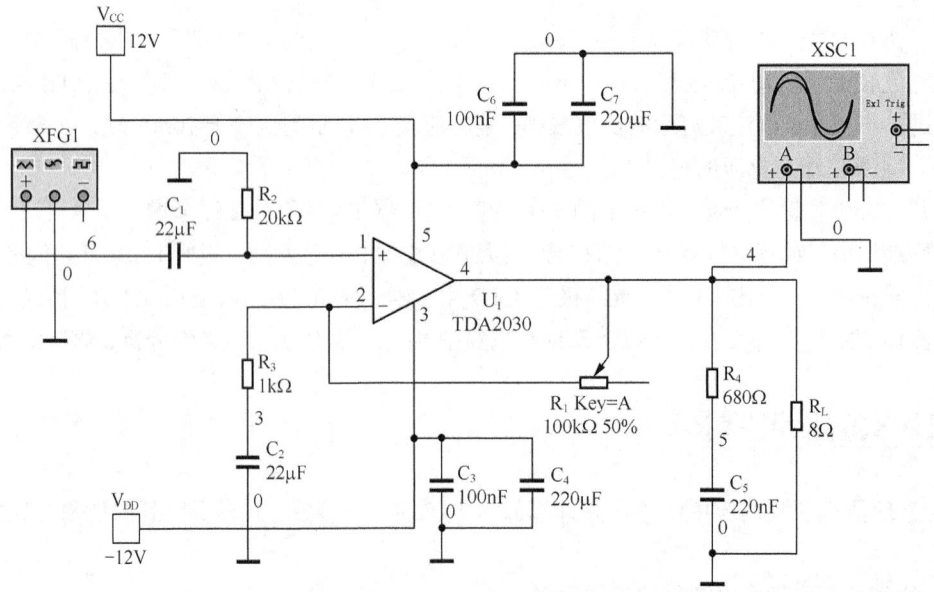

图 4-79 TDA2030 组成的功率放大电路原理图

（2）已知放大电路负载扬声器电阻为 $R_L=8\Omega$，$U_s=100mV$，运行电路，利用虚拟示波器观察电路输出电压波形，利用虚拟电压表测试输出电压并记录。

四、实验报告要求

1. 整理实验数据，分析实验结果，得出合理的结论。
2. 针对实验中出现的问题，分析原因，提高测试、分析及解决实际问题的能力。

五、思考题

观测各点的波形及测量各点的电压值，对测量结果进行全面分析。

仿真 11　与非门逻辑功能

一、实验目的

1. 学会用 Multisim 10 软件进行数字电路的仿真实验。
2. 了解基本门电路逻辑功能的测试方法。
3. 学会与非门组成的其他逻辑门。

二、实验准备

半导体集成电路

1. 可手机扫描二维码"半导体集成电路"和"常用集成电路外引线的排列"查阅相关资料，熟悉半导体集成电路和常用集成电路外引线的有关内容。
2. 参阅电子电路实训 11 相关内容。

三、计算机仿真实验内容

常用集成电路外引
线的排列

1. 测试与非门的逻辑功能

（1）选取"74LS00D"。单击电子仿真软件 Multisim 10 基本界面元器件工具条的"Place TTL"按钮，如图 4-80 所示，将弹出"Select a Component"对话框，如图 4-81 所示，在"Family"栏中选取"74LS"，再在"Component"栏中选取"74LS00D"，然后单击对话框右上角的"OK"按钮退出。

Place TTL

图 4-80　单击"Place TTL"按钮

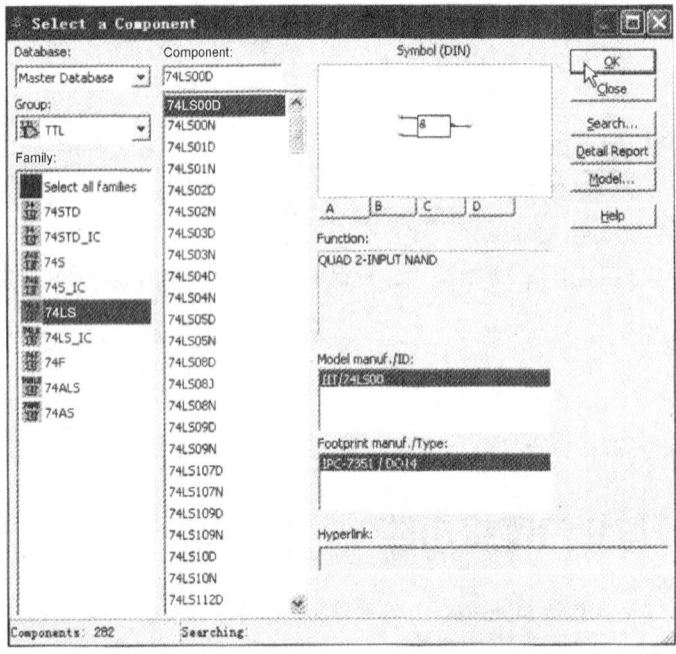

图 4-81 "Select a Component" 对话框

（2）调出与非门操作。在电子平台上将弹出图 4-82（a）所示的元器件部件条，其中有 A、B、C、D 4 个按钮，即表示 "74LS00D" 中集成 4 个独立的与非门部件。单击其中的 "A" 按钮，鼠标箭头会带出一个与非门部件，如图 4-82（b）所示。在电子平台上单击一下鼠标左键，又将弹出元器件部件条，如图 4-82（c）所示，此时图中 "A" 按钮已经虚化，表示已被调出，可以继续单击其他部件，再次调出与非门，如果不需要了，用鼠标单击 "Cancel" 按钮，元器件部件条将消失，回到如图 4-81 所示的 "Select a Component" 对话框，关闭该对话框，在电子平台上可以看到一个与非门图标 "U1A"，如图 4-82（d）所示。

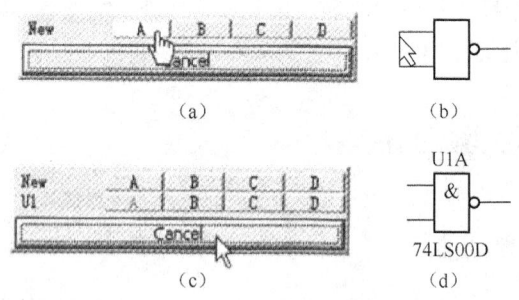

图 4-82 调出与非门操作

（3）调出 TTL 电源，调出地线。单击电子仿真软件 Multisim 10 基本界面元器件工具条的 "Place Source" 按钮，将弹出 "Select a Component" 对话框，如图 4-83 所示，在 "Family" 栏中选取 "POWER_SOURCES"，再在 "Component" 栏中选取 "VCC"，然后单击对话框右上角的 "OK" 按钮，将 TTL 电源调出；最后在 "Component" 栏中选取 "GROUND" 将地线调出。

（4）调出单刀双掷开关并设置。单击电子仿真软件 Multisim 10 基本界面元器件工具条的 "Place Basic" 按钮，将弹出 "Select a Component" 对话框，如图 4-84 所示，在 "Family" 栏中选

取"SWITCH"，再在"Component"栏中选取"SPDT"，然后单击对话框右上角的"OK"按钮，将单刀双掷开关调出，共需要两个，并分别双击两个单刀双掷开关图标，将它们的"Key for Switch"栏设置成"A""B"。最后分别右击两个单刀双掷开关图标，在弹出的菜单中选取"Flip Horizontal"命令，对它们实施水平转向。

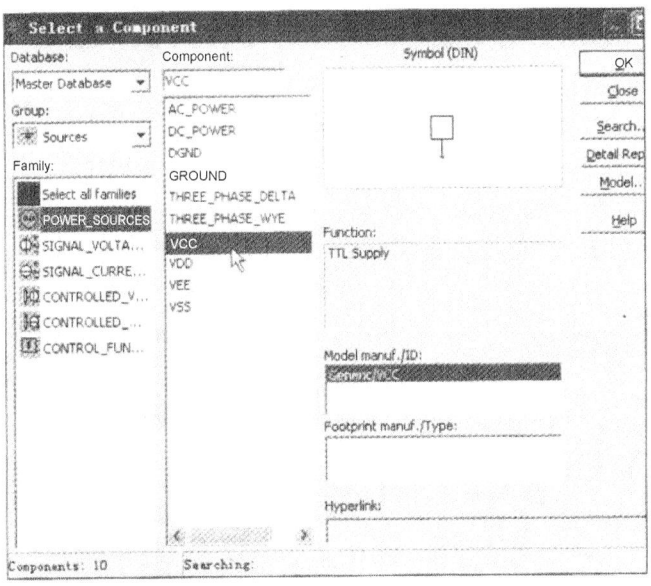

图 4-83　调出 TTL 电源和地线

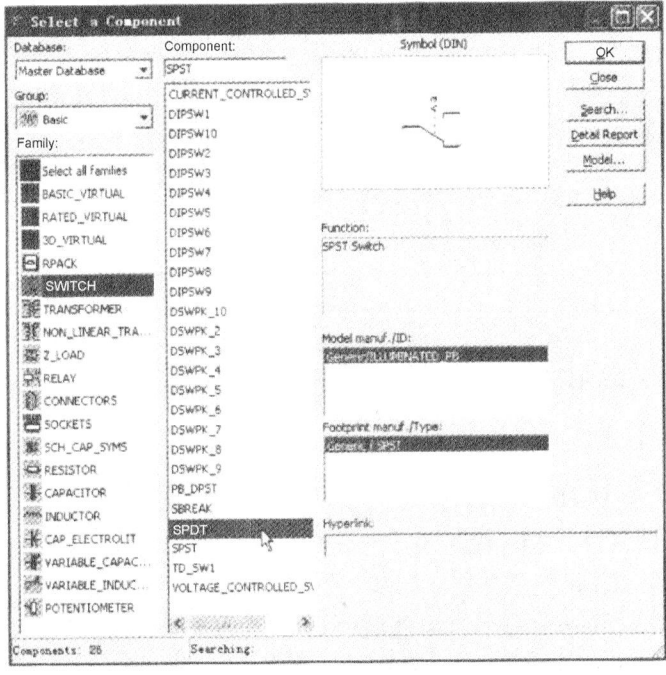

图 4-84　调出单刀双掷开关

（5）调出虚拟万用表并组建仿真电路。单击电子仿真软件 Multisim 10 基本界面虚拟仪器工具条的"Multimeter"按钮，调出虚拟万用表"XMM1"并将其放置到电子平台上，将所调出的元器件和仪器组建仿真电路，如图 4-85 所示。

（6）双击虚拟万用表图标"XMM1"，将出现它的放大面板，单击放大面板上的"V（电压）"和"—（直流）"两个按钮测量直流电压，如图 4-86 所示。

（7）仿真测试。开启仿真开关，根据表 4-12 分别按下键盘上的"A"和"B"键，使与非门的两个输入端为表 4-12 中的 4 种情况，从虚拟万用表的放大面板

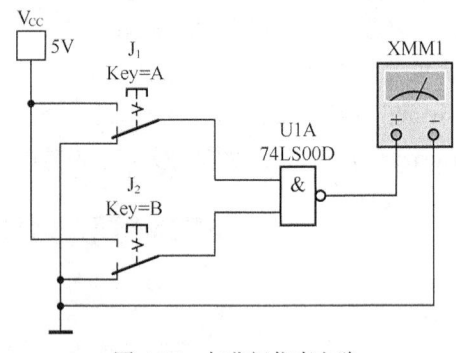

图 4-85　与非门仿真电路

上读出各种情况的直流电位，将它们填入表 4-12 中，并将电位转换为逻辑状态（注意：高电平为 1，低电平为 0）填入表 4-12 中。

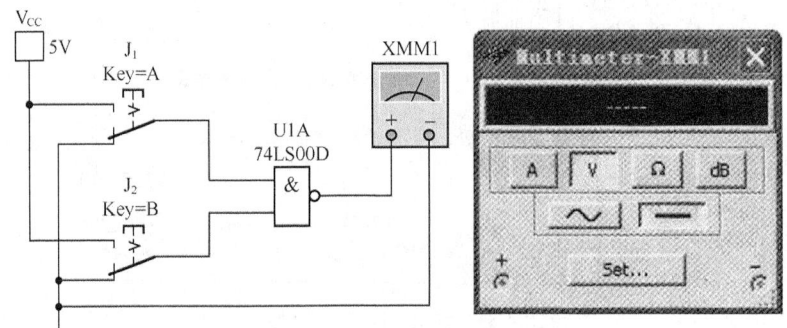

图 4-86　打开和设置虚拟万用表放大面板

表 4-12　　　　　　　　　　　　　　　　与非门电路输出逻辑状态

输入端		输出端	
A	B	电位/V	逻辑状态
0	0		
0	1		
1	0		
1	1		

2. 用与非门组成其他功能门电路

（1）用与非门组成或门电路。

① 根据摩根定律，或门的逻辑函数表达式 $Y = A+B$ 可以写成 $Y = \overline{\overline{A}\,\overline{B}}$，因此，可以用 3 个与非门构成或门。

② 调出与非门 74LS00D、两个单刀双掷开关、TTL 电源和地线等。

从电子仿真软件 Multisim 10 基本界面元器件工具条中调出 3 个与非门 74LS00D、两个单刀双掷开关、TTL 电源和地线；单击电子仿真软件 Multisim 10 基本界面元器件工具条的"Place Indicator"按钮，如图 4-87 所示，将弹出"Select a Component"对话框，在"Family"栏中选取"PROBE"，再在"Component"栏中选取"PROBE_RED"，如图 4-88 所示，然后单击对话框右上角的"OK"按钮将红色指示灯调出。

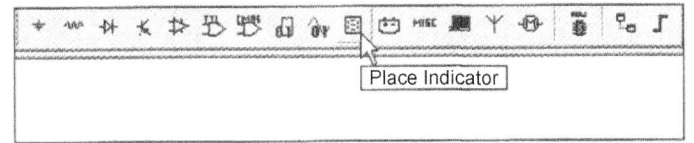

图 4-87　单击"Place Indicator"按钮

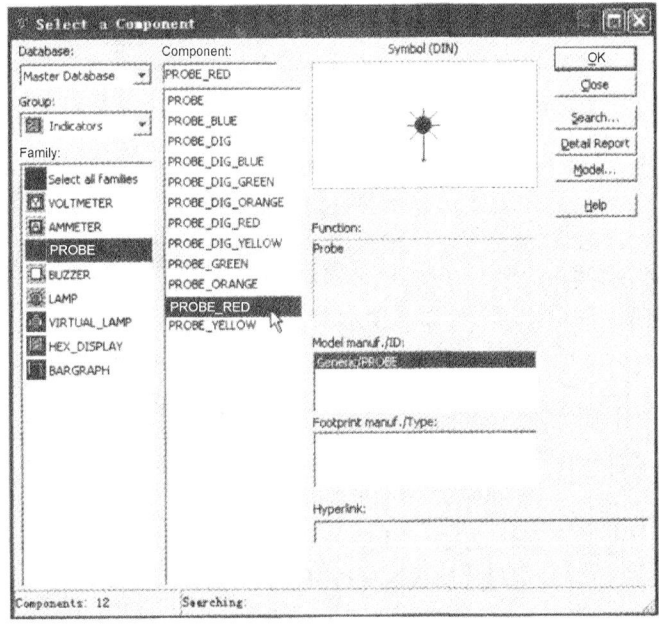

图 4-88　调出红色指示灯

③ 将调出的元器件组成或门仿真电路，如图 4-89 所示。

④ 仿真测试。开启仿真开关，根据表 4-13，分别按下键盘上的"A"和"B"键，观察并记录指示灯的发光情况，并将其转换为逻辑状态（灯亮为"1"，不亮为"0"），把结果填入表 4-13 中，根据表 4-13 分析它是否就是或门电路的真值表。

（2）用与非门组成异或门。

① 如图 4-90 所示调出元器件并组成异或门仿真电路。

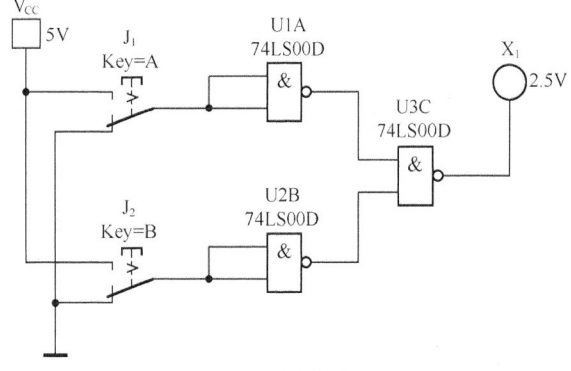

图 4-89　或门仿真电路

表 4-13　　　　　　　　　　　　　　　　或门电路输出逻辑状态

输入		输出	
A	B	指示灯状况	逻辑状态
0	0		
0	1		
1	0		
1	1		

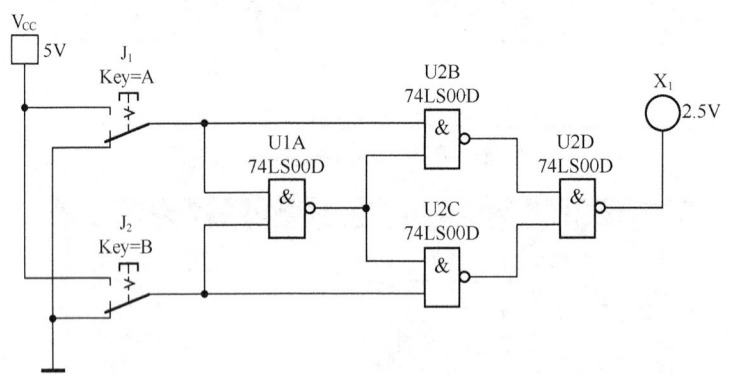

图 4-90　异或门仿真电路

② 开启仿真开关，根据表 4-14，分别按下键盘上的"A"和"B"键，观察并记录指示灯的发光情况，并将其转换为逻辑状态，把结果填入表 4-14 中。

表 4-14　　　　　　　　　　　　　　异或门电路输出逻辑状态

输入		输出	
A	B	指示灯状况	逻辑状态
0	0		
0	1		
1	0		
1	1		

③ 写出图 4-90 中各级与非门输出端的逻辑函数式，验证最终结果是否与异或门的逻辑函数式相符。

（3）用与非门组成同或门。

① 按图 4-91 调出元器件并组成同或门仿真电路。

② 开启仿真开关，根据表 4-15，分别按下键盘上的"A"和"B"键，观察并记录指示灯的发光情况，并将其转换为逻辑状态，把结果填入表 4-15 中。

③ 写出图 4-91 中各级与非门输出端的逻辑函数式，验证最终结果是否与同或门的逻辑函数相符。

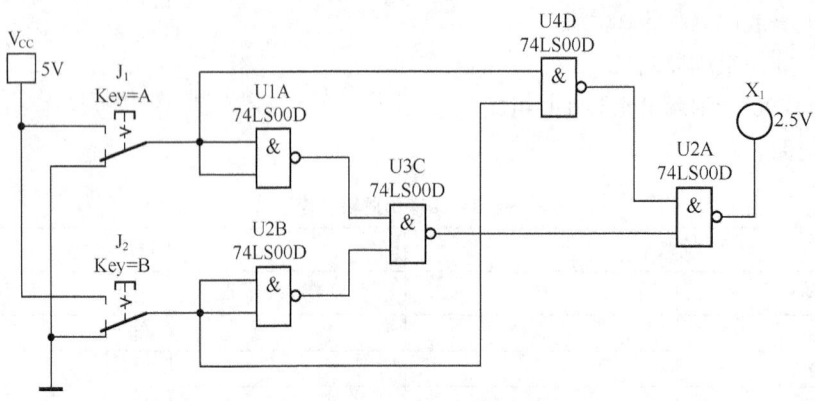

图 4-91　同或门仿真电路

表 4-15　　　　　　　　　　　同或门电路输出逻辑状态

输入		输出	
A	B	指示灯状况	逻辑状态
0	0		
0	1		
1	0		
1	1		

四、实验报告要求

整理并填写仿真实验内容，写出图 4-89 ~ 图 4-91 所示电路中各级与非门的输出逻辑表达式。

五、思考题

1. 如果与非门作为非门使用，它的输入端应如何连接?
2. 为什么 TTL 与非门的输出端不能直接接地或接电源 V_{CC}?
3. 74LS00 在使用时应注意哪些问题?

仿真 12　虚拟仪器逻辑转换仪

一、实验目的

1. 学会用 Multisim 10 软件进行数字电路的仿真实验。
2. 学会虚拟仪器逻辑转换仪的使用。
3. 学习利用逻辑虚拟仪器转换仪分析、设计逻辑电路。

二、实验准备

1. 逻辑转换仪的功能

逻辑转换仪是电子仿真软件 Multisim 10 中特有的一台虚拟仪器。使用逻辑转换仪可以使逻辑电路的分析和设计变得特别简单、容易。逻辑转换仪有以下功能。

（1）将逻辑电路自动转换成真值表。
（2）将真值表自动转换成逻辑表达式。
（3）将真值表自动转换成简化表达式。
（4）将逻辑表达式自动转换成真值表。
（5）将逻辑表达式自动转换成逻辑电路。
（6）将逻辑表达式自动转换成与非门组成的逻辑电路。

2．逻辑转换仪简介

（1）逻辑转换仪的调出。单击电子仿真软件 Multisim 10 基本界面虚拟仪器工具条中的"Logic Converter"按钮，如图 4-92（a）所示，光标箭头将带出一个逻辑转换仪图标，如图 4-92（b）所示，在电子平台上单击鼠标即可将逻辑转换仪放置在电子平台上，如图 4-92（c）所示。

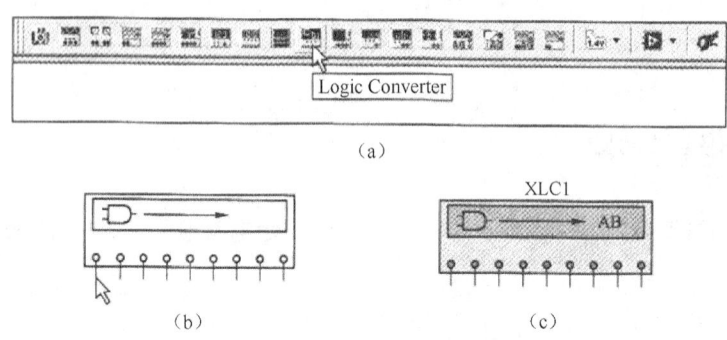

（a）

（b）　　　　　　　　　　（c）

图 4-92　调出逻辑转换仪

（2）认识逻辑转换仪的放大面板。双击虚拟逻辑转换仪图标"XLC1"，将弹出它的放大面板，如图 4-93 所示，图 4-93 右上方共有 8 个端口"A"～"H"，用来连接逻辑电路的输入端；右侧的 6 个长条按钮对应它的 6 个功能；用鼠标单击端口"A"，端口"A"由原来的灰色变成了白色（见图 4-93 中光标手指所指处），在下方空白框内即出现相应的数字显示，其中左侧栏内显示逻辑电路的输入序号，中间栏内显示逻辑电路的输入端二进制编码，右侧栏内显示逻辑电路的输出状态，单击 3 次输出状态的"？"可以在"0""1"和"×"之间循环选择。

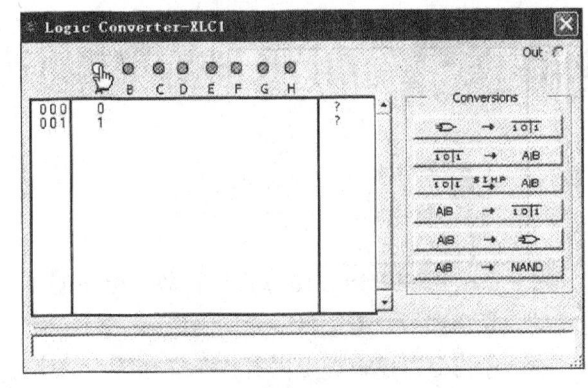

图 4-93　虚拟逻辑转换仪放大面板

（3）逻辑转换仪的输入端口。用鼠标单击"A"和"B"两个输入端口使其由灰变白，可以看到两个输入端的逻辑门电路只有 4 种二进制编码，分别为"00""01""10""11"。用鼠标分别单击两次前 3 个"？"，使它们由"？"变成"0"再变成"1"，单击最后一个"？"使它变成"0"，完成真值表如图 4-94 所示。

（4）认识"10|1→A|B（将真值表自动转换成逻辑表达式）"按钮。这是一个与非门的设置，单击放大面板右侧"10|1→A|B（将真值表自动转换成逻辑表达式）"按钮，如图 4-95 所示，这时可以从放大面板下方看到与非门的逻辑表达式为"A′B′+A′B+A B"（注：式中的 A′是 $\overline{A}$ 的另一种表示形式，可以通用），这是一个没有简化的与非门逻辑表达式，我们可以用公式法将它化简，即

$$\overline{A}\,\overline{B}+\overline{A}B+A\overline{B}=\overline{A}+A\overline{B}=\overline{A}+\overline{B}=\overline{AB}$$

（5）认识"10|1　SIMP　→　A|B（将真值表自动转换成简化表达式）"按钮。直接单击右侧"10|1　SIMP　→　A|B（将真值表自动转换成简化表达式）"按钮时，可从放大面板下方看到与非

门的简化逻辑表达式为"A′+B″",如图 4-96 所示,即

$$A' + B' = \overline{A} + \overline{B} = \overline{AB}$$

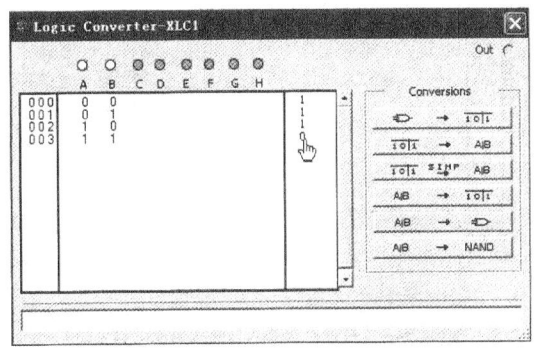

图 4-94　设置逻辑转换仪的输入和输出状态

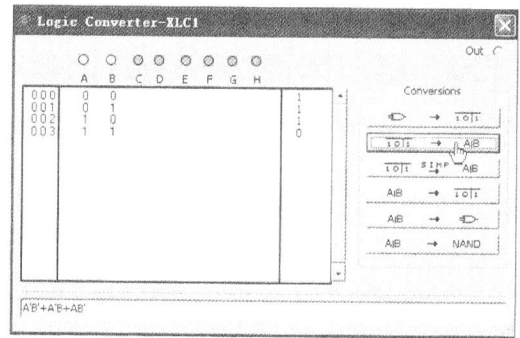

图 4-95　将真值表自动转换成逻辑表达式

（6）认识"A|B→ ⊃- （将逻辑表达式自动转换成逻辑电路）"按钮。若单击右侧"A|B→ ⊃-"（将逻辑表达式自动转换成逻辑电路）"按钮,如图 4-97 所示,稍等片刻,可在电子平台上看到图 4-98（a）所示的由两个非门和一个或门组成的电路。

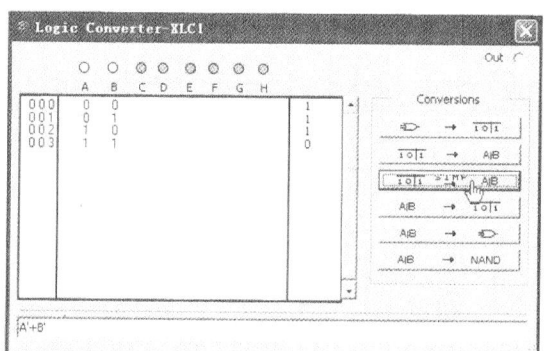

图 4-96　将真值表自动转换成简化表达式

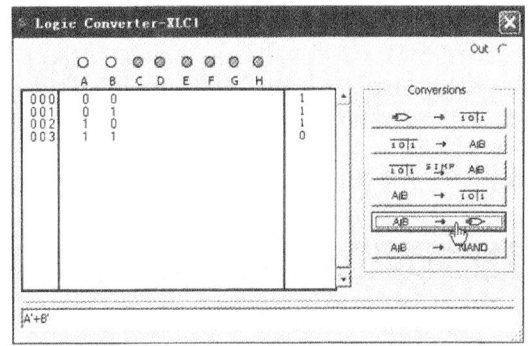

图 4-97　将逻辑表达式自动转换成逻辑电路

（7）认识"A|B→NAND（将逻辑表达式自动转换成与非门组成的逻辑电路）"按钮。若单击右侧"A|B→NAND（将逻辑表达式自动转换成与非门组成的逻辑电路）"按钮,如图 4-99 所示,稍等片刻,可在电子平台上看到图 4-98（b）所示的与非门组成的电路。

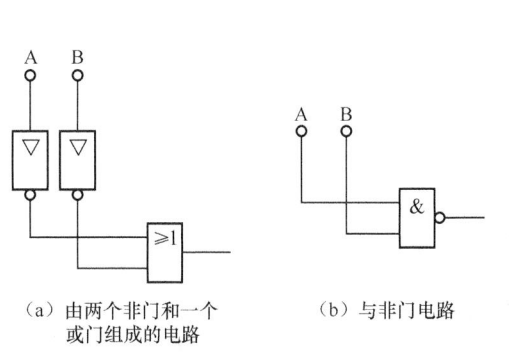

（a）由两个非门和一个或门组成的电路　　（b）与非门电路

图 4-98　由逻辑表达式自动转换成的逻辑电路

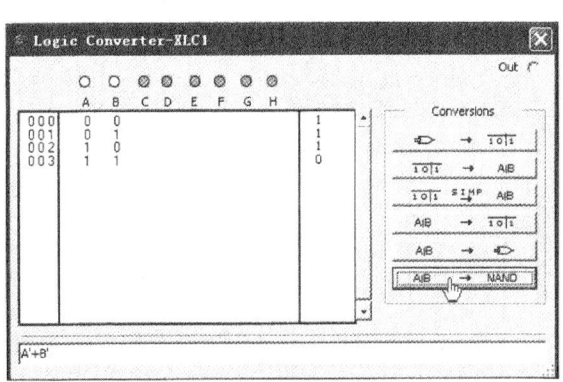

图 4-99　将逻辑表达式自动转换成由与非门组成的逻辑电路

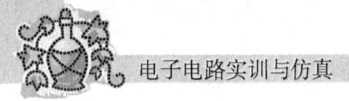

三、计算机仿真实验内容

利用逻辑转换仪分析、设计逻辑电路举例。

设计一个歌手演唱淘汰赛的评委表决器，4 个评委中有 3 个（含 3 个）以上认可通过（按键不被按下，即开关置"1"），则该歌手闯关成功进入下一轮，绿色指示灯亮。

（1）单击电子仿真软件 Multisim 10 基本界面虚拟仪器工具条中的"Logic Converter"按钮，将"逻辑转换仪"调出放置在电子平台上。

（2）双击"逻辑转换仪"图标，打开它的放大面板。

（3）用鼠标分别单击放大面板上的"A"~"D"输入端口，使其由灰色变成白色，在下方的左栏中可以看到 4 个二进制变量编码共有 16 组，如图 4-100 所示。

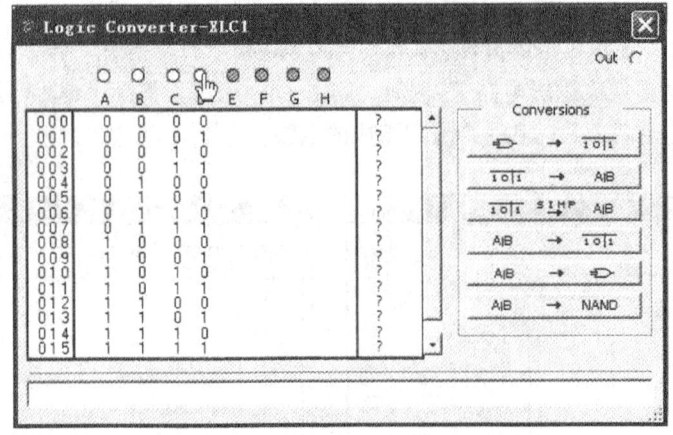

图 4-100　16 组 4 个二进制变量编码

（4）根据设计要求，用鼠标分别逐一单击或双击右栏中的"？"，其真值表如图 4-101 所示。

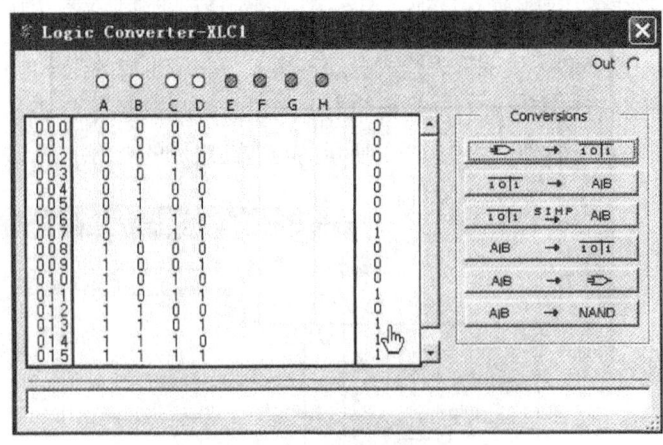

图 4-101　根据设计要求设置输出状态

（5）用鼠标单击右侧"10|1　$\underrightarrow{SIMP}$　A|B（将真值表自动转换成简化表达式）"按钮，如图 4-102 所示，可从放大面板下方看到简化表达式为"ACD+ ABD+ ABC+ BCD"。

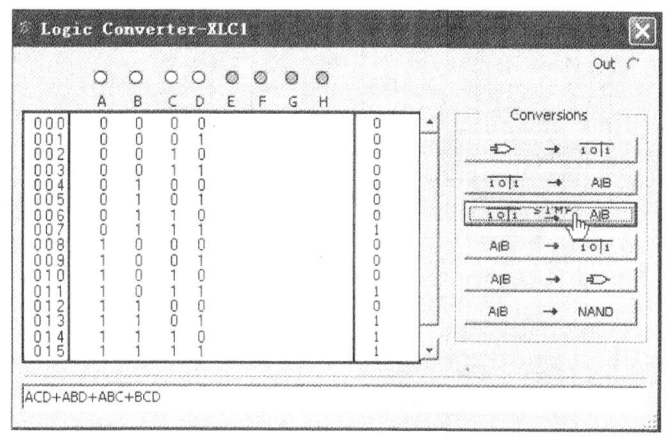

图4-102 将真值表自动转换成简化表达式

（6）用鼠标单击右侧"A|B→$\square\!\!>$（将逻辑表达式自动转换成逻辑电路）"按钮，稍等片刻，可在电子平台上看到图 4-103 所示的逻辑电路（电路中有 8 个与门和 3 个或门）。

（7）仿真并验证。将图 4-103 中的 4 个输入端的 A ~ D 接口删除并换接上单刀双掷开关，输出端接上绿色指示灯，调出电源和地线，按图 4-104 整理并连好仿真电路，开启仿真开关，按真值表逐一验证，结果和设计要求完全一致。

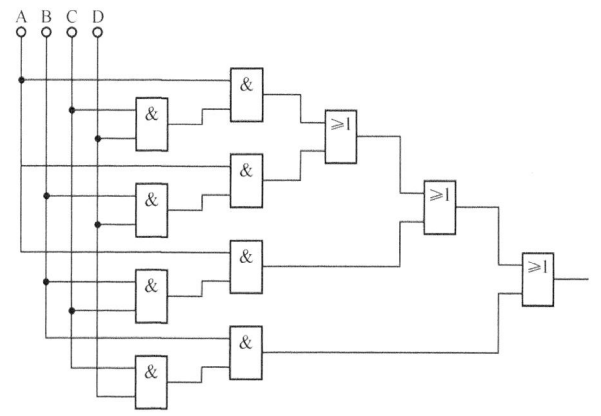

图 4-103 将逻辑表达式自动转换成的逻辑电路图

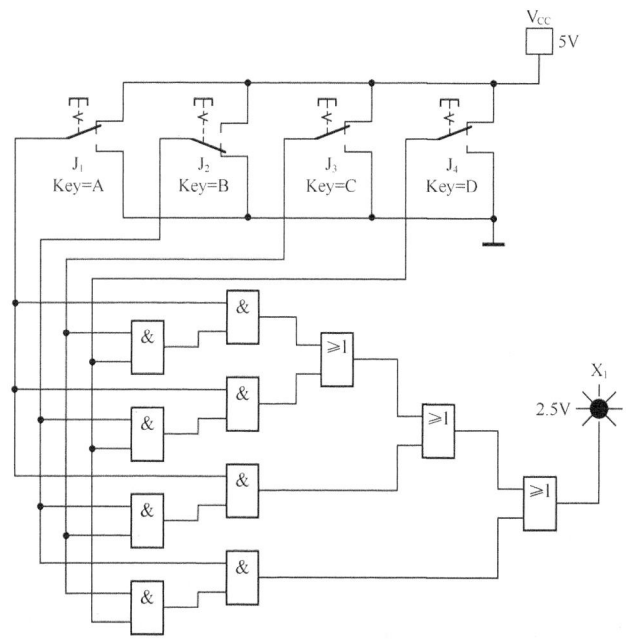

图 4-104 仿真电路

209

四、实验报告要求

1. 简述虚拟仪器逻辑转换仪有哪些功能。
2. 利用虚拟仪器逻辑转换仪设计逻辑电路。

五、思考题

组合逻辑电路设计中的关键点是什么？

仿真13 译码器、数据选择器

一、实验目的

1. 掌握用 Multisim 10 软件进行译码器、数据选择器的仿真实验。
2. 掌握 3 线-8 线译码器 74LS138 的工作原理和测试。
3. 掌握 7 段显示译码器 7448 的工作原理。
4. 了解数据选择器的性能及使用方法。
5. 掌握用数据选择器构成组合逻辑电路的方法。
6. 掌握用数据选择器实现逻辑函数。

二、实验准备

1. 可用手机扫描二维码"电子仿真软件 Multisim 10 简介"查阅相关资料，熟悉电子仿真软件 Multisim 10。
2. 参阅电子电路实训 13 相关内容。

电子仿真软件
Multisim 10 简介

三、计算机仿真实验内容

1. 3 线-8 线译码器 74LS138

（1）调出"74LS138D"。单击电子仿真软件 Multisim 10 基本界面元器件工具条的"Place TTL"按钮，从弹出的对话框中的"Family"栏选取"74LS"，再在"Component"栏选取"74LS138D"，如图 4-105 所示，最后单击对话框右上角的"OK"按钮，将译码器调出放置在电子平台上。

（2）调出单刀双掷开关、红色指示灯、电源和地线并设置。单击电子仿真软件 Multisim 10 基本界面元器件工具条的"Place Basic"按钮，从弹出的对话框中的"Family"栏选取"SWITCH"，再在"Component"栏调出 6 个单刀双掷开关，并分别双击每一个单刀双掷开关图标，将弹出的对话框中"Key for Switch"栏设置成 A ~ F；单击元器件工具条的"Place Indicator"按钮，从中调出 8 个红色指

示灯；单击元器件工具条的"Place Source"按钮，调出 V_{CC} 电源和地线，将它们放置到电子平台上。

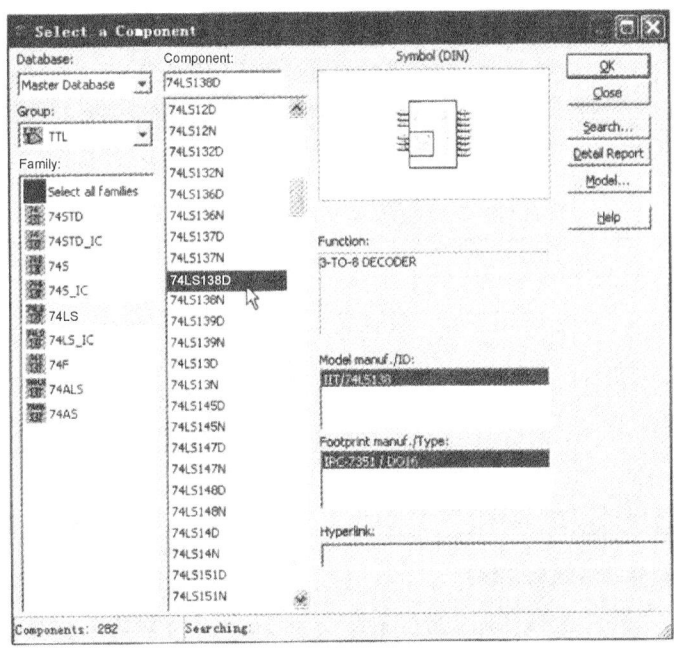

图 4-105　调出译码器 74LS138

（3）将所调出的元器件整理并连接好，其仿真电路如图 4-106 所示。

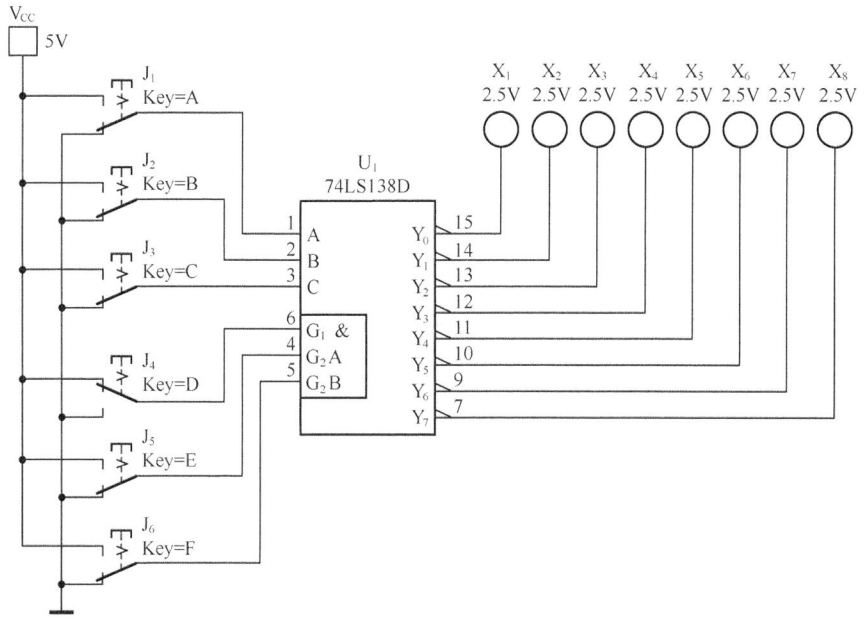

图 4-106　译码器仿真电路图

（4）仿真测试。开启仿真开关，根据 3 线-8 线译码器 74LS138 的工作原理，根据表 4-16 自拟实验步骤，设置相关单刀双掷开关的位置，将仿真结果填入表 4-16 中，验证 3 线-8 线译码器 74LS138 真值表是否与理论分析相符。3 线-8 线译码器 74LS138 中的 G_1（S_1）、G_2A、G_2B（$\bar{S}_2$、

$\overline{S_3}$）为控制端，只有当 G_1 为高电平、G_2A、G_2B 为低电平时，译码器才工作。

表 4-16   3 线-8 线译码器 74LS138 输出状态记录表

输入					输出							
G_1	G_2A+G_2B	A	B	C	$\overline{Y_0}$	$\overline{Y_1}$	$\overline{Y_2}$	$\overline{Y_3}$	$\overline{Y_4}$	$\overline{Y_5}$	$\overline{Y_6}$	$\overline{Y_7}$
0	×	×	×	×								
×	1	×	×	×								
1	0	0	0	0								
1	0	0	0	1								
1	0	0	1	0								
1	0	0	1	1								
1	0	1	0	0								
1	0	1	0	1								
1	0	1	1	0								
1	0	1	1	1								

2．BCD 7 段显示译码器 7447N

（1）调出 7 段显示译码器 7447N。单击电子仿真软件 Multisim 10 基本界面元器件工具条的"Place TTL"按钮，从弹出的对话框中的"Family"栏选取"74STD"，再在"Component"栏选取"7447N"，如图 4-107 所示，最后单击对话框右上角的"OK"按钮，将 7 段显示译码器 7447N 调出放置在电子平台上。

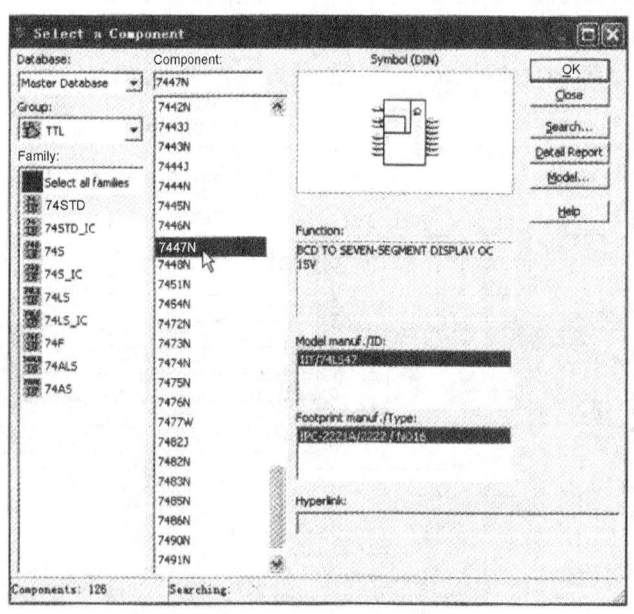

图 4-107   调出 7 段显示译码器 7447N

（2）调出元器件。单击电子仿真软件 Multisim 10 基本界面元器件工具条的"Place Indicator"按钮，从弹出的对话框中"Family"栏选取"HEX_DISPLAY"，再在"Component"栏选取"SEVEN_SEG_COM_A"，如图 4-108 所示，最后单击元器件工具条上的"Place Source"按钮，调出"示意性接地符号"置于电子平台上。

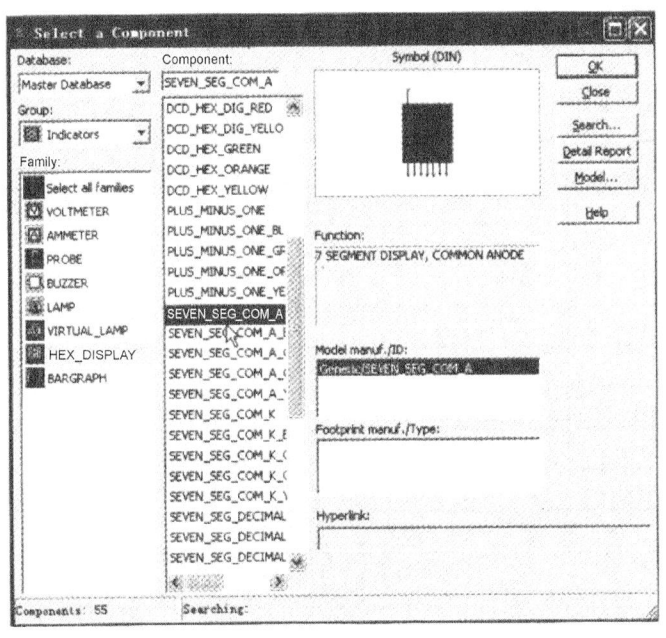

图 4-108 调出共阳极 7 段数码管

（3）整理并连成仿真电路。其他元器件调出方法不再重复，将所有元器件整理并连成仿真电路，如图 4-109 所示。图 4-109 中 $\overline{LT}$ 为灯测试输入；$\overline{RBI}$ 为灭零输入；$\overline{BI}/\overline{BRO}$ 为灭灯输入/灭零输出，这 3 个引脚均接高电平；译码输出端为 OA～OG。

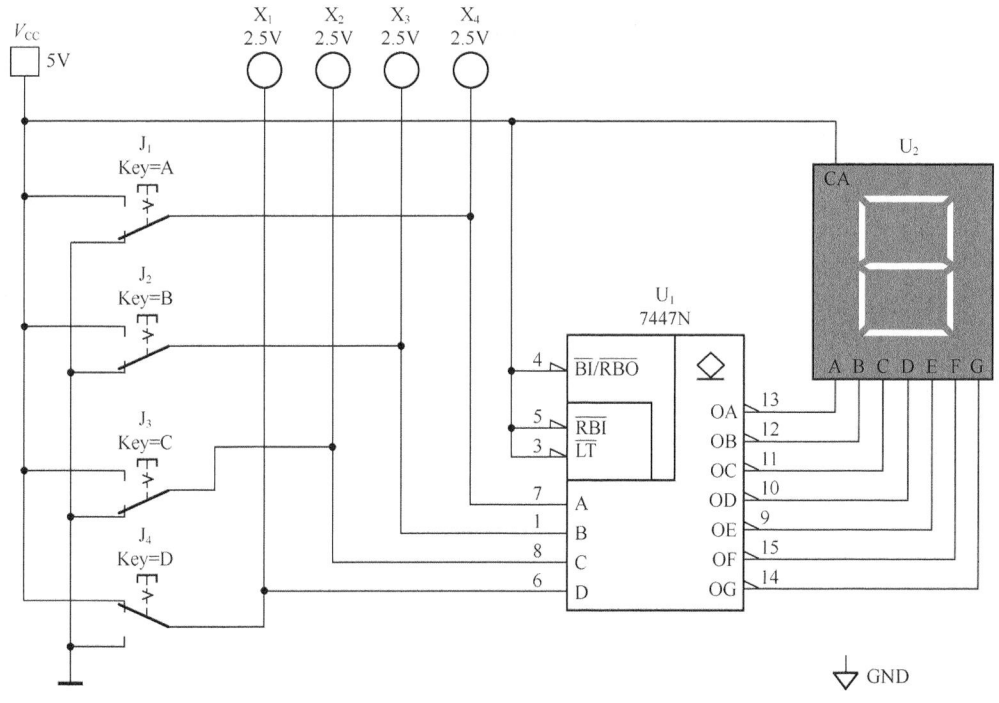

图 4-109 7 段显示译码器显示仿真电路

（4）仿真实验。开启仿真开关，分别扳动各单刀双掷开关，使输入的 4 位二进制码 "DCBA"

分别为 0000～1001，这时对应输入的每个二进制码，经译码器 7447N 译码后直接推动共阳 LED 数码管显示出十进制数 0～9,同时也可根据接在输入端的 4 盏红色指示灯推测出输入的二进制码。

（5）将实验结果填入表 4-17 中。

表 4-17   7 段译码管输出

输入				输出							
D	C	B	A	OA	OB	OC	OD	OE	OF	OG	数码管显示的数字
0	0	0	0								
0	0	0	1								
0	0	1	0								
0	0	1	1								
0	1	0	0								
0	1	0	1								
0	1	1	0								
0	1	1	1								
1	0	0	0								
1	0	0	1								

3. 用数据选择器 74LS153 实现函数 F＝A⊕B⊕C

（1）根据题意进行逻辑分析、设定变量、状态赋值。

函数 $F = A \oplus B \oplus C$ 中有 3 个变量，虽然数据选择器 74LS153 只有两个地址代码 A_1 和 A_0 可以作为变量，但其中的输入数据 $D_{10} \sim D_{13}$ 也可以作为一个变量。

（2）根据函数 F 的逻辑表达式，将它们写成标准最小项表达式（最简与或表达式），即

$$F = (\overline{A}B + A\overline{B})\overline{C} + (\overline{A}\,\overline{B} + AB)C = \overline{A}B\overline{C} + A\overline{B}\,\overline{C} + \overline{A}\,\overline{B}C + ABC = A\overline{B}\,\overline{C} + \overline{A}B\overline{C} + \overline{A}\,\overline{B}C + ABC$$

设 $A_0 = A$、$A_1 = B$、$D_{10} = D_{13} = C$，同时用 1 个非门实现 $\overline{C}$。

（3）根据标准最小项表达式，将用数据选择器 74LS153 实现函数 F 的电路画好，如图 4-110 所示。

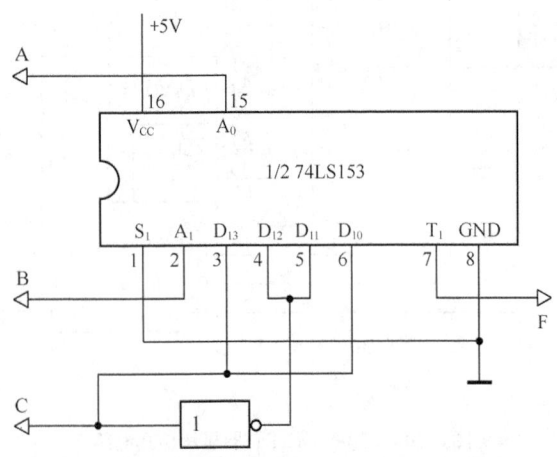

图 4-110 用数据选择器 74LS153 实现函数 F 的电路

（4）根据画好的电路图在 Multisim 10 电子平台上调出有关元器件，并组成仿真电路，如图 4-111 所示。

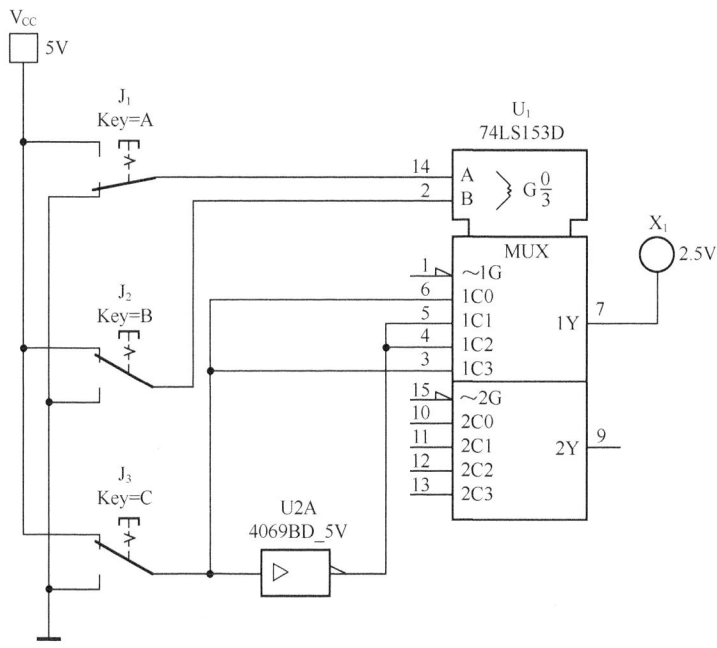

图 4-111　实现函数 F=A⊕B⊕C 的仿真电路

（5）根据函数 F 真值表输入端的要求进行仿真实验，观察输出端的状态，并将仿真结果填入表 4-18 中。

表 4-18　　　　　　　　　　　　　　实现函数 **F=A⊕B⊕C** 的仿真结果记录

A	0　0　0　0　1　1　1　1
B	0　0　1　1　0　0　1　1
C	0　1　0　1　0　1　0　1
F	

四、实验报告要求

1. 整理仿真实验内容中所观察和记录的数据并填好所有表格。
2. 简要说明 3 线-8 线译码器 74LS138 和译码器 7447N 的工作原理。

五、思考题

1. 什么是译码？什么是译码器？
2. 二进制译码器 74LS138 和显示译码器 7447N 之间有哪些主要的区别？
3. 能否用 74LS138 设计一个 3 人表决电路？若能实现请画出逻辑图。
4. 数据选择器有什么特点？

 **JK 触发器**

一、实验目的

1. 掌握用 Multisim 10 软件进行 JK 触发器的仿真实验的方法。
2. 熟悉 JK 触发器的功能和触发方式，了解异步置位和异步复位的功能。
3. 了解触发器之间的转换，并检验其逻辑功能。

二、实验准备

1. 可用手机扫描二维码"电子仿真软件 Multisim 10 简介"查阅相关资料，熟悉电子仿真软件 Multisim 10。
2. 参阅电子电路实训 14 相关内容。

电子仿真软件
Multisim 10 简介

三、计算机仿真实验内容

1. 异步置位 $\overline{S}_d$ 及异步复位 $\overline{R}_d$ 功能测试

（1）从电子仿真软件 Multisim 10 基本界面元器件工具条的"Place TTL"元器件库中调出 JK 触发器 74LS76D；从元器件工具条的"Place Indicator"元器件库中调出红（X_1）、蓝（X_2）两种颜色指示灯各 1 个，将它们放置在电子平台上，并连成仿真电路，如图 4-112 所示。

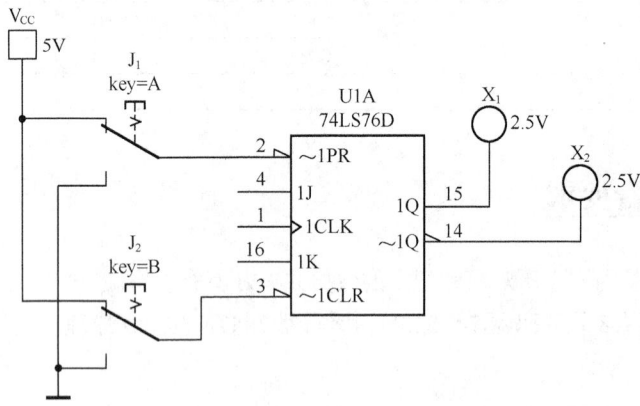

图 4-112　异步置位及异步复位功能测试中 JK 触发器仿真电路

（2）开启仿真开关，分别按键盘上的 A 键或 B 键，观察 X_1、X_2 的变化情况，并填好表 4-19（注：红灯亮表示 Q=1；蓝灯亮表示 $\overline{Q}$=1）。

2. JK 触发器逻辑功能测试

（1）从电子仿真软件 Multisim 10 基本界面元器件工具条中调出图 4-113 所示的元器件并连

好电路。

表 4-19 ——JK 触发器测试

~1PR（即 $\overline{S}_d$）	~1CLR（$\overline{R}_d$）	1 Q（Q）	~1 Q（$\overline{Q}$）
H	H→L		
	L→H		
H→L	H		
L→H			

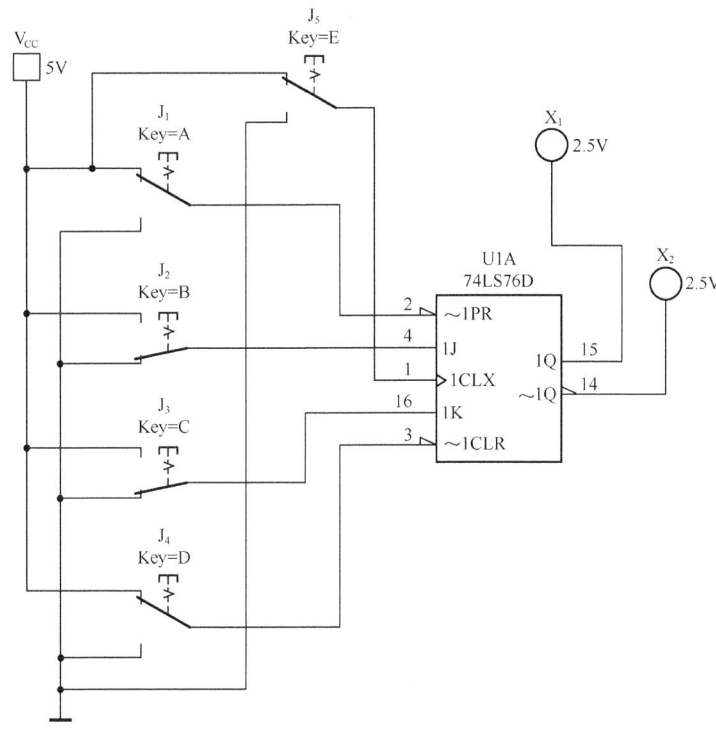

图 4-113　逻辑功能测试中 JK 触发器仿真电路

（2）开启仿真开关，按照表 4-20 进行实验，并将结果填入表 4-20 中。

表 4-20 ——JK 触发器真值表

J	K	CP（即 1CLK）	Q^{n+1}	
			$Q^n=0$	$Q^n=1$
0	0	0→1		
		1→0		
0	1	0→1		
		1→0		
1	0	0→1		
		1→0		
1	1	0→1		
		1→0		

注意：①要使初态 $Q^n=0$，可用 ~1CLR 置低电平进行复位，复位后 J_4 仍须回到高电平；同样要使初态 $Q^n=1$，可用 ~1PR 置低电平进行复位，复位后 J_1 仍须回到高电平。

②表 4-20 中的 Q^{n+1} 共有 16 个状态要求检测，每次加 CP 脉冲前必须先确认初态是 $Q^n=0$ 还是 $Q^n=1$，不能连续加 CP 脉冲，否则会出错。

3．观察计数器输入、输出波形

（1）调出脉冲信号源、虚拟 4 踪示波器。将 JK 触发器接成计数状态（即 J=K=1），从电子仿真软件 Multisim 10 基本界面元器件工具条 "Place Source" 电源库中调出脉冲信号源 V_1；单击虚拟仪器工具条 "4 Channel Oscilloscope" 按钮，将虚拟 4 踪示波器 "XSC1" 调出并放置在电子平台上。

（2）连好图 4-114 所示的仿真电路。其中，虚拟 4 踪示波器的 A 通道接输入端用来观察脉冲信号，B 通道接 JK 触发器的 Q 端，C 通道接 JK 触发器 $\overline{Q}$ 端。

（3）仿真实验。开启仿真开关，双击虚拟 4 踪示波器图标 "XSC1"，打开虚拟 4 踪示波器的放大面板，如图 4-115 所示。可以从放大面板屏幕上同时看到 A 通道的 1kHz 脉冲信号波形（上），B 通道显示的是 JK 触发器 Q 端输出的方波（中），C 通道显

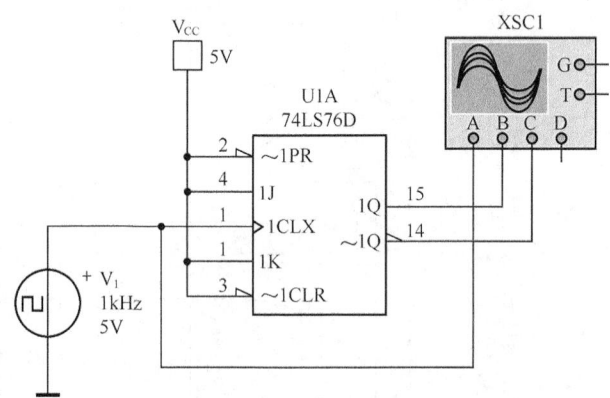

图 4-114　JK 触发器仿真电路

示的是 JK 触发器 $\overline{Q}$ 端输出的方波（下）。从屏幕上 "读数指针 1" 所在位置可以看出：当输入脉冲信号下降沿到来时，Q 端由高电平跳变为低电平，同时 $\overline{Q}$ 端由低电平跳变为高电平。从屏幕上 "读数指针 2" 所在位置可以看出：当输入脉冲信号上升沿到来时，Q 端仍保持低电平不变，同时 $\overline{Q}$ 端也保持高电平不变。另外，还可以看出此时的 JK 触发器处于 "计数" 状态，每来一个脉冲（下降沿），JK 触发器的输出都翻转，即每来一个脉冲 JK 触发器计数一次。

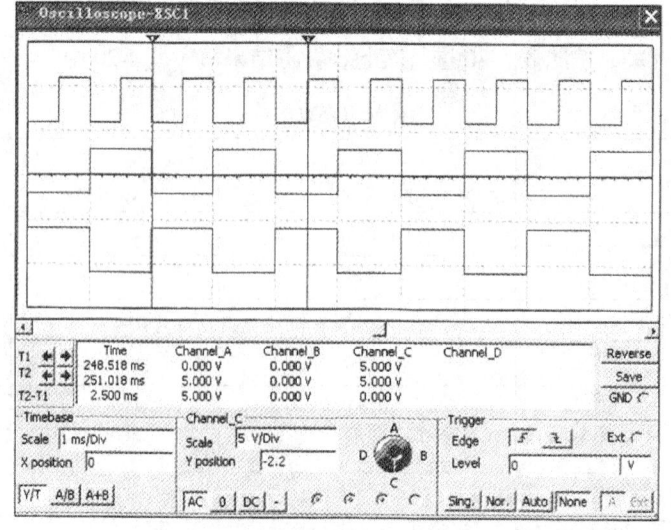

图 4-115　虚拟 4 踪示波器放大面板屏幕上的波形

四、实验报告要求

1. 将仿真实验所测试数据整理并填入各表（表 4-19 和表 4-20）中，同时将 4 踪示波器观察到的波形描绘到实验报告单上。

2. 分析实验结果并与 JK 触发器工作原理相比较。

五、思考题

与同步 JK 触发器相比，主从 JK 触发器有哪些优点？

仿真 15 计数器

一、实验目的

1. 掌握用 Multisim 10 软件进行计数器的仿真实验的方法。
2. 熟悉计数器的工作原理，掌握触发器、集成计数器构成的任意进制计数器的方法。
3. 熟悉计数器的逻辑功能和使用方法。

二、实验准备

计数器是一个用以实现计数功能的时序电路，它不仅可用来计脉冲个数，还常用作数字系统的定时、分频和执行数字运算以及其他特定的逻辑功能。

计数器种类很多。按构成计数器中的各触发器是否使用一个时钟脉冲源来分，有同步计数器和异步计数器。根据计数制的不同，分为二进制计数器、十进制计数器和任意进制计数器。根据计数的增减趋势，又分为加法、减法和可逆计数器。还有可预置数和可编程序功能计数器等。

目前无论是 TTL 还是 CMOS 集成电路，都有品种较齐全的中规模集成计数电路。使用者只要借助于器件手册提供的功能表和工作波形图以及引出端的排列，就能正确地运用这些器件。

1. 触发器构成加/减计数器

其中 n 位二进制同步加法计数器级联规律为 $T_i = Q_{i-1}^n Q_{i-2}^n \cdots Q_1^n Q_0^n = \prod_{j=0}^{i-1} Q_j^n$，$n$ 位二进制同步减法计数器级联规律为 $T_i = \overline{Q_{i-1}^n} \, \overline{Q_{i-2}^n} \cdots \overline{Q_1^n} \, \overline{Q_0^n} = \prod_{j=0}^{i-1} \overline{Q_j^n}$。二进制异步加法计数器级间连接规律为 $CP_i = Q_{i-1}$（T' 触发器上升沿触发）。

图 4-116 中的加法计数器是用 4 只触发器构成的 4 位二进制异步加/减法计数器，它的连接特点是将最低位 JK 触发器 CP 端接 CP 脉冲，再由低位触发器的 Q/$\overline{Q}$ 端和高一位的 CP 端连接。

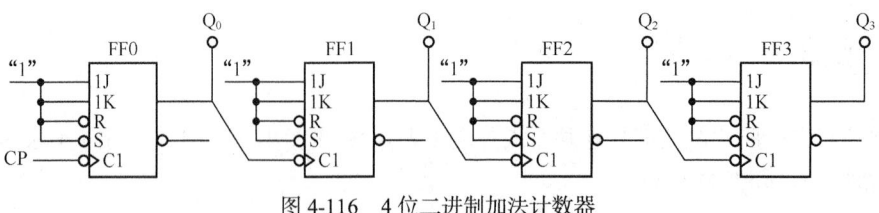

图 4-116　4 位二进制加法计数器

2．集成计数器

集成计数器有二进制计数器、十进制计数器。它们都具有清除、置数、计数等功能。集成计数器中的清零、置数控制有同步清零、同步置数（即清零、置数都需借助 CP 脉冲实现），也有异步清零、异步置数（即清零、置数不需要 CP 脉冲）。我们可以方便灵活地使用集成计数器的清零、置数功能实现任意进制计数器。如图 4-116 所示为集成二-五-十进制计数器 74LS290。

三、计算机仿真实验内容

在电子仿真软件 Multisim 10 基本界面的平台上构建由 74LS160N 组成的计数器电路，如图 4-117 所示。

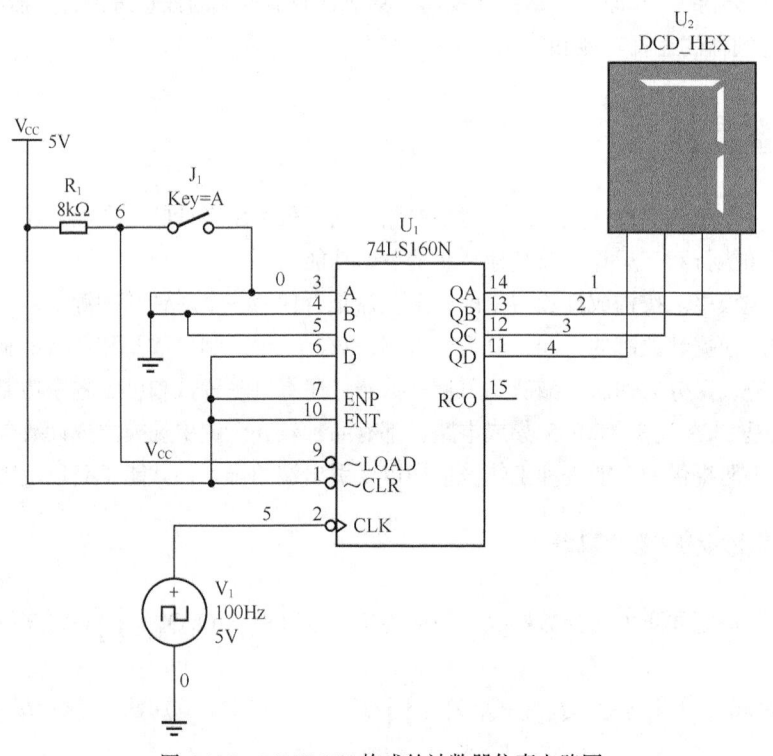

图 4-117　74LS160N 构成的计数器仿真电路图

分析开关 J_1 的作用。提供仿真实验，观测 74LS160N 的逻辑功能，并使用 74LS160N 构成任意进制（计数≤10）计数器。

1. 用 74LS112 触发器构成 4 位二进制异步加法计数器

（1）按图 4-117 连接，触发器的 J、K 置位端 S、清零端 R 接高电平（防止外界干扰），CP 端接单次脉冲。

（2）逐个送入单次脉冲，观察并列表记录 $Q_0 \sim Q_3$ 状态。

（3）将单次脉冲改为 1Hz 的连续脉冲，观察并记录 $Q_0 \sim Q_3$ 状态。

2. 用 74LS112 触发器构成 4 位二进制异步减法计数器

（1）试画出逻辑电路图。

（2）逐个送入单次脉冲，观察并列表记录 $Q_0 \sim Q_3$ 状态。

（3）将单次脉冲改为 1Hz 的连续脉冲，观察并记录 $Q_0 \sim Q_3$ 状态。

3. 集成计数器 74LS290 功能测试

74LS290 是二-五-十进制异步计数器，具有下述功能。

（1）异步置 0（$R_{0A} \cdot R_{0B}=1$）。

（2）异步置 9（$R_{9A} \cdot R_{9B}=1$）。

（3）二进制计数（CP_0 输入，Q_0 输出）。

（4）五进制计数（CP_1 输入，Q_3、Q_2、Q_1 输出）。

（5）十进制计数（两种接法如图 4-118 所示）。

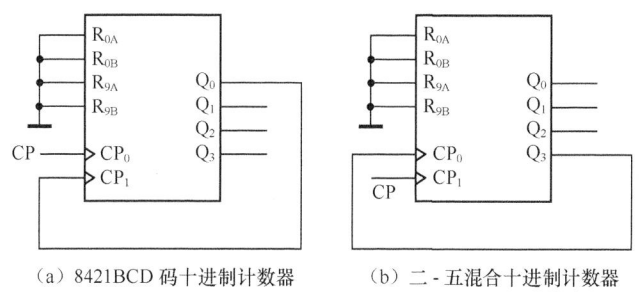

（a）8421BCD 码十进制计数器　　（b）二 - 五混合十进制计数器

图 4-118　74LS290 实现十进制计数器的接法

（6）测试 74LS290 的置 0、置 9 功能，填写入表 4-21。

表 4-21　　　　　　　　　　　　　　　　置 0、置 9 功能

R_{0A}	R_{0B}	R_{9A}	R_{9B}	CP_0	CP_1	输出			
						Q_3	Q_2	Q_1	Q_0
H	H	L	×	×	×				
H	H	×	L	×	×				
L	×	H	H	×	×				
×	L	H	H	×	×				

（7）测试 74LS290 的五进制计数功能，填写入表 4-22。

表 4-22 五进制计数器

R_{0A}	R_{0B}	R_{9A}	R_{9B}	CP_1	输出		
					Q_2	Q_1	Q_0
H	H	H	H	↓			
H	H	H	H	↓			
H	H	H	H	↓			
H	H	H	H	↓			
H	H	H	H	↓			
H	H	H	H	↓			

（8）测试 74LS290 的十进制计数功能，根据图 4-118（a）填写表 4-23。根据图 4-118（b）填写表 4-24。

表 4-23 十进制计数器（一）

计数	输出			
	Q_3	Q_2	Q_1	Q_0
1				
2				
3				
4				
5				
6				
7				
8				
9				
10				

表 4-24 十进制计数器（二）

计数	输出			
	Q_0	Q_3	Q_2	Q_1
1				
2				
3				
4				
5				
6				
7				
8				
9				
10				

注："↓"表示下降沿。

4. 任意进制计数器

74LS290 按图 4-119 进行连接，实验记录其状态转换，分析是多少进制计数器。

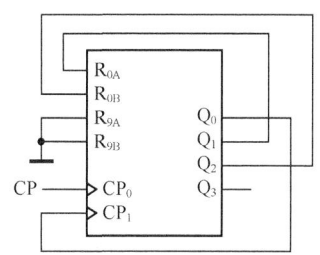

图 4-119 74LS290 组成任意进制计数器

四、实验报告要求

1. 整理实验内容中各项实验数据。
2. 画出 74LS112 触发器构成 4 位二进制异步减法计数器的逻辑电路图。
3. 总结计数器使用特点。

五、思考题

1. 总结各种进制计数器线路图连线规律。
2. 总结任意进制计数器的设计规律。

仿真 16 移位寄存器

一、实验目的

1. 掌握用 Multisim 10 软件进行移位寄存器的仿真实验的方法。
2. 熟悉移位寄存器的工作原理及调试方法。
3. 掌握用移位寄存器组成计数器的典型应用。

二、实验准备

1. 可用手机扫描二维码"电子仿真软件 Multisim 10 简介"查阅相关资料，熟悉电子仿真软件 Multisim 10。
2. 参阅电子电路实训 16 相关内容。

电子仿真软件
Multisim 10 简介

三、计算机仿真实验内容

1. 逻辑功能验证

（1）并行输入。

① 从电子仿真软件 Multisim 10 基本界面元器件工具条的"Place TTL"元器件库中调出 4 位

双向通用移位寄存器 74LS194D; 从电子仿真软件 Multisim 10 基本界面元器件工具条的"Place Indicator"元器件库中调出 4 个红色指示灯、8 个单刀双掷开关和 TTL 电源、地线等, 按图 4-120 连成仿真电路。

② 开启仿真开关, 根据 74LS194D 功能表, 用 J_1 实现"异步清零"功能; 再根据"并行输入"功能, 将 S_1、S_0 使能端置于"1、1"状态, A、B、C、D 数据输入端分别设为"1011", 观察 CLK 端加单脉冲 CP 时, 输出端指示灯变化情况, 并填写入表 4-25。

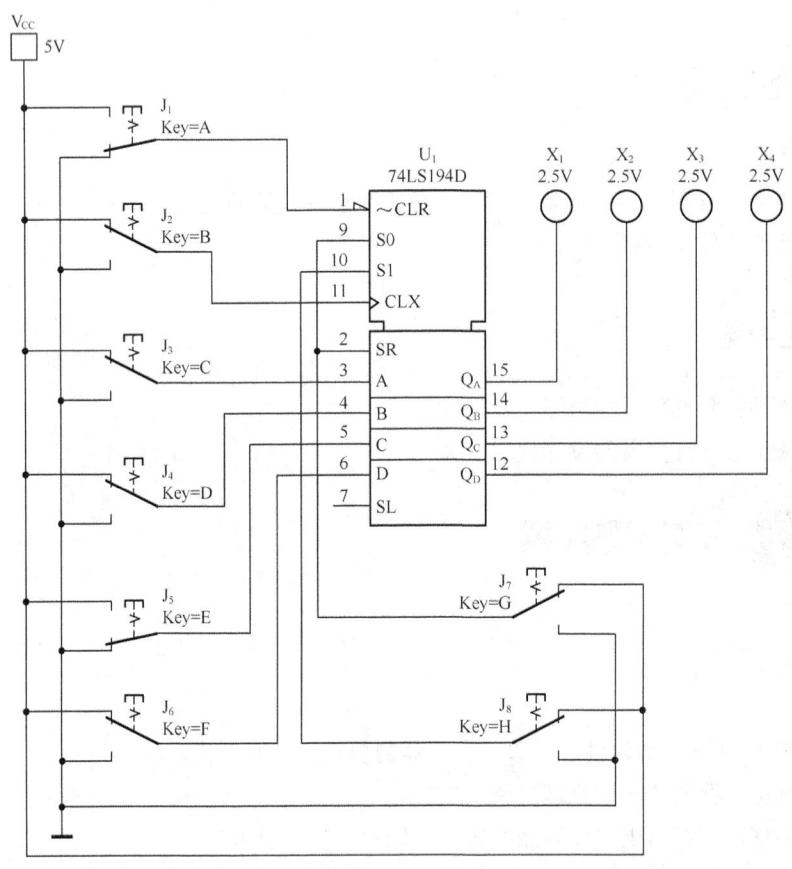

图 4-120 移位寄存器仿真电路

表 4-25   并行输入功能测试

脉冲	Q_A	Q_B	Q_C	Q_D
未加脉冲				
加单脉冲				

（2）动态保持。根据 74LS194 功能表"保持"功能, 观察单脉冲作用时输出端变化情况, 并填入表 4-26 中。

表 4-26   保持功能测试

脉冲	Q_A	Q_B	Q_C	Q_D
未加脉冲				
加单脉冲				

（3）左移功能。将 74LS194 的 Q_A 端与 S_L 端相连。在开启仿真开关的情况下，先给 $Q_A \sim Q_D$ 送数"0011"，然后根据 74LS194 功能表"左移"功能（相当于 S_L=0），观察当 CP 脉冲作用时输出端指示灯的变化情况，并填写表 4-27。

给 $Q_A \sim Q_D$ 送数"1100"，然后根据 74LS194 功能表"左移"功能（相当于 S_L=1），观察当 CP 脉冲作用时输出端指示灯的变化情况，并填写入表 4-28。

表 4-27　　　　　　　　　　　　　　左移功能测试（一）

脉冲 CP（CLK）	Q_A	Q_B	Q_C	Q_D
0	0	0	1	1
1				
2				
3				
4				
5				

表 4-28　　　　　　　　　　　　　　左移功能测试（二）

脉冲 CP（CLK）	Q_A	Q_B	Q_C	Q_D
0	1	1	0	0
1				
2				
3				
4				
5				

（4）右移功能。将 74LS194 的 Q_D 端与 S_R 端相连。仿照左移功能步骤观察 CP 脉冲作用时输出端指示灯的变化情况，并填写进表 4-29 和表 4-30。

表 4-29　　　　　　　　　　　　　　右移功能测试（一）

脉冲 CP（CLK）	Q_A	Q_B	Q_C	Q_D
0	1	1	0	0
1				
2				
3				
4				
5				

表 4-30　　　　　　　　　　　　　　右移功能测试（二）

脉冲 CP（CLK）	Q_A	Q_B	Q_C	Q_D
0	0	0	1	1
1				
2				
3				
4				
5				

2．移位寄存器型计数器

（1）重新在电子仿真软件 Multisim 10 基本界面的平台上，用 4 位双向移位寄存器 74LS194D 构成七进制计数器，其仿真电路如图 4-121 所示。

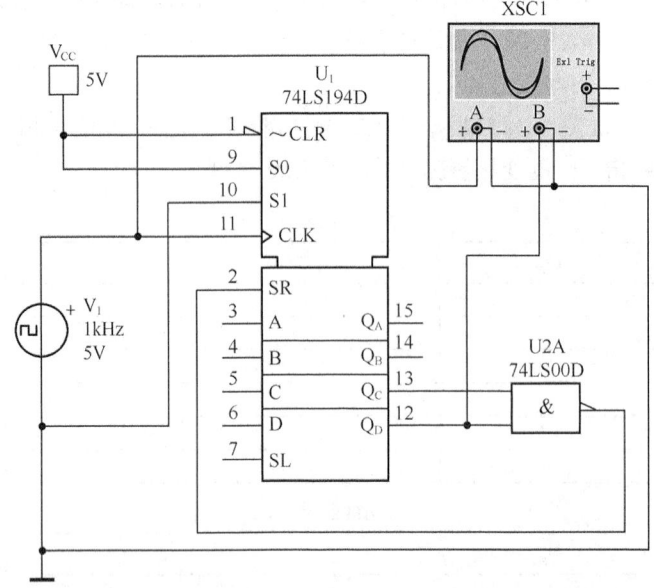

图 4-121　七进制计数器仿真电路

（2）开启仿真开关，双击虚拟示波器 XSC1 图标，打开它的放大面板，如图 4-122 所示。从放大面板的屏幕上观察 Q_D 和 CP 波形，将它们描绘下来，并说明七进制原理。虚拟示波器面板参阅图 4-122。

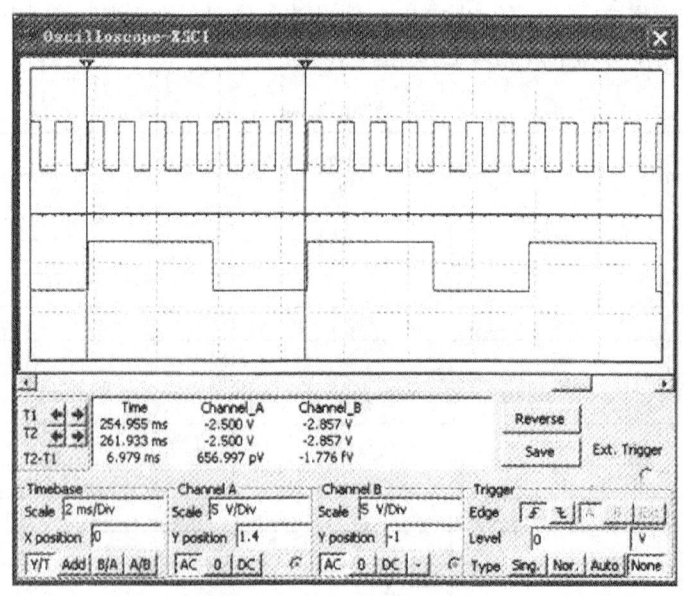

图 4-122　七进制计数器波形

四、实验报告要求

1. 整理仿真实验内容及实验数据，填好各表格（表 4-25 ～ 表 4-30）。

2. 观测虚拟示波器放大面板的屏幕上的波形并描绘下来。

五、思考题

1. 74LS194 中 2 引脚相连实现了什么功能？此时控制端 S_1 和 S_0 应如何设置？
2. 当移位寄存器 74LS194 实现左移功能时，控制端 S_1 和 S_0 应如何设置？
3. 本实验验证了双向移位寄存器的哪些主要功能？

仿真 17　数/模转换器

一、实验目的

1. 掌握用 Multisim 10 软件进行数/模转换电路的仿真实验的方法。
2. 熟悉数/模转换器数字输出与模拟输出之间的关系。
3. 学会设置数/模转换器的输出范围。
4. 掌握测试数/模转换器的分辨率的方法。

二、实验准备

1. 可手机扫描二维码查阅相关资料，熟悉电子仿真软件 Multisim 10。
2. 参阅电子电路实训 17 相关内容。

三、计算机仿真实验内容

1. 调出 "VDAC"。单击电子仿真软件 Multisim 10 基本界面元器件工具条中的 "Place Mixed（混合器件）" 按钮，从弹出的对话框的 "Family" 栏中选 "ADC_DAC"，再在 "Component" 栏中选择 "VDAC"，如图 4-123 所示，单击对话框右上角的 "OK" 按钮将 "VDAC" 调出放置在电子平台上。

2. 调出相应元器件。单击电子仿真软件 Multisim 10 基本界面元器件工具条，从相应的元器件列表框中调出 $2k\Omega$ 电位器 1 个，并将它们的 "Increment" 栏改为 "1"；调出一个直流电压源，将它改为 "10"；其他元器件的调用方法不再赘述。

3. 在电子仿真软件 Multisim 10 基本界面的平台上建立图 4-124 所示的仿真电路。

4. 打开仿真开关进行动态分析。将所有的逻辑开关置 1，指示灯 $X_1 \sim X_8$ 都亮。调整电位器（一般置 50% 处即可），使 DAC 输出电压尽量接近 5V（约 4.972V），这时 DAC 的满度输出电压已设置为 5V。

5. 根据需要按键盘上的 A ~ H 键，将 DAC 的数码输入依次变为 00000000 ~ 00000111 和 11111111，在表 4-31 中记录数/模转换器相应的输出电压。

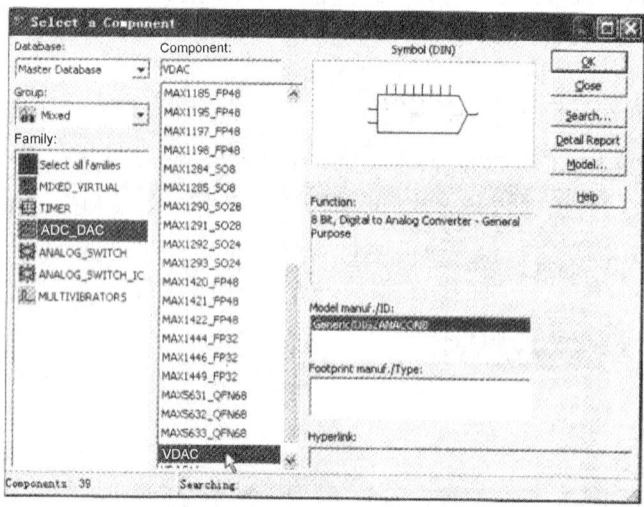

图 4-123　调出数/模转换器"VDAC"

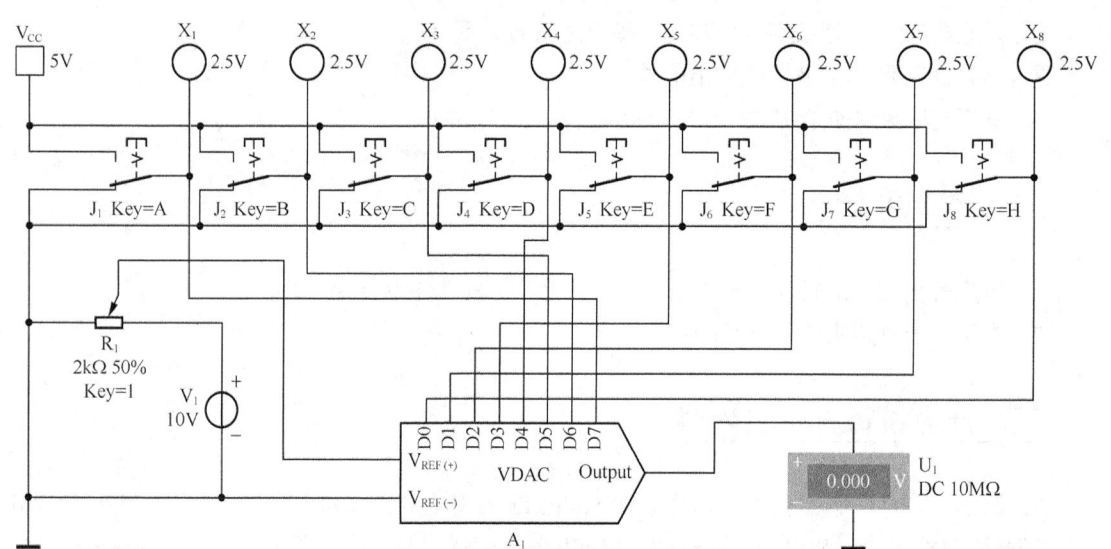

图 4-124　8 位电压输出型 DAC 电路

表 4-31 实验记录

二进制输入	输出电压/V
00000000	
00000001	
00000010	
00000011	
00000100	
00000101	
00000110	
00000111	
11111111	

6. 根据 DAC 的满度输出电压和 8 位输入的级数，计算图 4-124 所示 DAC 电路的分辨率。

7. 根据表 4-31 的数据，计算这个 DAC 电路的分辨率。

8. 关闭仿真开关。保留图 4-124 中的 VDAC、10V 电压表和 2kΩ电位器，删除其他所有元器件。

9. 调出 4 位二进制计数器。单击电子仿真软件 Multisim 10 基本界面左侧左列真实元器件工具条的"Place TTL"按钮，从弹出的对话框"Family"栏中选"74STD"，再在"Component"栏中选"7493N"，如图 4-125 所示，最后单击对话框右上角的"OK"按钮，将 4 位二进制计数器调出放置在电子平台上。

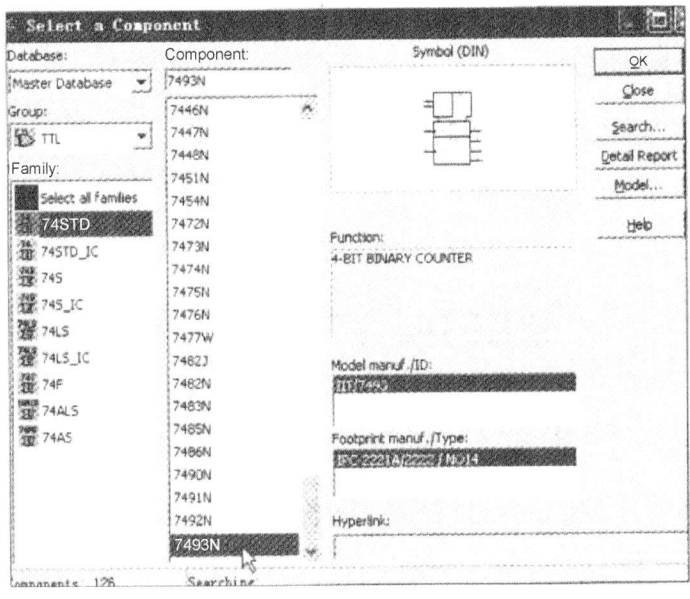

图 4-125　调出 4 位二进制计数器

10. 从电子仿真软件 Multisim 10 基本界面调出虚拟函数信号发生器和双踪示波器，将它们放置在电子平台上，连成图 4-124 所示的仿真电路。

11. 打开仿真开关进行动态分析。双击虚拟函数信号发生器图标，弹出放大面板，其设置可参照图 4-126 进行；双击双踪示波器，在放大面板屏幕上将显示出 DAC 模拟输出的阶梯波，如图 4-127 所示。

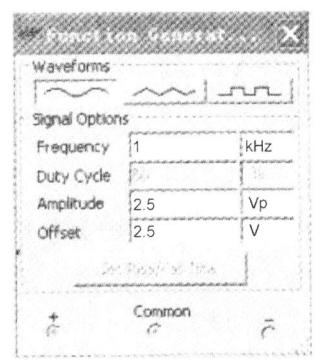

图 4-126　函数信号发生器的设置

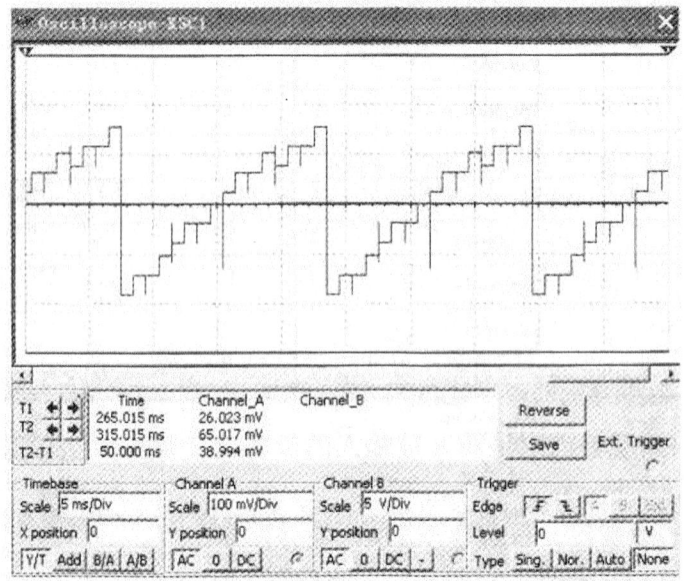

图 4-127　DAC 模拟输出的阶梯波和示波器的设置

12. 利用虚拟示波器放大面板屏幕上的波形，测量并记录 DAC 的分辨率和满度输出电压 V_{OFS}。

四、实验报告要求

1. 完成表 4-31 的测试和填写。
2. 计算图 4-124 的 DAC 电路的分辨率。
3. 根据表 4-31 中的数据，计算这个 DAC 电路的分辨率。
4. 根据图 4-124 测量并记录 DAC 电路的分辨率和满度输出电压。

五、思考题

1. 什么是 D/A 转换器？
2. D/A 转换器的位数有什么意义？它与分辨率、转换精度有什么关系？

仿真18　555 时基电路

一、实验目的

1. 掌握用 Multisim 10 软件进行 555 时基电路的仿真实验的方法。
2. 熟悉 555 集成时基电路的电路结构及工作原理。
3. 了解由 555 集成时基电路组成的脉冲产生与整形电路的组成及工作原理。

二、实验准备

1. 555 集成时基电路组成多谐振荡器

多谐振荡器又称无稳态触发器。用 555 时基电路组成多谐振荡的电路如图 4-128 所示，由 555 时基电路和外接元件 R_1、R_2、C 构成多谐振荡器，$\overline{TR}$ 和 TH 直接相连。电路无稳态，仅存在两个暂稳态，不需外加触发信号，即可产生振荡。电源接通后，V_{CC} 通过电阻 R_1、R_2 向电容 C 充电。当电容上电压 U_C 充电到 $\frac{2}{3}V_{CC}$ 时，输出低电平，同时放电管 VT 导通，电容 C 通过 R_2 放电；当电容上电压 U_C 充电到 $\frac{1}{3}V_{CC}$ 时，输出高电平，电容 C 放电终止，重新开始充电，周而复始，形成振荡。电容 C 在 $\frac{1}{3}V_{CC} \sim \frac{2}{3}V_{CC}$ 之间充电和放电。555 时基电路要求 R_1、R_2 均应大于或等于 $1k\Omega$，而 R_1+R_2 应小于或等于 $3.3M\Omega$。

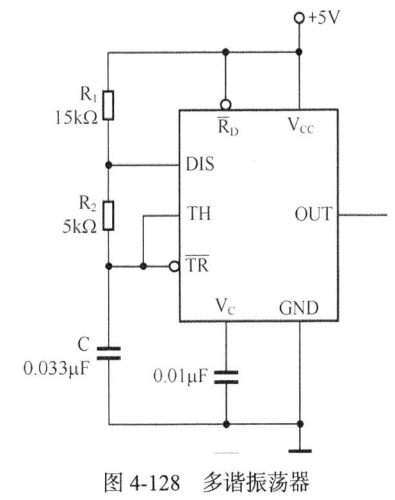

图 4-128　多谐振荡器

充电时间常数　　　　　　$T_{PH} \approx 0.7(R_1+R_2)C$

放电时间常数　　　　　　$T_{PL} \approx 0.7R_2C$

振荡周期　　　$T=T_{PH}+T_{PL} \approx 0.7(R_1+2R_2)C$

振荡频率　　　　$T \approx \frac{1}{T}=\frac{1.44}{(R_1+2R_2)C}$

输出方波占空比　　　$D=\frac{T_{PH}}{T}=\frac{R_1+R_2}{R_1+2R_2}$

2. 555 时基电路组成单稳态触发器

用 555 时基电路组成单稳态触发器的电路如图 4-129 所示，由 555 时基电路和外接定时元件 R、C 构成单稳态触发器。稳态时 555 时基电路输入端处于高电平，放电管 VT 导通，OUT 输出为低电平。当 U_1 的负脉冲触发信号到来时，$\overline{TR}$ 的电位瞬时低于 $\frac{1}{3}V_{CC}$，电路进入暂态过程，电容 C 开始充电，当充电到 $\frac{2}{3}V_{CC}$ 时，OUT 输出从高电平返回到低电平，放电管 VT 重新导通，电容 C 经放电管 VT 放电，暂态结束，恢复稳态，为下一个触发脉冲的到来做好准备。

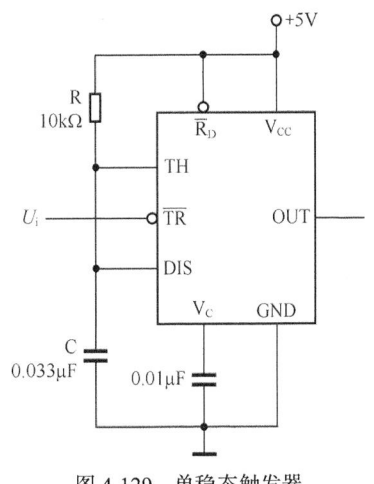

图 4-129　单稳态触发器

暂态的持续时间 t_w 取决于外接元件 R、C 的值的大小，有

$$t_w=1.1RC$$

通过改变 R、C 的值的大小，可使延长时间在几个微秒到几十分钟之间变化。当这种单稳态触发器作为计时器时，可直接驱动小型继电器，并可以使用复位端 $\overline{R}_D$ 接地的方法来终止暂态，重新计时。

三、计算机仿真实验内容

在电子仿真软件 Multisim 10 中有专门针对 555 定时器设计的向导，通过向导可以很方便地构建 555 定时器应用电路。

单击"Tools"菜单下"Circuit Wizards"的 555"Timer Wizard"命令，即可启动定时器使用向导，如图 4-130 所示。"Type"下拉列表框中可以设定 555 定时电路的工作方式：无稳态工作方式（"Astable Operation"）和单稳态工作方式（"Monostable Operation"）。

1. 555 定时器的无稳态工作方式的仿真

如图 4-130 所示，当工作方式是无稳态时，参数设置内容如下。

（1）Vs：工作电压。

（2）Frequency：工作频率。

（3）Duty：占空比。

（4）C：电容大小。

（5）Cf：反馈电容大小。

（6）R1、R2、RL：电阻值大小，其中 R1、R2 电阻值不可更改。

将 555 定时器的输出信号频率设为 1kHz，占空比为 50%，电压设为 12V，单击"Build Circuit"按钮，即可生成无稳态定时电路，如图 4-131 所示。加入示波器仿真，观察并记录输出信号波形。

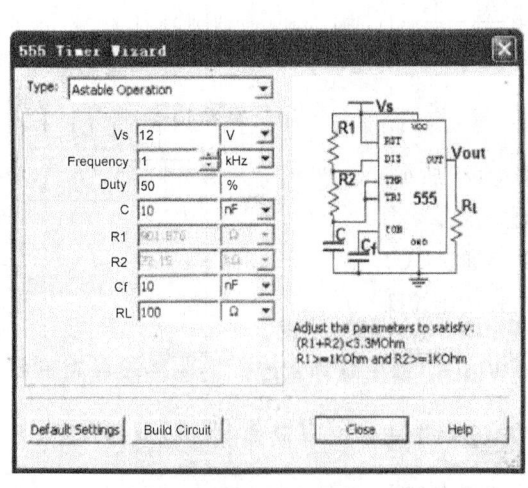

图 4-130　555 定时器的无稳态工作方式参数设置

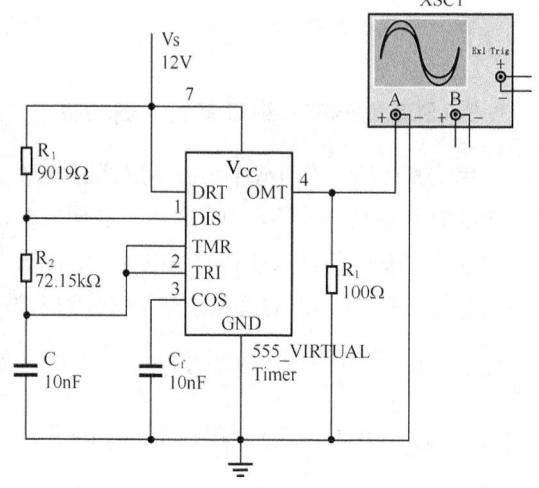

图 4-131　555 定时器的无稳态工作方式

2. 555 定时器的单稳态工作方式的仿真

如图 4-132 所示，当工作方式是单稳态时，参数设置内容如下。

（1）Vs：工作电压。

（2）Vini：输入信号高电平电压。

（3）Vpulse：输入信号低电平电压。

（4）Frequency：工作频率。

（5）Input Pulse Width：输入脉冲宽度。

（6）Output Pulse Width：输出脉冲宽度。

（7）C：电容大小。

（8）Cf：反馈电容大小。

（9）R1、R：电阻值大小，其中 R1、R 电阻值不可更改。

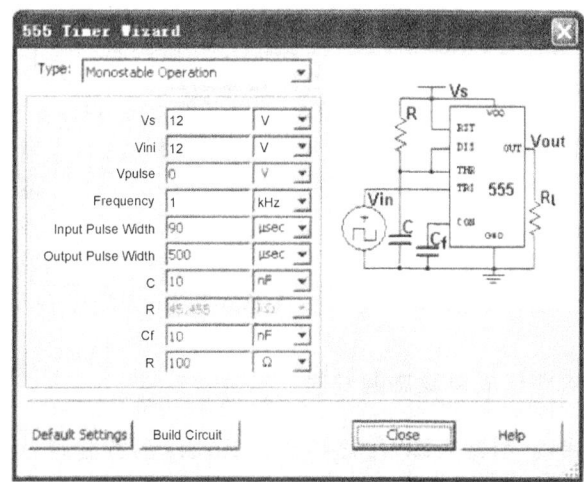

图 4-132　555 定时器的单稳态工作方式参数设置

　　将 555 定时器的输出信号频率设为 1kHz，电压设为 12V，单击"Build Circuit"按钮，即可生成单稳态定时电路，如图 4-133 所示。加入示波器仿真，观察并记录输出信号波形。

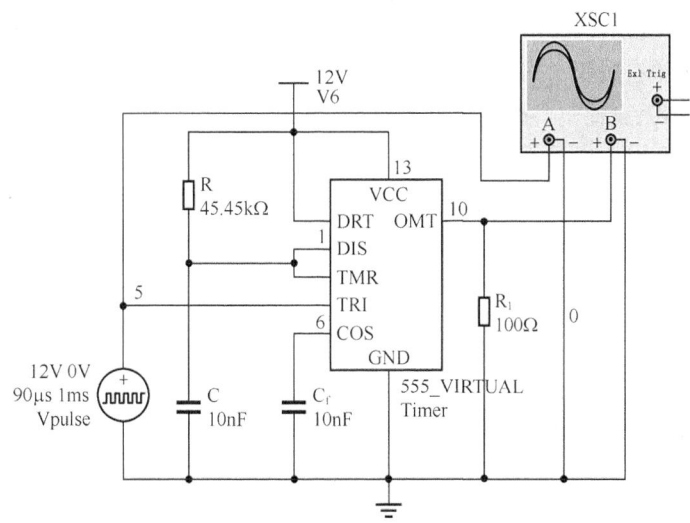

图 4-133　555 定时器的单稳态工作方式（仿真电路）

四、实验报告要求

整理仿真实验内容中的实验数据。

五、思考题

1. 怎样检验 555 时基电路正常工作状态?
2. 用 555 时基电路组成的单稳态触发器输出波形的脉冲宽度、频率与哪些因素有关?

仿真19 8路智力竞赛抢答器

一、实验目的

1. 了解 8 路智力竞赛抢答器的工作原理。
2. 掌握用 Multisim 10 软件进行智力抢答器的仿真实验的方法。

二、实验准备

1. 了解 8 线-3 线优先编码器 74LS148。
2. 了解 RS 锁存器 74LS279。
3. 了解 74LS47 和 7 段共阳数码管。
4. 了解 "8 路智力竞赛抢答器" 电路工作原理。
5. "8 路智力竞赛抢答器" 的设计要求的。

（1）设计智力竞赛抢答器,可同时供 8 名选手参加比赛,他们的编号分别是 0、1、2、3、4、5、6、7,各用一个抢答按钮,按钮的编号与选手的编号相对应。

（2）给节目主持人设置一个控制开关,用来控制系统清零（显示数码管不亮）及表示抢答可以开始。

（3）抢答器具有数据锁存和显示的功能。抢答开始后,若有选手按动抢答按钮,该选手的编号立即锁存,并在 LED 数码管上显示出选手的编号。此外,要封锁输入电路,禁止其他选手抢答。优先抢答选手的编号一直保持到主持人将系统清零为止。

（4）抢答器具有音响提示功能,当选手按下按钮的同时,有 "叮咚" 声音响起。

三、计算机仿真实验内容

1. 调取 "74LS148D" "74LS279D" "74LS47D"

单击电子仿真软件 Multisim 10 基本界面元器件工具条的 "Place TTL",在弹出的对话框的

"Family"栏中选取"74LS",然后拖动"Component"栏的滚动条分别选中"74LS148D""74LS279D""74LS47D",最后单击对话框右上角的"OK"按钮,将它们放置到电子平台上。

2．调出"RPACK"（排阻）、电阻、单刀单掷开关、单刀双掷开关

单击电子仿真软件 Multisim 10 基本界面元器件工具条的"Place Basic"按钮,在弹出的对话框的"Family"栏中选取"RPACK"（排阻）,再在"Component"栏中选取"RPACK_VARIABLE_1×8",如图 4-134 所示,最后单击对话框右上角的"OK"按钮,将"排阻"R_1 调出放置在电子平台上。双击"排阻"图标,将弹出的对话框的"Resistance"栏改成"1",然后单击对话框下方的"OK"按钮退出。

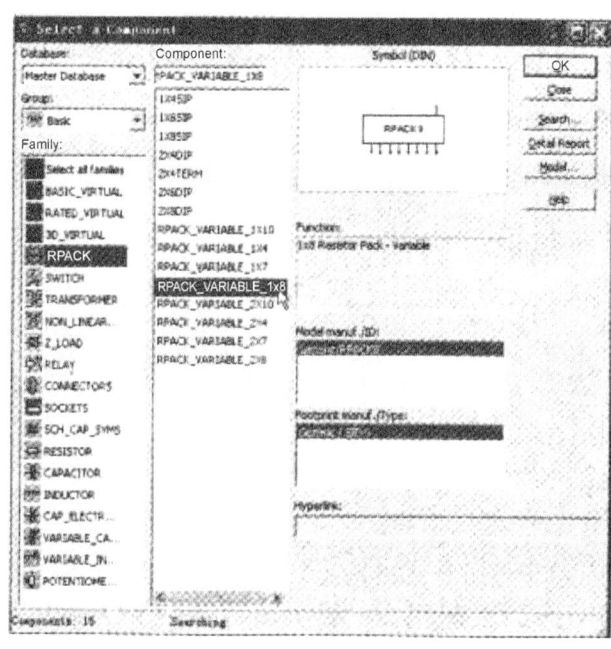

图 4-134　调出"RPACK（排阻）"

在"Family"栏中选取"RESISTOR",从"Component"栏中选中"10kΩ"调出电阻 R_2 置于电子平台上。

在"Family"栏中选取"SWITCH",从"Component"栏中选取"SPST"调出单刀单掷开关 8 个（$J_1 \sim J_9$）置于电子平台,并分别将它们的"Key"设置成"A～H"。在"Family"栏中选取"SWITCH",从"Component"栏中选中"SPDT",调出单刀双掷开关（J_9）置于电子平台上。

3．调出元器件

单击电子仿真软件 Multisim 10 基本界面元器件工具条的"Place Source"按钮,在弹出的对话框的"Family"栏中选取"POWER_SOURCES",然后在"Component"栏中分别选中"DGND""GROUND""VCC",单击对话框右上角"OK"按钮,将它们调出放置在电子平台上。

4．调出共阳 BCD/7 段数码管

单击电子仿真软件 Multisim 10 基本界面元器件工具条的"Place Indicators"按钮,在弹出的

对话框的"Family"栏中选择"HEX_DISPLAY"系列，再在"Component"栏中选中"SEVEN_SEG_COM_A"，单击对话框右上角的"OK"按钮，将共阳BCD-7段数码管调出置于电子平台上。

5．连接仿真电路

将所调出的元器件进行移动、转向等操作，并按图 4-135 连接"8 路智力竞赛抢答器"仿真电路。

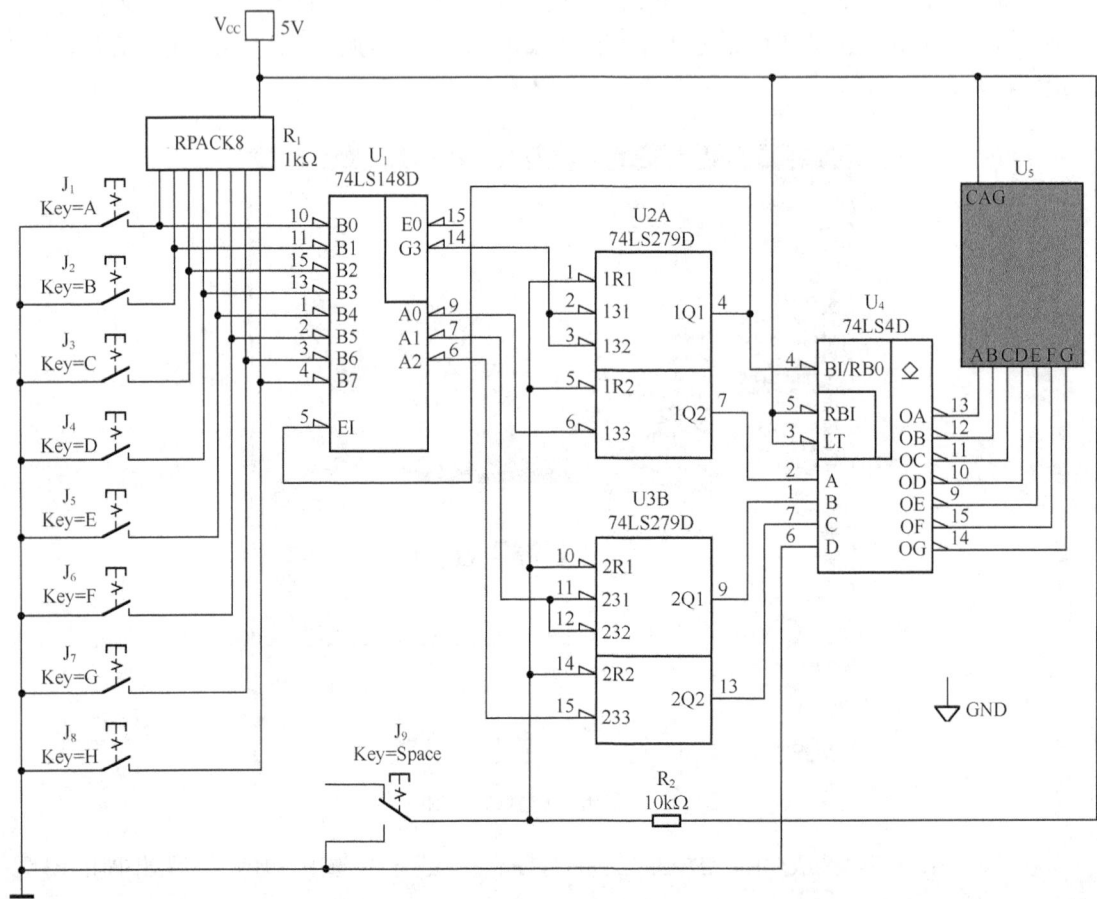

图 4-135   "8 路智力竞赛抢答器"仿真电路

6．清零

分别按键盘上的 A~H 键，将 8 个单刀单掷开关都置空挡。打开仿真开关，并按下键盘上的空格键，使单刀双掷开关接地，将"8 路智力竞赛抢答器"7 段数码管清零不显示任何数字呈黑屏状态，如图 4-135 所示。

7．仿真实验

再次按下键盘上的空格键，使单刀双掷开关接空端，表示可以开始抢答，这时只要按下键盘上的"A~H"键中的任意一个按键，7 段数码管将对应显示"0~7"中的一个数字，如图 4-136 所示，按下"F"键后，7 段数码管将对应显示"5"不变，表示 5 号选手抢答成功，并排斥其他

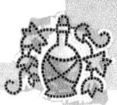

选手的抢答。

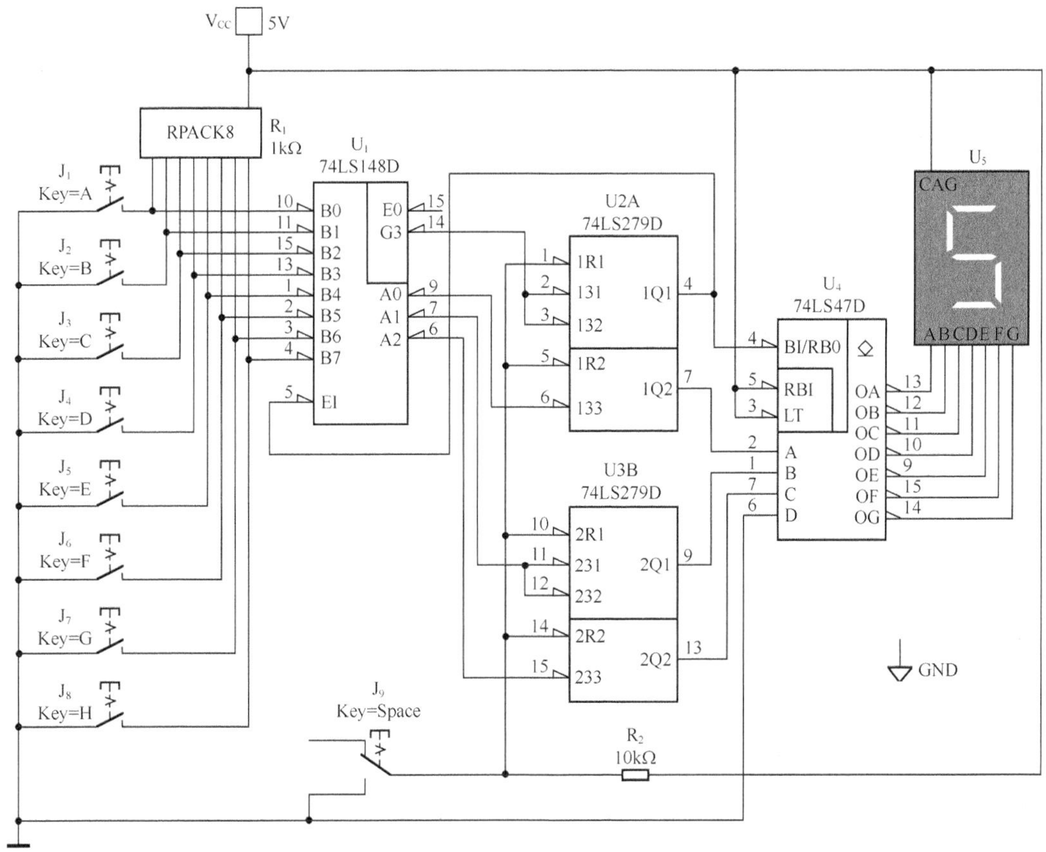

图 4-136　按下 "F" 键 5 号选手抢答成功

若要再次进行抢答，可按上述第 6 步将 "8 路智力竞赛抢答器" 7 段数码管清零后，再按第 7 步进行抢答。

四、拓展练习

用以下元器件设计另一 "8 路智力竞赛抢答器" 电路并进行虚拟仿真：8D 锁存器 74LS373、10 线-4 线优先编码器 74LS147、8 输入与非门 74LS30、BCD-7 段译码驱动器 74LS47、6 反相器 74LS04、共阳数码管、按钮开关、电阻、电容、三极管、蜂鸣器等。

仿真20　语音报警电路设计与制作

一、实验目的

1. 熟悉热释电人体红外传感器的工作原理并掌握它的应用。
2. 掌握用 Multisim 10 软件进行语音报警电路的仿真实验。

二、实验准备

1."有电危险,请勿靠近!"语音报警电路接收信号部分的工作原理

本设计采用"有电危险,请勿靠近!"语音集成电路,与热释电人体红外传感器电路配合使用,当人走近高压输电设备等有危险的区域时,通过热释电人体红外传感器检测到信号,经放大带动继电器常开触点闭合,从而触发语音报警电路,发出洪亮的"有电危险,请勿靠近!"声音,提示人们离开危险地段,遥控报警范围可达10m,人在危险范围之内走动,遥控报警"有电危险,请勿靠近!"提示声音一直不断,一旦人离开危险范围,报警提示声音自动停止。

图4-137是"有电危险,请勿靠近!"语音自动报警电路的"热释电人体红外感应"部分的工作原理图。

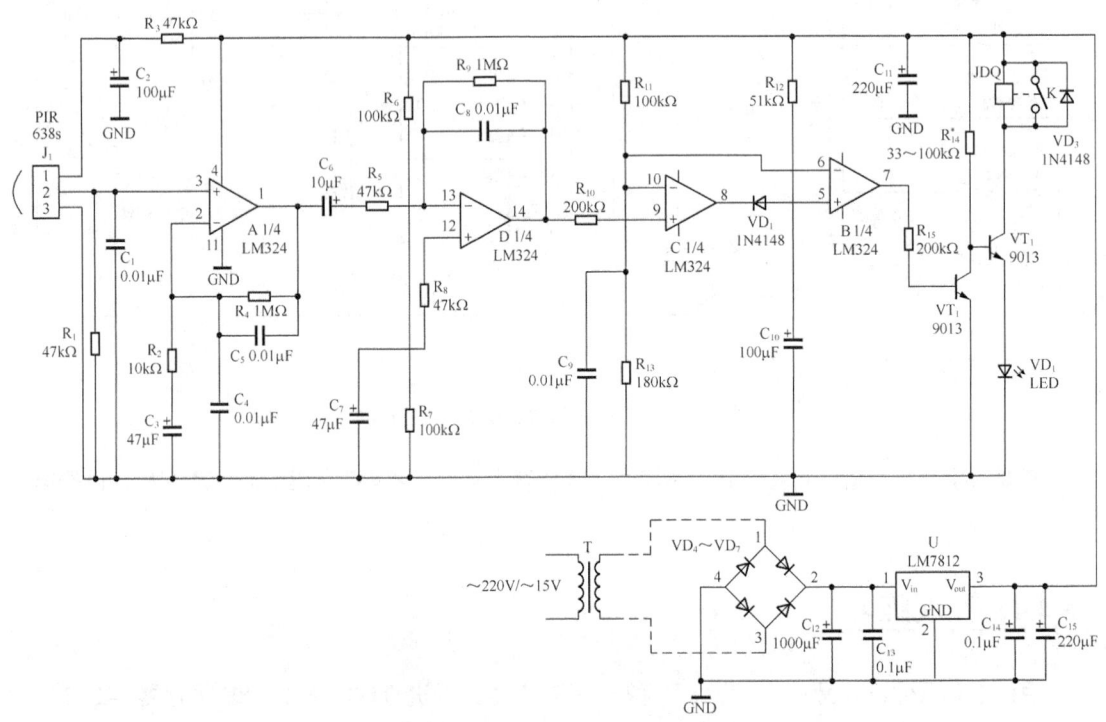

图4-137　语音自动报警电路的"热释电人体红外感应"部分的工作原理图

当人走近高压输电设备等有危险的区域时,热释电人体红外传感器即接收到微弱的红外信号,经放大、比较最后使晶体管 VT$_2$ 导通,从而使电流流经晶体管 VT$_2$ 的负载继电器,继电器常开触点 K 闭合,控制"有电危险,请勿靠近!"语音自动报警电路的工作。

2.语音报警及功效电路部分的工作原理

图4-138是"有电危险,请勿靠近!"语音自动报警电路的"语音报警及功效电路"部分工作原理图。从图4-138可以看出:交流电压通过变压器降压得到 9V 交流低压,后经由 VD$_1$～VD$_4$ 组成的桥式全波整流电路整流,再经电容滤波、三端稳压后输出 6V 直流电压直接供给"功放电

路"。"功放电路"采用功效集成电路 LM386。

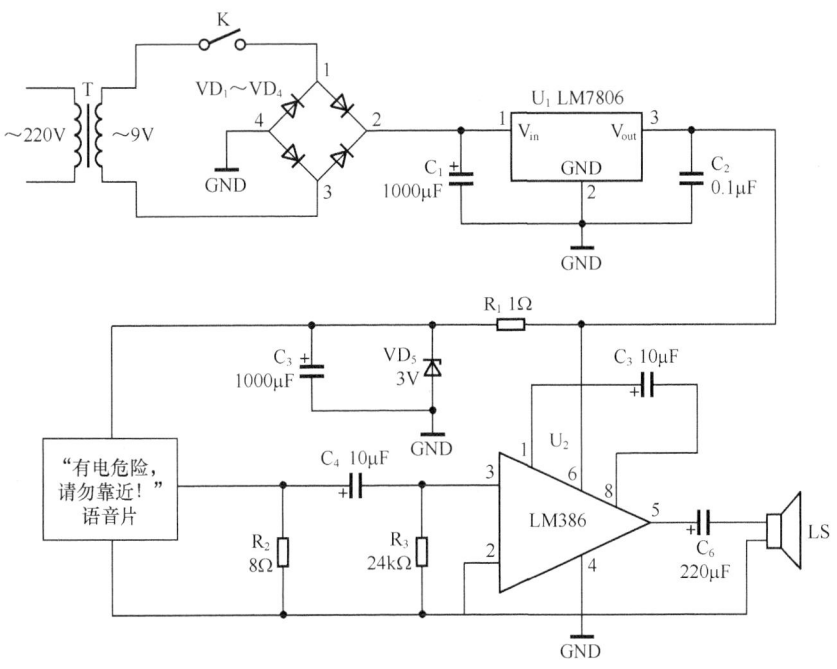

图 4-138　语音"功放电路"

LM386 具有功耗低、电压增益可调整、电源电压范围大、外接元器件少和总谐波失真小等优点。图 4-139 是 LM386 的 DIP 封装形式的引脚排列图。

为使其外围元器件最少，电压增益内置为 20。但若在其第 1 引脚和第 8 引脚之间增加一个外接电阻和电容，便可将电压增益调整为任意值，直至 200。输入端以地电位为参考，同时输出端被自动偏置到电源电压的一半，在 6V 电源电压下，它的静态电流仅为 4mA，功耗仅为 24mW，使得 LM386 特别适用于电池供电的场合。

LM386 的封装形式有塑封 8 引线双列直插式和贴片式。LM386N-1、LM386M-1 可在 4 ~ 15V 电压下正常工作。当电源电压为 12V 时，在 8Ω 负载上可获得 300mW 的输出功率。LM386N-4 的最高使用电压达 22V，LM386N 封装耗散功率为 1.25W。国产型号 CD386ACP 与其特性相似，可以与 LM386N 直接互换使用。

图 4-140 ~ 图 4-143 是 LM386N 典型应用电路举例。

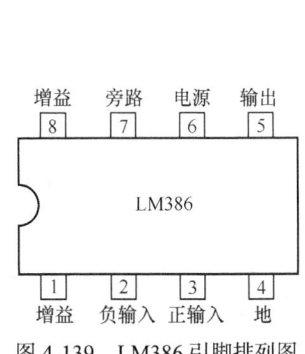

图 4-139　LM386 引脚排列图

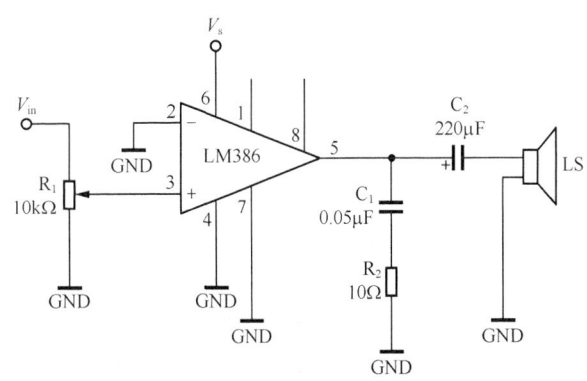

图 4-140　放大器增益为 20（元器件最少）

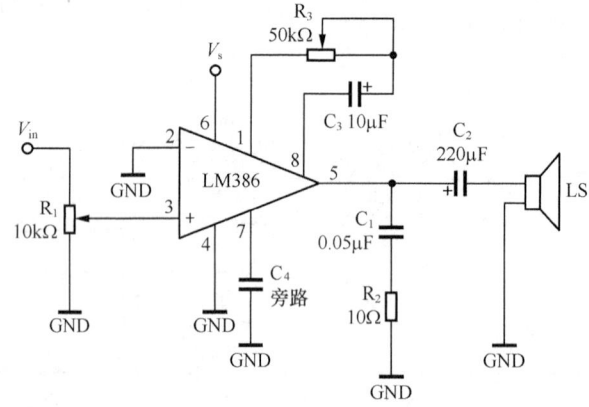

图 4-141　放大器增益为 20～200（调节电位器 R_3）

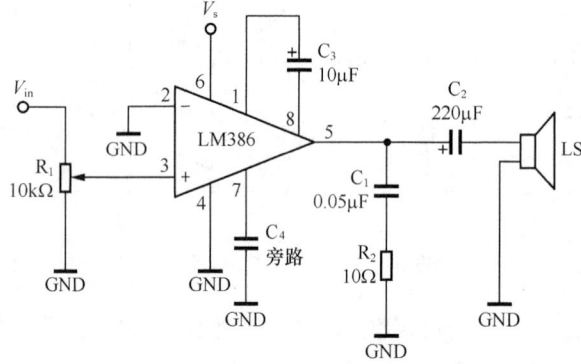

图 4-142　放大器增益为 200

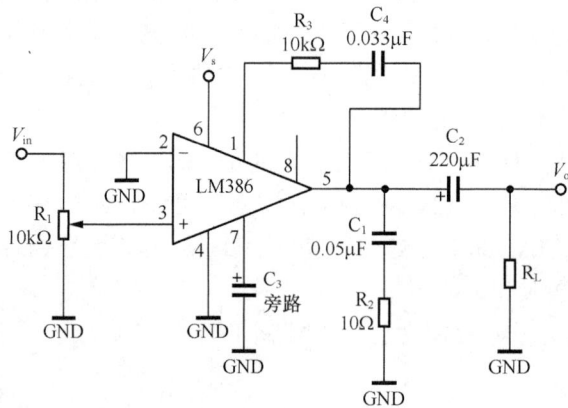

图 4-143　低频提升放大器

3．语音集成电路

语音集成电路也称掩膜 ROM 或语音合成集成电路，其内部有存储器等电路，是一种大规模 CMOS 集成电路，分为语音集成和音乐集成电路。

常用的语音集成电路有 KD 系列、KDT 系列、HFC 系列、HL/LH 系列、LP 系列、M 系列和 MR 系列等。这些语音集成电路本身无放大功能，在使用时需要外接放大器。图 4-144 是语音集成电路内部电路框图及应用外围电路图。

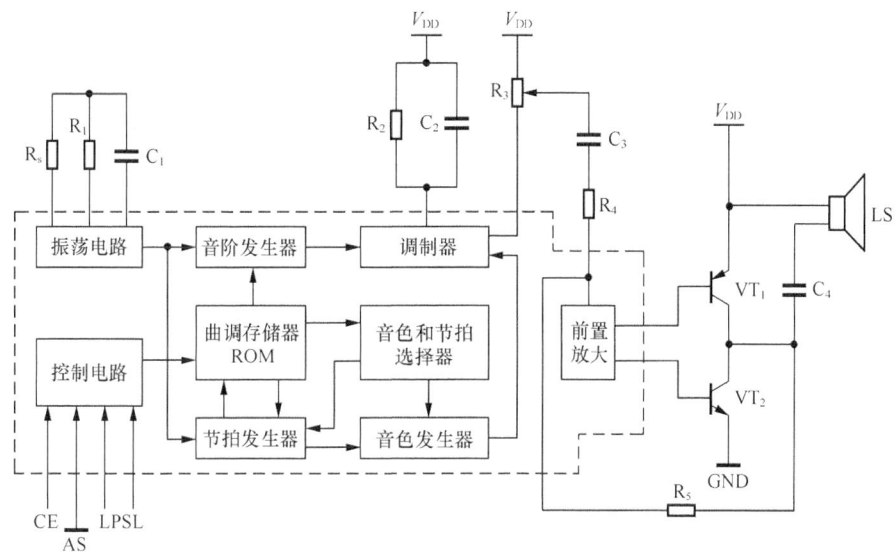

图 4-144　语音集成电路内部电路框图及应用外围电路图

KD 系列是众多语音集成电路中的一种，产品主要封装形式为 COB 黑膏软封装。图 4-145 是"有电危险，请勿靠近！"语音集成电路 KD60（或 KD56030）的外形和引脚接线图。

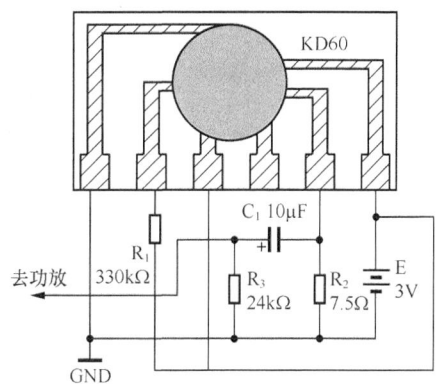

图 4-145　"有电危险，请勿靠近！"语音集成电路 KD60 外形和引脚接线图

三、计算机仿真实验内容

图 4-147 为"有电危险，请勿靠近！"语音集成电路的仿真电路图。

1．调出继电器

先删除图 4-147 中的指示灯"X_1"，然后单击电子仿真软件 Multisim 10 基本界面元器件工具条的"Place Basic"按钮，在弹出的对话框的"Family"栏中选取"RELAY"，再在"Component"栏中选取"EDR201A05"，如图 4-146 所示，单击对话框右上角的"OK"按钮，将常开触点继电器调出接在图 4-147 所示的位置。

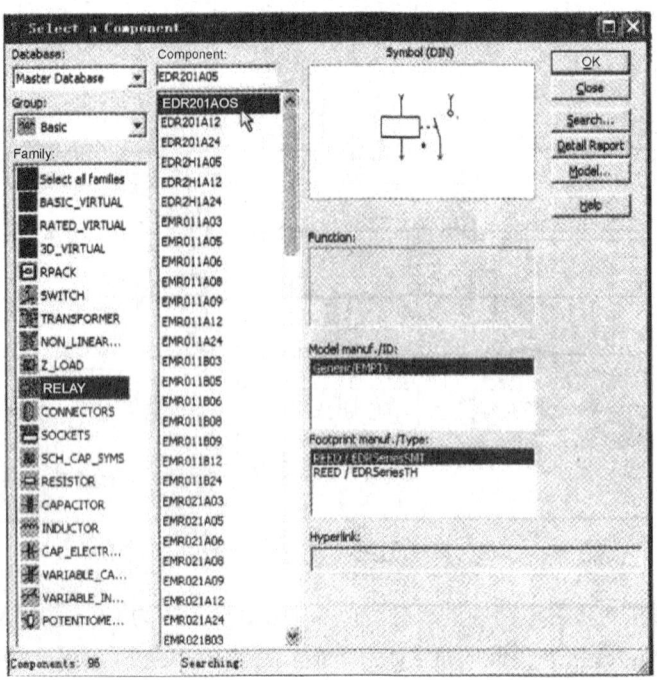

图 4-146　调出继电器

2．调出其他元器件

调出继电器保护二极管 VD_2，调出红色发光二极管 LED_1，调出限流保护电阻 R_{10}，将它们按图 4-147 所示接入仿真电路。

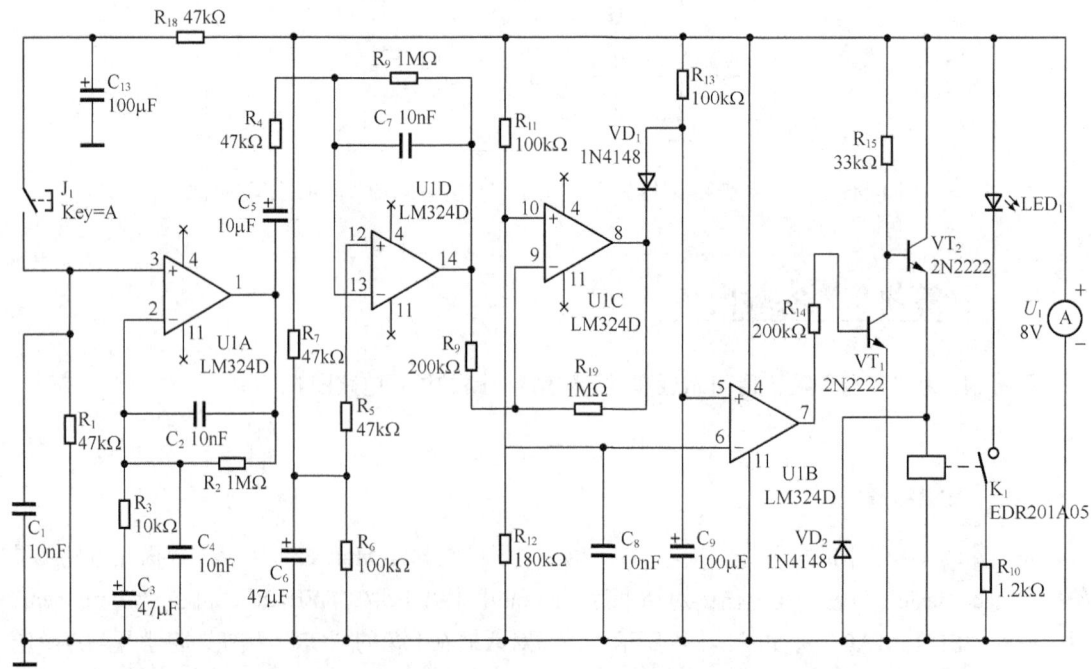

图 4-147　语音报警电路的"热释电人体红外感应"部分仿真电路（一）

3．开启仿真开关

这时看到继电器常开触点闭合，红色发光二极管灯亮（注：实际电路刚通电时，继电器也闭合，电路须经几分钟时间的稳定才能使继电器常开触点分开。仿真电路没有做到这一点，但不影响下面的仿真实验）。

4．仿真实验

按一下键盘上的"A"键，单刀单掷开关 J_1 闭合，再按一下键盘上的"A"键，单刀单掷开关 J_1 打开，虽然这时单刀单掷开关 J_1 已经打开了，但看到继电器仍闭合，红色发光二极管仍点亮，如图 4-148 所示。稍等片刻，可以看到继电器常开触点分开，且红色发光二极管灯熄灭，又回到了图 4-147 所示的状态。接下来按上述步骤反复操作，结果都一样。

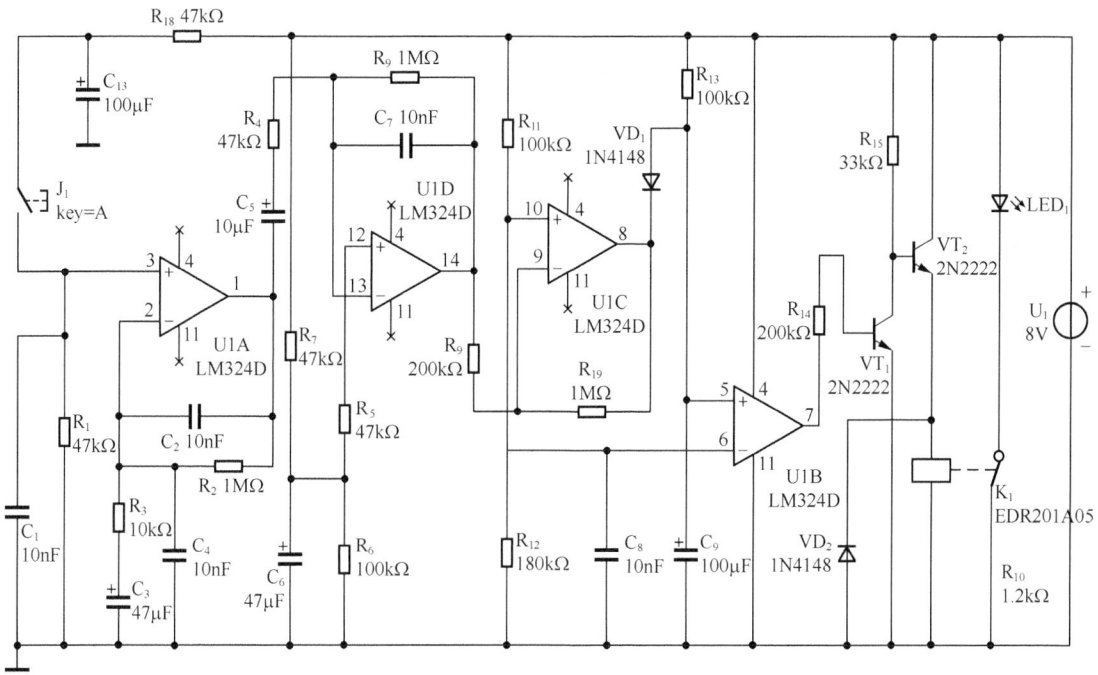

图 4-148　语音报警电路的"热释电人体红外感应"部分仿真电路（二）

这里用单刀单掷开关 J_1 闭合一下，模仿"热释电传感器"接收信号，即表示人进入"热释电传感器"的接收范围。再把单刀单掷开关 J_1 打开，表示人已经离开"热释电传感器"的接收范围。经 R_{13} 和 C_9 产生放电时间，使继电器示范触点，从而达到控制语音报警电路电源的开或关。受仿真软件的限制，语音报警电路中声响部分的仿真从略。

四、拓展练习

设计和制作另外一款自动语音报警电路进行仿真实验。

参 考 文 献

[1] 罗杰，谢自美. 电子线路设计·实验·测试[M]. 4版. 北京：电子工业出版社，2008.

[2] 郭永新. 电子学实验教程[M]. 北京：清华大学出版社，2011.

[3] 康华光. 电子技术基础模拟部分[M]. 5版. 北京：高等教育出版社，2005.

[4] 杨居义，靳光明，蒲妍君. 电路与电子技术项目教程[M]. 北京：清华大学出版社， 2012.

[5] 郑家龙，等. 集成电子技术基础教程[M]. 北京：高等教育出版社，2002.

[6] 廖先芸. 电子技术实践与训练[M]. 北京：高等教育出版社，2000.

[7] 聂典，等. Multisim12仿真设计[M]. 北京：电子工业出版社，2014.

[8] 郭锁利，等. 基于Multisim的电子系统设计、仿真与综合应用[M]. 北京：人民邮电出版社， 2012.